科学をめざす君たちへ

変革と越境のための新たな教養

CRDS JST

国立研究開発法人科学技術振興機構
研究開発戦略センター編

はじめに――科学をめざす君たちへ

科学技術は、人々の豊かな人生、社会の経済的繁栄、そして国家の安全かつ平和な存続に大きく貢献してきました。それは、18世紀半ばの産業革命から三次にわたる革新の波が10億人から73億人に増大した世界人口を支えるとともに、経済規模を250倍、GDP合計にして80兆～90兆ドルへと拡大したことからも明らかで、その営みは高く評価されるでしょう。

しかし、有限な地球の枠組みの中で持続的な文明を営もうとすれば、無限の量的拡大が不可能であることは明白です。今後は国際連合で採択された「持続可能な開発のための2030アジェンダ」の実現も見据え、経済を含むすべての社会活動について、質の向上をめざすべきだと思います。

世界の人口爆発とともに、欧米諸国、日本をはじめ中国さえも選んだ市場主義経済の拡大、すべての国が望んだ産業技術の発展、すべての人が望んだ安楽な生活様式への移行などが、深刻な気候変動、環境劣化、資源枯渇、生態系サービスの喪失、さらに地域紛争の頻発や苛烈な経済格差を引き起こしています。この得失の矛盾を生み出した最大の原因は、恩恵を享受する現世代の責任回避にあります。

国家的野心が度重なる戦争を引き起こして社会を疲弊させ、他方、過剰な個人的欲望の累積が修復困難な環境破壊、文明の危機を招きつつあることを直視しなければなりません。科学技術の広範かつ急速な発展に比べて、倫理的・社会的な進歩があまりに遅いのはなぜでしょうか。

人類の命運を握るのは、峻厳な自然ではなく、むしろ人間自らの価値観です。20世紀を先導した欧米先進国の「最良の、最も聡明な人々（the best and brightest）」による諸々のパラダイム、そして私たちのそれへの追従は、はたして正当だったのでしょうか。日本の若い世代には、この世紀に自ら「あるべき人間社会」を設計してほしいと強く願っています。

振り返れば、社会を変えるべく、数々の科学技術に基づくイノベーション、ビジネスにかかわるイノベーション、さらに社会制度のイノベーションがなされてきました。しかし、いずれも社会が抱える根本的不都合を放置したままではないでしょうか。今やむしろ、自らの倫理観や人生観、さらに文明観を糺《ただ》すための、「価値観のイノベーション」こそが決定的に大切だと思います。端的に言えば、「自然と人間性への回帰（back to nature, back to humanity）」ということです。先端科学技術のみならず、自然の摂理と人間性にもとる営みが許されるはずがありません。私たちは、幼子たち、さらにまだ見ぬ50～１００年後の後継世代へ確実に「生存の条件」を引き渡さねばならないのです。

未知に挑む人知の可能性は無限です。若い世代の新鮮な知性と感性が人類社会に大きな飛躍をもたらすことを期待して、本書をお届け致します。

科学技術振興機構研究開発戦略センター長

野依　良治

目次

◆

科学をめざす君たちへ

第Ⅱ部　思索せよ

第Ⅳ部　設計せよ

イントロダクション

科学技術と社会の新たな対話を求めて

黒田　昌裕

◆科学は、人と地球を幸せにできるか？

皆さん、近現代の科学技術の進歩は、人類を幸せにしたでしょうか？　それとも不幸をもたらしたでしょうか？

21世紀の科学技術は、はたして世界の持続的な発展に寄与し、起こりうる課題を解決できるでしょうか？

科学技術をもって、人類社会と地球環境に関する課題を解決しようとしたら、政府はそのためにどのような科学技術政策をとるべきでしょうか？

そして私たちは、この21世紀にいかなる社会、いかなる地球をめざすべきなのでしょうか？……

21世紀を迎えて15年余り、私たちは人類を取り巻く環境が目まぐるしく変化しつつあることを肌で感じています。一世紀前には考えられなかった情報通信技術の革命的進化が、情報のみならず人やモノの移動の形をも大きく変え、新たなグローバル社会を生み出しています。そのことによって、私たちは計り知れないほどの利便性の向上を享受してきました。一方、情報の即時的な同期化・共有化は、異なる歴史的・文化的背景を持つ人々の交流と相互理解を促す以上に、互いの相違を際立たせ、対立や抗争を増長させることにもつながっています。そうした中で、今日を生きる私たちには、数多くの課題が突きつけられているのです。そして、その課題の解決には、多様な自然科学や人文・社会科学の知見を結集して、問題の所在とその解決への方向を探っていくことが必要です。

近現代という時代は、それを16世紀から現代までと捉えてもわずか500年余り、人類史の中の一瞬の出来事にすぎません。しかし、その一瞬間に起こった自然科学の進歩には、それ以前の歴史とは明らかな隔絶があり、人類の弛まぬ好奇心と野心のロマンを感じます。とりわけ、20世紀以降の科学技術の進歩が経済社会に与えた影響を振り返ると、計り知れない「功」とそれに拮抗する大きな「罪」とがあり、将来の人類が解決すべき数々の課題を内包しています。科学技術の恩恵を享受する私たちは、同時にそれらの課題を背負い、持続可能な社会を次世代に継承する義務を負っています。

◆本書の構成と概要

本書は、こうした問題意識に基づき、私たち国立研究開発法人科学技術振興機構（Japan Science and Technology Agency: JST）研究開発戦略センター（Center for Research and Development Strategy:

CRDS）が科学技術イノベーション政策の関係者を対象に行った政策セミナー「21世紀の科学的知識と科学技術イノベーション政策」シリーズの成果をまとめたものです。出版にあたっては、より広く若い方々に読んでいただけるよう再構成・加筆修正を施しました。本書を繙かれる読者の多くは、将来の自然科学、人文・社会科学、それらの諸科学を越えた研究を志す方々、それらの知識を活かして新しい社会を構築しようとされるビジネスパーソン、政治家、行政人をめざす方々など、希望と野心に燃える方々だと思います。私たちは、皆さんとともに、これからの人類社会のあり方を考え、設計し、創造する大事業に参画できることに喜びを感じています。

本書では、専門的な知識や最先端の議論を紹介する場合でも、科学技術研究の現状について歴史的観点を踏まえて理解できるように、そしてまた隣接する多くの自然科学や人文・社会科学の知見を含めて考えられるように心がけました。本書の章立ては全部で15章、うち14章は医学、認識科学、情報科学、科学史、文化人類学、倫理学、経済学、政治学、比較文化、科学政策、未来学など、各専門家のご講演を四つの部にまとめました。そして最後に、4人の先生方（吉川弘之、有本健男、岩野和生、藤山知彦）をお招きして座談会を行い（司会：黒田）、現代における社会変容の捉え方や科学進化の形を、歴史観や世界観を踏まえて議論し、21世紀の科学と社会を支える新しい教養のあり方を探っていきたいと思います。

皆さんが本書を読むにあたっては、1章から14章までを読んだうえで座談会に加わり、自分の意見を整理するのに役立てるという読み方もできるでしょうし、最初に座談会を読んで本書全体の課題を捉えた後に、1章から読んでいくという方法でもよいでしょう。

以下、本書の内容を簡単にご紹介しましょう。

〈第Ⅰ部　越境せよ〉

第Ⅰ部のテーマは「越境」です。学問領域、国や地域、あるいは時代の境を飛び越えた者こそが、新たな智の創造に挑戦できるというメッセージを込めました。近代科学のどの分野であれ、その科学的思考の成立過程には、その時代の人類が背負っている歴史・文化・思想があり、それらの領域横断的な交流の中から新たな学問が生まれてきたからです。この「越境」という営為こそが智の創造の源泉であることを、3人の先生方にご経験を踏まえて語っていただきます。

第1章は、医学者・永井良三先生です。先生は、「医学は、そして社会との接点のある科学技術すべては、異なる文化や価値観の衝突の歴史」であると述べられます。そして、明治期のドイツ医学の受容から近年の最先端医療技術開発まで、興味深いエピソードを紹介しつつ、「研究者は、専門外の領域や異なる文化との出会いによって仕事を大きく発展させる」のであり、「科学者はこうした歴史や思想的背景を知ったうえで、専門分化するべき」だと提案されています。

第2章は、認知科学がご専門の安西祐一郎先生です。先生は、若き日のカーネギーメロン大学での心理学・情報科学研究のスタートから、現在の認知科学研究の第一人者となられた自己史を語りながら、学問における越境・融合型研究の重要性を主張されます。そして、「現在、認知科学は基礎研究から応用研究に舞台が移っており、新たな課題が山のようにあります。私自身では一生かかっても解けないような課題ばかりですが、若い人たちと一緒に、これからもワクワクする研究を続けていきたい」と結ばれています。

第3章は、情報科学のご専門で、機械翻訳の研究で世界的業績を数多く残されている長尾真先生です。先生は、「言語とは何か」、また「ある言語を別の言語に変換するとはどういうことか」を問う言語学の研究と、人工知能を含めた情報科学技術とを融合し、「翻訳という行為の本質」すなわち「他者を理解することの本質」を語られます。現在、言語産業は成長著しく、将来が期待される分野ですが、同時に激しい国際競争に晒されてもいます。だからこそ、「我が国では、言語が国家の将来にとって重要だという認識が共有されていない」という長尾先生の警告を、私たちは深く胸に刻むべきでしょう。

〈第Ⅱ部　思索せよ〉

「越境」者たちの次なるステージは「思索」です。第Ⅱ部はこの「思索」をキーワードとして、科学技術をめぐる思想と哲学の歴史を振り返ります。

第4章は、科学史・科学哲学をご専門とされる野家啓一先生です。先生は、近代科学の歴史と知の変遷を語りながら、「トランス・サイエンス」時代におけるリテラシーのあり方を探られます。「トランス・サイエンス」とは「科学が問いかけることはできても、科学によって解決できない」という「科学」のことで、物理学者ワインバーグが、20世紀の科学を表現するために使った言葉です。野家先生は、人文学と自然科学の〈知のヘゲモニー〉をめぐる衝突と相克の歴史を描きつつ、現代のトランス・サイエンス的な課題の解決にこそ、自然科学と人文社会科学との協働が必要であると提言されています。

第5章の山脇直司先生は哲学・社会思想史がご専門で、近代科学の歴史的変遷を「知の統一学」の視点から捉え直します。19世紀前半までの「プレ専門化」時代、19世紀後半から20世紀後半までの「専門化」時代を経た21世紀の「ポスト専門化」時代には、どのような学問論が必要なのでしょうか。山脇先生は、現代のトランス・サイエンス的な諸課題を解決するには理系・文系を越えて共通の言語で対話することが必要であり、哲学がその「共通言語」の役割を担うべきだと提案されています。

第6章の小長谷有紀先生は、文化人類学・文化地理学をご専門とし、モンゴルの大平原でフィールドワークを重ねられるパワフルな研究者です。本章では、「人文学は社会に役立つか?」と自問しながら、「イノベーションは、価値そのものの革新」だと位置づけて、新たな思考の枠組みを提案されています。人文学は「スローサイエンスの代表」であり、その学問が熟成しないとその価値は判断できないし、そしてまた社会の変化によって評価が変化して、価値が「再発見」されることもあると言われます。先生は、人文学がこのような価値創造の学問であることを理解したうえで、長期的な視野で学問を評価する仕組みを創ることが重要だと主張されています。

お三方のお話に共通するのは、現代の「トランス・サイエンス的課題」は文系・理系が単に「一緒に行動する」だけでは解決できず、異分野間の交流によって「新たな価値」を創造しなければならないということです。

〈第Ⅲ部　創造せよ〉

そこで第Ⅲ部のテーマは「創造」です。日本経済の停滞が続く中で、科学技術振興においても、イノベーションの必要性がしばしば叫ばれます。しかし、そもそもイノベーションとは何でしょうか? 何をすれば、イノベーションが起きるのでしょうか? そして、科学はイノベーションを起こすことができるのでしょうか？　皆さんと一緒に考えてみたいと思います。

第7章は、経済学がご専門の吉川洋先生です。先生は、政府の経済財政諮問会議の民間委員を務められるなど、各種の政策議論に携わられたマクロ経済学の第一人者です。本章の議論でよく覚えておいてほしいのは、経済の価値とは私たち人間の「主観的価値」であること、GDPや価格という価値尺度も人間本位の点数づけであって、経済社会における「価値」表現の一つにすぎないことです。そのうえで吉川先生は、私たちの考え方を変化させ、新たな価値を生み出すことこそが経済の成長に不可欠な「イノベーション」なのだと主張されます。

第8章は、政治思想史がご専門で、とくに『アメリカン・デモクラシー』の著者トクヴィルの研究者として著名な宇野重規先生です。先生が投げかける「なぜＩＴ革命がアメリカで起こったのか？」という問いの裏側には、「なぜ日本で起こらなかったのか？」という疑問が潜んでいます。宇野先生は、20世紀のアメリカ思想史を辿りながら、かの社会に根づく「厳しい自己規律の精神とそれをもって社会に貢献する」という個人主義精神と、それを社会の持続的な改革に結びつける「アソシエーション」という自治意識の役割を指摘します。そして、そうした精神的・社会的土壌にこそ、個々人の自由な知を社会のイノベーションへとつなげる「ソーシャル・ネットワーク」という精神が宿っているると喝破するのです。では、日本のイノベーションを支える日本社会の底流をなす思想とは何なのでしょうか？　いま、あらためて私たち自身を見つめ直さなければなりません。

第9章は、これまで世界と日本をつなぐ多彩な活動に従事し、現在は国際交流基金パリ日本文化会館館長をされている竹内佐和子先生です。ここでは、前章で宇野先生が提起された「日本の思想的・

文化的土壌にふさわしいイノベーションのあり方」をフランスと日本の文化比較をもとに議論されています。竹内先生によれば、近年のフランスでは「グローバリゼーションが進む中で、日本は独自性を発揮しているではないか」と日本文化の独自性を評価する見解があるそうです。問題は、日本人自身がそのよさに気づいておらず、「自国の文化の持つ構造を認識し、理論化して客観的に説明する努力をしない」という点です。私たちは、どうすれば日本の文化が持つ「ヒューマニティ」の精神、「人間とのかかわりを細部まで徹底的に研究する」という日本の強みを活かして、新しい価値を生み出すことができるでしょうか。

第10章の上山隆大先生は、アカデミアと国家・市場との関係から科学技術振興政策のあり方を研究されており、現在は内閣府総合科学技術・イノベーション会議の議員も務められています。とくにアメリカ政府の科学技術戦略が世界の研究動向に与えた影響に着目し、長期戦略に基づく科学技術振興の重要性を説かれています。上山先生によれば、いわゆるビッグ・サイエンス（big-science）と呼ばれる大規模資金投入型の研究が増加することにより、科学知識の公共財的・基礎研究的性格が薄れ、実践的な知識や技術に直結するものとなり、知識の私有化が起こったと言います。こうした国際潮流の中で、日本の科学技術振興政策も大学経営も、戦略的思考が求められる時代になっています。

巷では、「科学技術開発を促進してイノベーションを起こし、経済成長を！」というかけ声が飛び交いますが、この第Ⅲ部を読めば、より大きな枠組みの中で長期戦略を立案し、独自性のある目標を追求しなければ、意味のある結果を出せないことがおわかりになるでしょう。

〈第Ⅳ部　設計せよ〉

それを具体化するために必要となるのが、社会的な制度設計です。科学知識の創造からそれを活用した社会の変革、イノベーションを起こすには、第Ⅲ部で提起されたように、その目的と戦略性が重要です。とくに社会への科学技術の導入は、「市場」のデザイン次第で成否が大きく分かれます。そこで第Ⅳ部は、市場の「制度設計」という観点から考えます。

第11章では、経済思想研究の第一人者・猪木武徳先生が登壇されます。先生は、「各国政府が公的資金を投入して競っている科学技術振興が、本当にイノベーションの誘発に役立っているだろうか？」という問いを発し、その成否には科学技術知識と社会・市場のニーズとの整合性や、科学知識を市場に導入する際の労働力としての人間の意識、イノベーションに携わる組織の関与の仕方など、さまざまな条件が影響を与えていると指摘されます。市場にせよ企業組織にせよ、「人間の労働」という視点がすっぽり抜け落ちたイノベーション論への鋭い警告と言えるでしょう。

第12章は、理論経済学の立場から「市場の質」理論を展開されている矢野誠先生のお話です。先生によれば、「市場は科学技術を暮らしの豊かさにつなげるパイプの役割」を果たしており、同じ科学技術であっても、市場の質が低ければ経済は停滞し、市場の質が高ければ豊かになると考えられます。そして、市場の質を向上させるには、法制度や倫理規定などを適切に組み合わせることが必要であり、新しい技術に対応して市場の質を常に担保することが効率的で健全な市場を生み出すとされています。また、そうした制度設計を確かなエビデンスによって支えるためのデータベースの構築が不可欠であるとも主張されています。

第13章は、比較制度分析などによって国際的に活躍されてきた経済学者・青木昌彦先生です。先生は、「少子高齢化先進国」の日本において、持続的な成長を担保するための科学技術の役割を語られます。ここでは、成長会計と呼ばれる経済学の理論を用いて経済成長の要因を分解し、将来の経済の姿を描いています。また、女性の活躍や外国人の受け入れなど具体的な争点も取り上げ、そして何より若者がさまざまな境界を越えて連携できる社会・制度の設計こそ、イノベーションにとって重要であると結ばれています。なお、青木先生は、残念ながら2015年春に亡くなられ、このご講演が日本で最後の講演となりました。謹んでご冥福をお祈りするとともに、本書への掲載をお許しくださったご家族に御礼を申し上げます。

さて、第14章は右に紹介した3人の経済学者とは少し方向を変え、未来学の研究者として著名な広井良典先生をお招きしました。先生は、科学史・科学哲学の視点から人類100万年の歴史を「成長」と「定常」の繰り返しと捉え、「定常」期にある現代は「停滞」ではなく「成熟」と「創造」の時代であると主張されます。そして、本書で繰り返し問題提起される「私たちがめざすべき未来社会」像として、「持続可能な福祉社会（緑の福祉国家）」を提唱されています。本章を読み終えた読者は、脳みそを大いに揺さぶられ、もう一度、第1章から読み返したくなるのではないでしょうか。

以上のように、本書は、科学技術の知識に基づいて新しい社会的・経済的価値を生み出すこと、言い換えれば「科学技術イノベーションの実現」に向けた「科学的知識の創造」とそのための「科学技術イノベーション政策」のあり方を模索しながら、各分野の科学者との議論をまとめたものです。読者の皆さんが、この精神を共有し、21世紀の科学技術イノベーションの担い手として世界に羽ばたき、活躍されることを心から期待しています。

◆自然科学と人文・社会科学の協働に向けて

本書で展開された議論の始まりは、第三期科学技術基本計画がまとめられた2006年に遡ります。2007年のCRDSの戦略プロポーザルとして発行された「科学技術イノベーションの実現に向けた提言」では、科学的な知識や技術シーズが科学技術イノベーションに結びつくためのイノベーションプロセスでの要素を抽出し、その機能の連携の必要性を解析しています。同年、「科学技術イノベーションの実現に向けて、いま、何をなすべきか」という提言もまとめています。2009年には、「社会的課題の解決と科学技術のフロンティアの開拓を目指して」と題して、社会的課題の解決に向けた科学技術のフロンティアのあり方を探っています。2010年には、持続的な発展をめざして、「問題解決を目指すイノベーション・エコシステムの枠組み」を提案、さらに戦略プロポーザル「全体観察による社会的期待の発見研究——持続性時代における課題解決型イノベーションのために」をまとめました。そこでは、社会的期待の発見研究を可能にするには、社会と自然環境を合わせた全体の観察を行う人文・社会科学系の研究者と、社会的期待を担った課題解決をめざす研究開発を実行する自然科学系研究者が、共通の問題意識を持ち、社会における行動者（産業、市民、行政など）とも共同しながら、研究を進めることの重要性を指摘しています。2013年には、そうした認識のもと、政策セミナー「21世紀の科学知識と科学技術イノベーション政策」をスタートしました。本書の刊行は、こうしたCRDSでの長年の活動の成果です。

その間、政策研究大学院大学教授・CRDSの有本建男上席フェローのほか、多くの方々がこのプロジェクトにかかわってこられました。CRDSの前田知子フェローには、政策セミナーのスタートから、セミナーの企画・運営、そして書籍化にご尽力いただきました。また2013年からのセミナーの運営には、CRDSの己斐裕一、星野悠也、治部眞里フェローに、2016年の書籍化には、林信濃フェローにもご参加いただきました。これらの方々の着実な議論の積み重ねがなければ、本書の完成はなかったと思います。また本書の刊行にあたっては、慶應義塾大学出版会の木内鉄也氏の並々ならぬご尽力とご助言をいただきました。心より御礼申し上げます。

末筆になりましたが、お忙しい中、政策セミナーでのご講演をいただき、重ねて出版に際しましては、編集・校正など度々のお願いに快くご承諾・ご協力いただきました講演者ならびに座談会にご参加の先生方には、一方ならぬお世話になりましたこと、厚く御礼申し上げます。

第Ⅰ部　越境せよ

第1章　臨床医学の起源と精神
――科学の背後にある歴史・文化・思想

永井　良三

自治医科大学学長、東京大学名誉教授
1949年生まれ。1974年東京大学医学部卒。1983年米国バーモント大学留学。東京大学医学部附属病院医員、講師、助教授などを経て、1995年群馬大学教授、1999年東京大学医学系研究科内科学教授。専門は循環器内科。2003年同病院長、2009年より東京大学トランスレーショナルリサーチ機構長、2012年より現職。1982年日本心臓財団佐藤賞、2002年日本動脈硬化学会 学会賞、2010年日本心血管内分泌代謝学会 高峰譲吉賞等受賞。2009年紫綬褒章受賞。2012年欧州心臓病学会ゴールドメダル、2013年よりCRDS上席フェローを兼任。

黒田　まず皆さんにご紹介したいのは、人間の自然観・世界観と科学の発展との関係にかかわるお話です。専門課程に進んだ皆さんは、教室で理論を学び、研究室で観察方法や実験道具の使い方を覚えるはずです。そして、そうした「やり方」さえ覚えれば、ひとまずは研究もできますし、レポートや論文も書けるでしょう。

しかし、どのような現象に着目し、いかなる問いや仮説を立てるか、どのような道具を使い分析するかは、人間の自然観や世界観、つまり思想や哲学とその背後にある文化に強く影響されます。そして、ある考え方に立って自然を眺めると、別の視点からは見えるものが見えなくなることも、しばしばあるのです。まるで、頭のなかに壁ができるように。

科学の歴史は、こうした「考え方」や「捉え方」をめぐる衝突の歴史であり、同時に、そうした思想や文化の壁を乗り越えて発展してきました。本章では、近代医学・生理学の歴史と、その日本への導入過程を辿りながら、臨床医学を支える多様な文化的背景を学びます。

はじめに

私は、長らく大学で臨床医学を研究する傍ら、病院長として組織の運営にも携わり、その後、東大医学部の歴史を整理する仕事にもかかわりました。そうした経験を通して私が強く感じたのは、医学に限らず社会と接点のある科学技術はすべて、異なる文化や価値観の衝突の歴史だということです。

それぞれの意見はどれも正論であり、尊重すべき価値を持っています。私たちの先人は、多くの社会的事件に巻き込まれながら、複数の価値観のバランスをどのようにとるべきかと悩み、格闘してきました。本章では、そうした先人たちの姿を駆け足でご紹介したいと思います。

図表1－1　種痘所、医学所、医学校兼病院、東校の位置

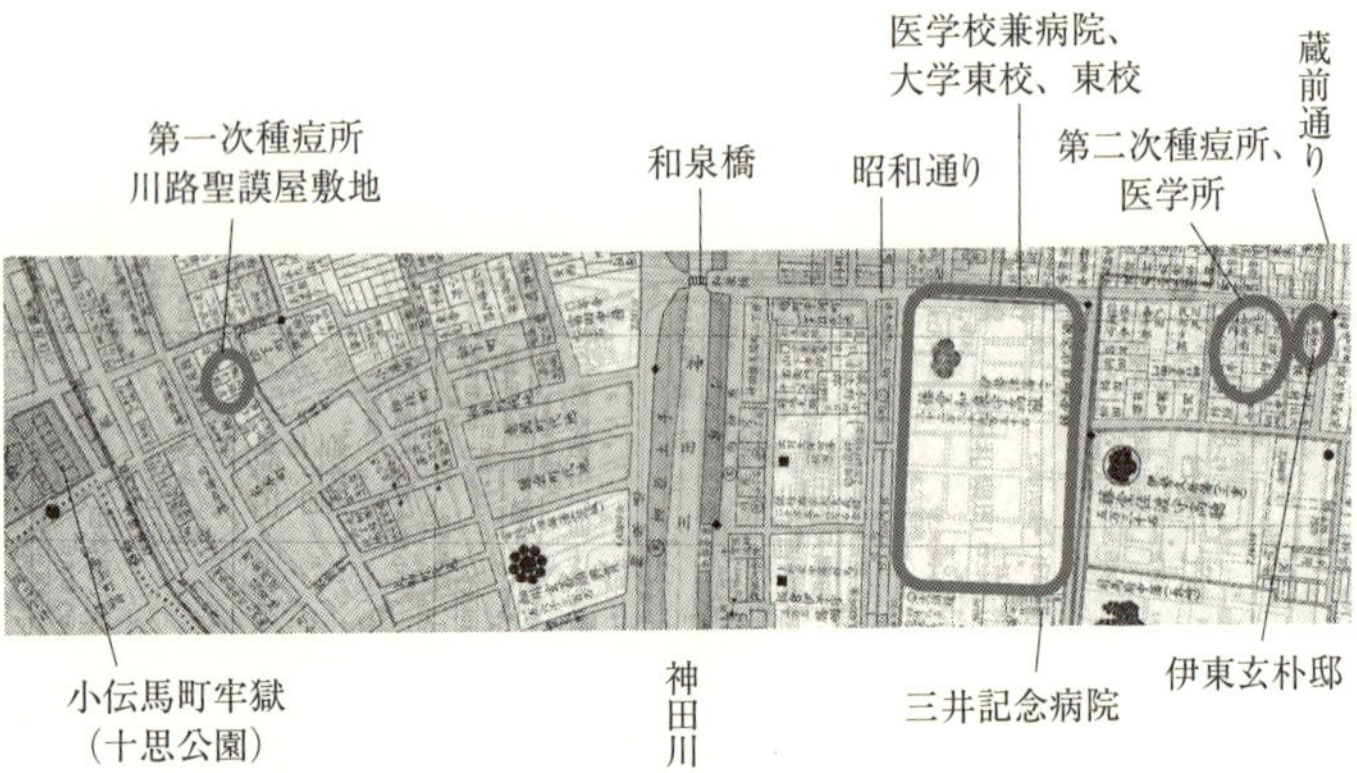

出所：永井良三編『医学生とその時代(増補新版)』中央公論新社、2015年より。

1　日本の近代医学事始め

◆医学所の起こり

図表1－1は江戸の地図と現在の地図を重ねています。現在の三井記念病院の敷地は、かつて伊賀上野の藤堂屋敷でした。明治維新直後、この地に医学校と病院ができますが、医学校の起源は江戸時代の種痘所です。

その種痘所は、和泉橋から水天宮に向かう途中、小伝馬町の牢の近くにありましたが、これは勘定奉行(現在の外務大臣兼財務大臣)の川路聖謨が自身の敷地を提供し、三宅艮斎など83人の蘭方医が拠金をして設立したものでした。ただし、半年後に火災に遭い、現在の昭和通りと蔵前通りの交差点近くに移転します。再建の費用は、ヤマサ醤油の6代目、濱口梧陵が私財を提供しました。今日風に言えば、産学官連携ですね。

これがやがて幕府の医学所となり、維新後は新政府

の東校となります。東というのは御茶ノ水の学問所、聖堂にあった文部省から見て東という意味です。その後、大坂から緒方洪庵が呼ばれ、次いで松本良順が頭取となります。良順は今で言えば厚労大臣です。自ら長崎に滞在していたポンペの弟子となって西洋医学を学び、これを江戸に伝えました。

◆明治維新とドイツ医学の輸入

明治新政府は、当初イギリス医学を採用する方針でしたが、明治2（1869）年にドイツ医学に転換します。これはドイツを中心に生理学が発展し、細胞病理学が樹立するなど、医学において革命的な変化が起こったためと考えられます。

この時代のことは、司馬遼太郎の『胡蝶の夢』に窺《うかが》えます。新政府は西洋医の育成を急いでいましたが、プロシアから招かれたミュルレル教師は、教養教育から始める8年課程を要求します。そこで、比較的成績のよい数十人の学生を日本語で教育し、速成で医師にしたうえで、12歳から20歳ぐらいまでの生徒を新たに入学させ、8年間のカリキュラムで育成しました。

この間にも、次々と留学生がヨーロッパへ向かいます。医学以外も含めて留学した学生数は、明治7（1874）年までに550人に及びます。多くは各藩の留学生でしたが、私費留学生もいました。

留学生の中には、後に世界的な業績をあげた者もいました。その代表格が北里柴三郎です。北里は明治16（1883）年の卒業生で、ドイツのコッホの研究室で破傷風菌の純培養法を確立します。これは世界的な偉業でした。破傷風菌は嫌気性菌ですが、嫌気状態をつくるのが大変困難でした。そこで北里は医学校の教養課程で習った実験装置を利用します。これは、ペトルス・キップという化学者が考案した「キップの装置」と呼ばれるもので、水素ガスをシャーレに流し、その後ガラス管の両端を熱でシールするという方法でした。水素ガスが爆発するかもしれない危険な方法です。
こうして嫌気状態にして破傷風菌を大量に培養し、その培養液をろ過して上清を被験動物に注射したところ、破傷風を発症しました。つまり、発症に重要なのは菌体ではなく、何らかの液性因子だということがわかったのです。また、被験動物に培養液を少量ずつ注射した後、大量に注射しても死にませんでした。これは血液中に抗毒素が作られるからで、後のワクチンの開発につながりました。ベーリングが第1回ノーベル医学賞を受賞しましたが、北里はこれに大きく貢献しました。帰国後は、伝染病研究所で基礎研究とともにトランスレーショナルリサーチ（基礎研究と臨床応用との橋渡し研究）を展開しました。

◆ベルツ博士と明治の医学教育

この北里や森林太郎（森鷗外）を東京大学で教育したのが、ドイツ人教師ベルツ（Ervin von Baelz 1849–1913）です。ベルツは、明治9（1876）年、27歳で日本にやってきて、29年間滞在しました。明治35（1902）年3月にベルツは退任しますが、前年11月に催された在職25年記念会の講演で日本人に忠告します。

日本人は西洋の学術の成立と本質について誤解している。学術を毎年しかじかの成果を上げ、無造作に別の場所へ移して仕事をさせる機械のように考えている。しかし学術は機械ではなくて生き物であって、成長には一定の風土と環境が必要である。

これは西洋の精神の大気がつくったもので、気高い精神の持ち主が数千年にわたって、血と火刑台の炎によって印してきた道であり、世界の果てまでヨーロッパ人が身につけている精神である。

とくに次の一節が有名です。

日本人は外人教師を、学術の果実を切り売りする人として扱いました。……新たな成果を生み出すはずの科学の精神を学ばずに、外国人教師から最新の成果物を受け取るだけで満足してしまったのです。

ベルツはまた、デカルトの言葉を引用して「学術の樹が自立して成長できるようにしたかった」とも述べています。これは後でも触れますが、哲学の基盤の上に科学や技術があるということを言いたかったのだと思います。

「ベルツの日記」のドイツ語の原本、そして岩波文庫でも、ベルツの講演の一節が削除されています。この部分は、以下のとおりです。

西洋の学術は精神の緊張のみなぎる大気の中で息づいており、火花がきらめき光が走ると、未知の領域が照らし出され、新たな現象が結晶となって析出します。この大気は姿を現そうと苦悶する無形の観念（Idee）で満ちています。観念は偉大な研究者の助けにより生を受けますが、しばしば重い陣痛を伴います。他の研究者たちは、この間に、想像を絶する自然の巨大な力を制御し、これに魔術をかけて人類に奉仕する存在にしようと努力しています。

◆科学主義と実践主義

ベルツの講演は、科学研究における仮説や概念の重要性を語っています。しかし、彼が科学主義者だったかというと、そうではないのです。ベルツ博士は、近代科学の考え方、とくに仮説を先行させて、これを検証するという科学的思考を理解していましたが、臨床医学をいわゆる科学主義のもとに置くことに対しては批判的でした。

ベルツは、ヒステリーや狐憑きについての先駆的な研究や多重人格の研究もしていますが、「心的状態や無意識に関する研究は、これまで自然科学者や医者からは継子扱いされてきました。実際、これはひたすら精密を旨とする彼等の方法では手に負えない問題です」と述べています。

科学においては精密な検証が必要ですが、ベルツは、臨床医学はむしろ実践を中心にしなければいけないということを繰り返し述べます。近代の夜明けを迎えたばかりの日本にやってきて、近代の思考法を教えるとともに、その限界を認識していたところにベルツの偉大さがあったと思います。

臨床医学におけるベルツの立場は明確です。ベルツが執筆した内科教科書の前文には、「記憶銘肝せしむべきものあり。抑も医の道たるや実業なり」。さらに、「彼の医の学即ち医理部は、此技術を助くる者たるに過ぎず。学びて知りたる所を実地に応用すること、即ち人を療し病を防ぐこと其本旨なり」と記しています。理論も重要だが、実践が医学の本旨であることを強調しています。

ハナ夫人の回顧録からは、ベルツが医療の実践において明確な姿勢を持っていたことがわかります。明治15（1882）年、コレラが流行したときのことです。ベルツは、午前中は大学、午後から市内の隔離病院へ出かけて治療に当たりました。状況は悲惨で目も当てられなかったようです。学生たちを連れていきましたが、だんだん嫌がってついて来なくなります。「皆さんは侍の子だ、危険を冒して患者を助けるのが武士道ではないか」とベルツが言います。まだ来日して5～6年です。でも、学生たちは、「それは昔の事です、扶持米を貰って居りましたから命も捨てましたが、今ぢゃ自分の命なのですから、そんな危険な事に携る事は嫌です」と答えたそうです。この頃には、すでに学生気質も変わっていたのでしょう。

ベルツは武士道をはじめ日本の文化をよく理解していて、剣術、柔術、弓術を習っていました。退官の頃になると、ベルツの講義は、学生たちにあまり評判がよくありませんでした。学生たちが求めていたのは、ありのままではなくて、講釈・解釈だったようです。しかし、ベルツはまず何を実践すべきかということを教えました。「理論は変化する、事実は変わらない」という言葉も残しています。理論と実践のバランスのとり方が非常に巧みな先生だったのだと思います。

◆壁を越え、全体像をつかむ

最近は臨床医学でも基礎研究が重要です。基礎研究の基本はメカニズムに基づく理解です。研究では仮説が重要であり、実験によりこれを検証します。しかし、それだけでは不十分です。事実にどう向かうか、その方法にはいくつかのアプローチがあります。たとえば、メカニズムはわからないけれども、集団を対象として統計に基づき事実を把握するという方法があります。また実践においては、個々の患者さんにどう向き合うのかという、むしろ価値観や経験を大事にしないといけません。さらに、社会的・行政的な視点からの研究もあります。こういう多彩な研究によって臨床医学が成り立っています。

これは臨床医学だけでなく、原子力工学をはじめ、社会とかかわる学術はすべて同様で、メカニズム論、統計解析、現場主義、社会論を統合しなければなりません。これら全体像がわからないままに、各領域の専門家が排他的集団や組織を形成することの危うさを、文明開化期の日本でベルツ先生が教えたのだと思います。

2 西洋医学の起源と近代科学

そこで次に、近代日本の歴史からいったん離れ、臨床医学と科学との歴史的関係を辿ってみます。それは、異なる思想の衝突と超越・統合の歴史でした。

◆古代ギリシャのヒポクラテス

ベルツは、2500年前のヒポクラテス（Hippocrates ca460BC–ca370BC）の精神を継承していました。古代ギリシャのヒポクラテス学派は、医の倫理に関するものをはじめ多くの著作を残しています。ヒポクラテスの時代にも自然学者がいましたが、当時の自然学者の理論には、当然ながら多くの誤りがありました。

ヒポクラテスの有名な言葉があります。

人間は何から生じたか、どう組み立てられているか、そういうことは医術とは遠く隔たっている、これをはっきり知るのは、医術そのものを全体として正しく把握して初めて可能である。

メカニズムの理論は重要ですが、そういう理論には気をつけなさいというわけです。さらに、「人間への愛のあるところに医術への愛もある」という非常に崇高な精神も示しています。

患者中心で、食事や衛生まで考慮に入れたヒポクラテス医学は大きな力を持ち、ローマにも伝えられ、医の基本となります。しかしヒポクラテス医学は、ヨーロッパには直接伝えられませんでした。アリストテレス思想も同様ですが、ヒポクラテス医学は東ローマ帝国を経て、アラビアへ伝えられます。ただし、東方のアラブ世界では、初めは思想や学問の自由があったのですが、次第に抑圧されていきます。最終的にはイベリア半島のアラブ世界で自由な思想を展開します。

◆ルネサンス期の科学と神

イベリア半島では、8世紀以降、次第にキリスト教徒が南下してきました。レコンキスタ（国土回復運動）です。キリスト教徒が国土を回復したとき、リスボンやトレドの図書館に、ヒポクラテス医学の教科書やアリストテレスの著書が残されていました。そこで、トレドの大司教が、アラビア語とラテン語のできる学者をヨーロッパ中から集め、翻訳センターをつくりました。こうして人間の理性を重視するアリストテレス思想がヨーロッパに導入されたことにより12世紀ルネサンスと呼ばれる思想の変化が現れ、やがて15世紀のイタリア・ルネサンスの基盤となります。

これは一種の文明の衝突であり、新しい思想が生まれます。たとえば13世紀、トマス・アクィナス（Thomas Aquinas 1225頃–1274）は、「究極の真理は神の摂理としつつも、普遍は個々の事物に存在し、人間はそれを概念的な知として認識する。理性によって自然を探究することで神を認識することができる」という言葉を残しています。これはアリストテレス思想を踏まえています。人間は理性に従うかぎり自由であり善である。自然を研究することによって神を認識するという、今日の科学研究の基本がこの時代に芽生えてきます。

さらに、自然の法則を神の理性から人間の理性に属するものへと移し替えたのが、ウィリアム・オッカム（William of Ockham 1285–1347）です。彼は、自然から神秘性を取り除き、「理性は神の意思に従う自然に内在しているのではなく、人間の精神に内在する」ことを主張しました。これは、「科学的な発見を神学的に解釈するという重圧から人間を解放し、新たな姿勢でアプローチできるようになった」ことを示しており、近代の経験科学の基礎となりました。

科学の成立に重要な言葉に、「二つの聖書（Two Books）」があります。ガリレオ（Galileo Galilei 1564–1642）の言葉が有名ですが、それ以前から多くの科学者や宗教家によって語られてきました。

「聖書と自然の現象はともに神の言葉からできている」ということです。自然の研究は宗教行為から始まっています。だからこそデータの扱いに対して、西洋の研究者が厳しいのだと思います。もう一つ、科学の考え方についてガリレオの言葉があります。「宇宙は数学の言語で書かれている」。これはデータによる記述です。このようにして科学の枠組みがつくられてきました。

デカルト（René Descartes 1596–1650）はさらに大きなインパクトを与えます。「原理で事物を認識する、目的因ではなくて起生因、原因を調べる、必要なだけの小部分に分割して順序を想定する」。こうした要素還元的な研究や、現象の上流や下流を解明することによって、近代科学が成立します。

デカルトは医学の実用化研究も意識しており、『方法序説』には、「身体ならびに精神の無数の病気、そしておそらくは老衰さえも、われわれがその原因を知り、自然が提供してくれる医薬すべてについて十分な知識をもつならば、免れうることである」と記しています。

先ほどベルツの「学術の樹」についてお話ししましたが、これはデカルトの『哲学原理』に出てくる言葉です。「哲学全体は一つの樹木のごときものである。根は哲学、形而上学、幹は自然学、枝は主に三つある。医学、機械学、道徳で、とくに道徳の枝に実が実ることが一番重要である」と記します。今日では農学や薬学も含まれるはずですが、科学技術に成果が実っても、大事なのは道徳だということです。

◆近代医学の成立

実験科学で大事なもう一人の思想家がカント（Immanuel Kant 1724–1804）です。カントは天文学者でした。彼の『純粋理性批判』の序言には重要なことが書かれています。「理性は恒常的法則にしたがったその判断原理を携えて先行し、自然をその質問に答えるように強制しなければならない」。自然の思うままに操縦されてはならない。これはまさに仮説を先行させて検証するという分析法です。これで、おおよその近代科学のフレームが完成します。科学の発展を受けて、19世紀初頭に物質世界の知識の研究者という意味で「科学者」という言葉ができました。

さて、当時の生理学は医学と距離を置いていました。ノーベル医学生理学賞（Nobel Prize in Physiology or Medicine）と言いますが、生理学は物理学や化学の領域に近く、いわゆる医学はヒポクラテス以来の臨床医学です。解剖学が学術的基盤でしたが、個別の対応を重視しました。このため、臨床医学の基本概念は科学とはみなされず、また迷信的な危険な医療が行われていました。

たとえば、マラリアという言葉はmala（悪い）とaria（空気）からなり、湿地帯には毒のある空気が漂っていることを示しています。治療にしても、尿の観察、無謀な瀉血《しゃけつ》、危険な水治療などが行われていました。こうした状況への反発として、生理学に基づく医学、科学的医学の樹立が19世紀中期のドイツで起こりました。まさにベルツが教育を受けた時代です。

こうして1850年代に近代医学が成立しましたが、とくにインパクトが大きかったのは、ウィルヒョウ（Rudolf Virchow 1821–1902）による細胞病理学です。ウィルヒョウは、「すべての細胞は細胞から生まれる」と唱え、病気は細胞から説明できることを示しました。

まさにベルツが知ってほしかったのは、こうした歴史でした。ただし、ドイツの先端的な医学研究を開拓した彼らは、科学主義者ではありませんでした。ウィルヒョウは野党の党首でもあり、ベルリンの上下水道を整備するなど政治家としても活躍しており、幅広い知識と高い見識を持っていました。

3　統計学を医学に導入する

以上は機械論的科学の世界ですが、第二の科学である統計学を医学の研究において、どのように考えるかも重要な課題です。ここで再びルネサンス期に立ち戻り、医学が統計学と対立し、やがてそれを吸収していった歴史を辿りましょう。

◆統計学は運命に立ち向かう

元来、地上の世界の現象は無知の世界に属し、神の世界は天に存在しました。しかし地上の運・不運にも神の意思が働いているという思想が、12世紀ルネサンスの中で芽生えます。「偶然も神の自由意思であり、必然は神の意思によってある偶然により支えられている」という量子力学的世界のような考え方です。運・不運が単なる無知の世界ではなく、神の意思が働いているならば、法則性もあるはずです。そこから統計学が生まれてきました。

運命に向かって戦うことについては、マキャヴェリ（Niccolò Machiavelli 1469–1527）が明確な意思を持っていました。彼は『君主論』の中で「私たちの諸行為の半ばまでを運命の女神が勝手に支配しているのは真実だとしても、残る半ばの支配は、彼女が私たちに任せているのも真実である」と言っています。運・不運と言ってばかりいないで、戦ったらよいではないかということです。

ハムレットの“To be, or not to be”も同様です。これは運命論的に「生か、死か」と訳されていますが、それは誤訳であることを小田島雄志が指摘しています。この部分は、「このままでよいのか、いけないのか」です。なぜならば、次の文章は“slings and arrows of outrageous fortune”――つまり、「暴虐な運命の矢弾をじっと耐えしのぶことか、それとも寄せくる怒涛の苦難に敢然と立ちむかい、戦ってそれに終止符を打つことか」であり、まさに運命に立ち向かう意思の表明です。この姿勢は、宗教改革以後、精神的個人主義と資本主義による経済的個人主義を通して広く行きわたりました。また人間の営みを分析し、己の運命を推測する方法として統計学が発展する基盤となります。統計学にはこうした文化的背景があるのです。

◆分布と法則性――神の摂理の発見

18世紀の神学者ジュースミルヒ（Johann Peter Sussmilch 1707–1767）は、「いろいろな村で男児と女児の生まれる比を調べたところ、どの村でも比が1・05だった。これこそ神の御摂理を確信させられる」と述べています。

また、ベルギーのケトレー（Lambert Adolphe Jacques Quételet 1796–1874）は、兵士の胸囲のようなデータも正規分布に従うなど、多くの事実を指摘しています。そうした観察からばらつきの概念が生まれ、ばらつきを制御すれば法則性が見えてくることが示され、今日の臨床試験に発展しました。

こうした思考に、メカニズム論の研究者たちは当時から強く反対しました。中でもフランスのクロード・ベルナール（Claude Bernard 1813–1878）という著名な生理学者は、「統計学者は、ある方法で治療された病人のうち80%が回復するだろうと言うけれども、それは意味がない。患者が知りたいのは、『この私は生き残れるか』どうかであって、これが可能なのは完全に決定論的（機械論的）な科学としての医学のみである」と述べています。

4　近代日本の夜明け、再び

近代日本に西洋の文化と科学がもたらされたのは、まさにこうした医学の激動期でした。ここで再び明治期日本に戻り、日本の医学の近代化を辿っていきましょう。

◆森鷗外の科学観と脚気論争

近代化の荒波に揉まれ、苦闘した一人が森鷗外です。鷗外は哲学史を詳細に学び、イデア論や統計学についても理解していました。鷗外は明治10年代に、日本に統計の教科書を紹介しました。鷗外は科学的な医学研究のあり方を理解しており、「一辺に実験的医学」、すなわちクロード・ベルナール的な世界を置き、「一辺に計数的医学研究を置かざるを得ず」と述べ、統計学と機械論のバランスの重要性を認識していました。

ただし、今井武夫との統計訳字論争においては、「統計にて現象の原因を捜らんとするは猶、木に縁って、魚を求むるがことし。統計は以て原因を探求すべき方法に非ず」とも主張しています。鷗外は厳密な科学に傾倒しており、統計の限界を厳しく指摘しました。

鷗外が統計で失敗した例として知られるのが脚気論争です。イギリスで教育を受け、後に慈恵会医科大学を創立した高木兼寛は、明治16（1883）年に「龍驤《りゅうじょう》」という船で南米まで航海したのですが、乗組員376名中の半分近くが脚気を発症し、25人が死亡しました。高木は白米中心の食事が原因だと気づきます。というのも、イギリス海軍では壊血病がレモンやオレンジで予防できることを18世紀に発見しています。イギリスが七つの海を支配できたのも、壊血病を克服できたためでした。今日、イギリス水兵をlimey（ライム野郎）と呼ぶのは、この歴史に基づきます。そうした経験をもとに高木は食事原因説に至ったのだと思います。そこで翌年パン食に変えて航海したところ、発症16、死亡0でした。これにより海軍は脚気を克服します。

ところが森鷗外から見ると、これで因果を論ずることはできません。当時はベルツをはじめとして脚気感染症説が主流でした。前年に感染が流行し、翌年流行しなかったと考えても説明できる。また、高木は蛋白欠乏説でしたので、メカニズム論に弱点がありました。こうした状況で鷗外は、「それ故にとは謂ふべからず。若し夫れこれを実験に徴し、即ち一大兵団に中分して一半には麦を給し一半には米を給し両者をして同一の地に住ましめ、爾他の生活の状態を斉一にして食米者は脚気に罹り食麦者は罹らざるときは、方にわずかにその原因を説くべきのみ」と主張します。統計学の試験解答としては満点です。

鷗外は統計の本質を理解しているのですが、その現実的な使い方はわかっていなかったように思います。学術の厳密さのみを追求していると、現実への対処で失敗することがある例と言えます。

◆推測統計学からベイズ統計へ

その後、統計学は統計表から推測統計学へ展開します。とくにイギリスのフィッシャー（Sir Ronald Aylmer Fisher 1890–1962）による母集団を想定した少数例の検定が、現実的課題の分析や解決に大きな力を発揮します。しかし推測統計は母集団の比較であって、一人ひとりについては何も言えません。それこそクロード・ベルナールの批判に合致します。

最近、重要性が増しているのは、ベイズ（Thomas Bayez 1702–1761）が提案したベイズ統計です。ベイズ確率はある事象の原因を確率として推測する方法です。たとえば薬を飲んで副作用が起こったといっても、薬によるかどうかは、本当のところはわからない。なぜならば、薬を飲まない人でも同じ症状が出るからです。

たとえば、アメリカ人の40代女性における乳がん患者の確率は０・４％です。乳がん患者のうちマンモグラフィで陽性になる人は80％、がんではない人が陽性になる確率は10％です。したがって、マンモグラフィで陽性と言われた人が実際に乳がんである確率は３％です。つまり、それだけ偽陽性が多いということなのです。

ベイズ統計は母集団が不明でも、個々の要素の確率を議論できる利点があり、ビッグデータ時代の到来により注目されています。こうした議論は欧米では18世紀に始まり、両大戦中、エニグマというドイツ軍の暗号解読に用いられ、さらに戦前から保険料の設定に使われていました。

日本にフィッシャーの統計学が入ってきたのは戦争中です。軍は当然ながら統計学を用いて砲弾の正確さなどを検討し、このために統計学者が動員されました。戦後、統計学者は軍に協力したと厳しく批判されます。背景にはマルクス経済学対近代経済学、あるいは左右のイデオロギーの対立がありました。

1960年代に出版された『現代統計思想論』の中で、大橋隆憲は「独占資本の要求に応じて育成させられた推測統計学」「労働者階級の立場に立つ確たる統計理論の創造的建設が緊要な課題」「彼等は『経営』に直接役立つ学問を大学に要求し、大学もまたその要求に応じて実用主義化の傾向を強めつつある」などと述べています。

こうした統計学のあり方、ひいては現実問題への対応の遅れは、医学研究開発にも影響を与えました。たとえば、薬事法は昭和35（1960）年に成立しました。ちょうどサリドマイド事件が起こったころです。アメリカでは1938年に食品医薬品局（FDA）が設立され、規制という概念が日本よりも20年前にできていました。

◆規制科学の重要性

最近、「規制科学（Regulatory Science）」の重要性が認識されるようになりました。医薬品や医療機器開発の安全性・毒性の規制、GCP（医薬品の臨床試験の実施基準）や個人情報など、日本はアメリカより10年から20年も遅れました。これから臨床研究も法制化されますが、これも大きく遅れています。今日、規制のあり方自体が、科学技術の進歩に大きな影響を与えるようになりました。医療開発研究では規制科学まで守備範囲としなければなりません。

日本は産学連携や臨床開発研究が遅れていると言われますが、明治期以来多くの開発研究に成功してきました。北里柴三郎による抗血清療法はその代表例ですが、戦後は内視鏡や超音波装置なども日本で開発されました。日本にその素地がないわけではなく、むしろ規制の国際標準化の流れの中で疎外されてしまい、遅れをとったと考えられます。

我々はややもすると、メカニズム解明から安全性などの前臨床試験、さらに臨床試験を経て薬事承認でゴールと考えがちです。しかし、これは少し単純すぎます。開発研究の背景にあるのが、臨床研究による「育薬」です。適応を拡大する、あるいは他の薬剤との差別化を行うことで企業は資本を蓄積し、新規の薬剤開発に向かうことができます。

多くの高血圧薬や循環器病薬では、同じ薬の中でどちらが脳卒中や心臓発作を減らすかが重要な課題となっています。現実に処方する場面では大事な問題で、企業にとっては他の薬と差別化できれば巨大な市場を席捲できます。

新薬の開発研究で成功する確率はきわめて低いので、一つのプロジェクトにすべてを賭けるのは危険です。ＪＳＴの支援プロジェクトにおいてもイノベーションに至ったのは1件、全支援プロジェクトの１％程度と言われています。疫学的で現実問題に対応する臨床研究を走らせながら、基礎研究を進めるという大きな循環の中で、これからの製薬企業は戦略的に考えていかなければなりません。

5　日本人の自然観と自然科学

最後に、日本人の自然観・科学観についてお話しします。日本の科学は日本人の自然の受けとめ方と深い関係があります。これから日本の科学を推進するにあたっても、日本人の自然観を知る必要があります。

◆あるがままの「自然」

「自然」は、日本では「おのずから」、すなわち、「あるがまま」です。これは老子の言葉によります。一方、西欧の nature は神の創造物です。人間は万物の霊長であるから、これを改造することができると考えると言われています。日本人にとって、自然とは花鳥風月の世界でした。

東洋でも自然科学的な思想があり、朱子の中に見出すことができます。朱子は「天地の間、理あり気あり、理なるものは形而上の道也、物を生ずるの本也」と言っています。理は法則性で、気は物質や現象のことです。

徳川幕府も朱子学を取り入れましたが、朝鮮半島から日本に至る過程でかなり修飾されたと言われています。朱子学は人間の道に重きが置かれ、宇宙観としては捉えられず、自然の法則性の解明には向かいませんでした。

幕末に至り、東洋と西洋の自然観を「和魂洋才」で折衷します。佐久間象山の「東洋道徳西洋芸術」です。「本より朱子の本意たるべく候」と述べます。和魂洋才によって自然の法則性を学ぼうとしたわけです。

明治初期には、そもそも日本で物理ができるのかという議論がありました。『物理階梯総論』という文部省が刊行した物理の教科書の序文には、「既に其物あれは、必す亦理あり」と記されています。これは朱子の言葉です。「物に就き、其本性と定則とを、講明するもの、之を『ナチュラル、ヒロソヒー（自然科学）』と云ふ」。このように自然の理に関心が向かいますが、序文の最後は、「然る後、其用を察するに、外ならず」と、実用主義的な言葉で物理学の目的を締めくくっています。少なくとも物理学の目的として、自然の法則性を知るということはあまり強調されていませんでした。

◆科学からナショナリズムへ

一方、西欧では、先ほどのクロード・ベルナールの生理学が社会学と文学に影響を与えました。オーギュスト・コントの「政治における文明の諸段階」は「生理学における諸生物の構造」に対応します。社会学というのは生理学に由来するわけです。それを文学に展開したのがエミール・ゾラです。『実験小説論』を記し、『ナナ』や『居酒屋』を執筆します。このように西欧の自然主義文学には「仕組み」が含まれていましたが、初期の日本の自然主義文学では、「あるがまま」になってしまったわけです。

日本の自然主義文学を批判したのが森鷗外です。「ゾラ名づけて試験小説となさむ」「事実は良材なり。されどこれを役することは、空想の力によりて倣し得べきのみ」。つまり、文学は事実を述べるだけでなく、概念が必要という議論をしました。

鷗外は坪内逍遥に対しても、「（逍遥の言っていることは）レアアルばかりでイデエがない」と批判します（没理想論争）。現在の日本の科学教育、とくに研究における概念や理性、さらに自我のあり方を考えるときに、こうした議論がどのような状況を反映していたのかを考えることはとても重要です。冒頭でベルツの講演を紹介しましたが、彼は森鷗外に講演録を送ります。鷗外は講演録にアンダーラインを引いて読んだという記録が残っています。翌年、鷗外は「洋学の盛衰を論ず」という講演をします。当時、ヨーロッパに留学しても意味はないということが語られるようになり、日清戦争後の三国干渉を受けて反ドイツ感情やナショナリズムが高まっていました。そうした風潮の中で鷗外は、まだヨーロッパに学ぶことがあること、さらに「洋行中、先づ己を虚しくして教を聞き、久しきを経て纔《わずか》に定見を得し者は、帰郷後の成績大なりき」と語ります。

また、鷗外は「簞笥を負ひて往き、学問を其抽箱に蔵せんと欲するは不可なり。彼地に至りて簞笥を造らざる可からず」とも述べています。新しい知識を抽斗《ひきだし》に入れるのではなくて、むしろヨーロッパで簞笥、すなわち思考の枠組みをつくらないといけないという趣旨でした。

日本の思想動向は、文明開化後しばらくは欧化主義でした。しかし明治30（1897）年ごろから国粋的な運動が盛んになり、昭和初期にはロマン主義とナショナリズムが結合して政治運動化します。西洋の科学は機械、日本の科学は精神である、日本の精神でもって西洋の機械を操ればよいと語られていたようです。

日本的な科学を唱導したのが生理学の橋田邦彦（1882–1945）です。東大教授から一高（旧制高校）

の校長となり、開戦時の東條内閣の文部大臣を務めました。橋田教授は、部分だけ見ては全体を理解できない、生化学と生理学を統合した「全機学」でないといけないと述べます。しかし、自然観は東洋的でした。我々に対立する自然ではなくて、その中に入っている自然というような捉え方をします。東洋哲学的ですが、ドイツ観念論哲学の影響を受けていた可能性があります。橋田は、さらに主客未分を重視します。客観的に見てはいけないと言っているわけです。「研究が求道であり求道が研究でなければならない」、「真の科学は『人間らしさ』や『まことの道』を教えるものであり、日本の科学者は『皇基の振起』に役立つよう行動すべき」と続きます。

ロマン主義に基づく全体論がナショナリズムに拍車をかけ、日本の悲劇となりました。科学も個人の経験を重視した主観的世界となると、政治に利用される危険が高まります。ベルツは、「理屈に従って処理するのは危ない」と言っており、そうした危うさに気づいていたと思われます。

おわりに

科学にはいろいろなアプローチがありますが、社会と関係のある科学には、多様な軸が必要です。生命科学では、ロマン主義に対して実証主義が成立しました。生命を機械仕掛けのように理解する、ロマンと機械仕掛けの戦いが基礎生命科学です。しかし、仮説はロマンと紙一重です。研究者には夢が必要ですが、ロマンと戦うのに不用意にロマンを持ち込むことがあります。このため、論理を批判的に吟味しないと、ロマンの虜になります。

統計的理解は、偶然か必然かという軸によります。臨床医学は患者に恩恵があるか、リスクがあるかを問題とします。原子力工学もこうした軸から構成すべきと思います。

臨床医学の歴史は、ヒポクラテスの病床医学、中世の書斎医学、19世紀の病院医学、19世紀後半からの研究室医学、21世紀は社会の中の医学になるでしょう。

科学研究では、つい成果主義になりがちですが、文化として考えることが大切です。カール・ポパーが重要な指摘をしています。研究は「ある問題と出会って、恋に落ちること、結婚し死が分かつまでそれと幸せに生きることである」。さらに魅惑的な問題に出会ったり、実際に解を得たりする。こういうことに一生つき合うのが科学研究だということを言っています。

研究者は、専門外の領域や異なる文化との出会いによって仕事を大きく発展させることがあります。科学者はこうした歴史や思想的背景を知ったうえで、専門分化することが大切と思います。

第2章 越境し、融合する科学
——ある認知科学者の若き日の体験

安西祐一郎

独立行政法人日本学術振興会理事長、慶應義塾大学名誉教授・元塾長
1974年慶應義塾大学大学院博士課程修了。カーネギーメロン大学客員助教授、北海道大学文学部助教授、慶應義塾大学理工学部教授を経て、1993年～2001年同理工学部長、2001～09年慶應義塾長、2011年より現職。文部科学省高大接続改革チームリーダー、3省連携人工知能技術戦略会議議長などを務める。情報処理学会会長、日本認知科学会会長、中央教育審議会会長、などを歴任。著編書『岩波講座　コミュニケーションの認知科学』（全5巻・岩波書店、2014年）、『心と脳——認知科学入門』（岩波新書、2011年）、『「デジタル脳」が日本を救う——21世紀の開国論』（講談社、2010年）、『教育が日本をひらく——グローバル世紀への提言』（慶應義塾大学出版会、2008年）、『認識と学習』（岩波書店、1989年）、『問題解決の心理学——人間の時代への発想』（中公新書、1985年）ほか多数。専攻は情報科学・認知科学。

黒田　続いて、理系・文系の境界を実際に飛び越えて活躍してきた人物をご紹介しましょう。安西祐一郎先生は日本を代表する認知科学者で、40年以上にわたり学界の第一線を走り続けてきました。その研究・論文は、今日でも世界中で参照・引用されています。

安西先生は、「越境するイノベーター」を育てるためには、ただ若者に「飛び出せ！」と言

うだけではなく、実際に越境・融合型の研究ができる環境をつくる必要があり、日本は戦略的にそうした場を創出すべきだとも提案されています。これは、私たち大人の責任ですね。「最近の若者は引っ込み思案で……」などと若者を批判している場合ではありません。

本章では、安西先生に若き日のどんな素晴らしい出会いや挑戦が新たな研究地平を切り拓かせたのか、いわば「マイストーリー」を語っていただきます。そして、そうした「熱気」ある場を生み出すにはどうすればよいか、一緒に考えていきましょう。

はじめに

私は「認知科学」という文系と理系の融合領域で40年にわたり研究してきました。しかし、一口に「文理の越境」と言っても、「こういう枠組みでやればよい」と簡単に一般化できるものではありません。

そこで本章では、私の「マイストーリー」をお話ししたいと思います。一人の研究者が、若い頃からどのように過ごしてきたかを一つの例として読み、その中から「文系・理系の境界線を越える」とはどういうことかを考えるヒントにしていただければと思います。

1　越境と融合

◆「融合」とは何か?

よく自然科学の大先生が、「これからは社会科学者の協力もいただいて文理融合を」と言われます。しかし、話をしたり共同プロジェクトをしたりということはできても、本当に文理融合の「領域」を新しくつくるとなると、なかなかできないのです。なぜなら、文系の方法論と理系の方法論の両方を――つまり、文系研究者は理系の方法論も、理系研究者は文系の方法論も――本質的にわかっていないと、文理融合はできないからです。これは研究者であれ、エンジニアであれ、政策担当者であれ、まったく同じです。

科学方法論、技術方法論として文系・理系の境界を越えようとしたときに必ずぶつかるのは「人間と社会をどのように見るか」ということです。「人間とは何なのだろうか」、あるいは「社会とは何なのだろうか」「人間はなぜこのように考え、行動するのだろうか」「社会はどうしてこのような状況にあり、こんなふうに動いているのだろうか」「その社会をどうしたらよいのだろうか」といった本質的な問いを自分で持っていないかぎり、越境だの融合だのと言ったところで飛び込んでいくのは難しいのです。

なお、私たちは「社会」の部分を「インタラクション」と呼んでいます。「社会」は「人間」に対置されるものではなく、人間相互の関係であると捉えているからです。

図表2－1　自己紹介

- 1969 学部卒業論文「活性炭の吸着特性」（物理化学）
- 1971 修士論文「ホルダー有効利用による流体供給システムの最適制御」（システム工学）
- 1974 博士論文「A study on integer programming algorithms and their applications」（システム理論、情報科学）
- 1976-78 カーネギーメロン大学人文社会学部心理学科兼コンピュータ・サイエンス学科ポスドク（認知心理学・コンピュータ科学）
- 1979-85 慶應義塾大学理工学部管理工学科専任講師　（システム工学・計量心理学）
- 1981-82 カーネギーメロン大学人文社会科学部心理学科客員助教授（認知科学）
- 1985-88 北海道大学文学部行動科学科社会心理学講座助教授（認知科学・社会心理学）
- 1988-2011 慶應義塾大学理工学部電気工学科・情報工学科／大学院理工学研究科計算機科学専攻・開放環境科学専攻教授　（コンピュータ科学・認知科学）
- 1990 マギル大学医学教育センター客員教授　（認知科学）
- 現在 上智大学および慶應義塾大学 SFC で講義（認知科学）

◆学生時代

「マイストーリー」と言うくらいですから、まずは簡単な自己紹介から始めましょう（図表2－1）。

私は慶應義塾大学の理工学部で学んだのですが、学部時代には応用化学を専攻しており、卒業論文のテーマは「活性炭の吸着特性」でした。これは熱力学を基本にした物理と化学の境界領域で、久野洋教授のもとで実験をやりました。

その後、修士では林喜男教授のもとで当時最先端だったシステム工学・制御工学の勉強をしまして、修士論文は制御理論の志水清孝教授にもお世話になり、化学の知識も生かした「ホルダー有効利用による流体供給システムの最適制御」でした。これだけでは何の話かと思われるでしょうが、実は都市ガスのパイプラインに関する研究で、「流体」はガス、

「ホルダー」はガスタンク、パイプラインを通してガスを「供給」するわけです。

東京のガスタンクは夜の間に工場でガスをつくって溜めておき、昼間の需要の多いときにそれを使います。そこで、工場で何時ごろにどのくらいの量を製造して、どこのタンクにどう溜めて、何時ごろにどう流せば最もコストが安くなるかということが、都市ガス企業にとって大きな課題になるのです。したがって、これは制御工学・システム工学であると同時に、企業の具体的なニーズを想定した、社会と密接にかかわる研究でした。

一方、博士論文は「A study on integer programming algorithms and their applications」という数理計画法のコンピュータ制御への応用に関する研究でした。当時はデジタルコンピュータ制御が出てきたばかりで、新日鉄が君津製鉄所に最新鋭のＩＢＭのコンピュータを導入して、圧延工程のコンピュータ制御をやり始めた頃でした。

大学院では数理的な解析の方法や複雑な現象の抽象化について相当に勉強しましたが、同時に「アルゴリズムの研究をして人間や社会の問題に迫れるのかどうか」といろいろ考える中で人間と社会への問題意識を強く持つようになり、心理学や哲学について自分で勉強するようになっていったのです。

◆世界最先端の文理融合の場を経験

博士号を取得後、ハーバード・サイモン教授のいるカーネギーメロン大学へ行き、コンピュータ・サイエンス学科と人文社会学部心理学科の兼任のポスドクとして研究に携わりました。よく覚えていますが、ピッツバーグの空港に降り立ったのはちょうど40年前、１９７６年６月29日のことです。そのときから世界ががらりと変わりました。これが自分の生きていく世界だと確信しました。今でも当時の情景、空気の匂いまで覚えています。

コンピュータ・サイエンスと心理学の境界領域で、それこそ寝る間もなく研究しました。コンピュータ・サイエンスの最新の理論と実験心理学の最新の方法との両方を身に染み込むまで学びました。それでも楽しくて、時間の経つのが惜しくてしかたなかったのです。そのときの成果がAnzai and Simonによる「Learning by Doing」の理論で、40年近く経った今でもよく引用されています。サイモン教授はその直後、1978年にノーベル経済学賞を受賞します。文と理の境界を越えるというのは、「場をつかみ取る」と言うと語弊がありますが、本当に文理を越えて世界をリードしている場にきちんと身を置いて、文理両方の確実な方法論を身につけないと、なかなかモノにならないと思います。

帰国後、いったん慶應に身を置きましたが、まもなく北海道大学文学部行動科学科の社会心理学講座の助教授として社会心理学を教えるようになりました。慶應では自分のめざす研究はできないと考えたからです。戸田正直教授率いる北大の認知・社会心理学グループは当時世界の最先端にいましたし、その後も山岸俊男さんはじめ世界に誇る研究者を輩出しています。その後、慶應で湘南藤沢キャンパスができることになり、キャンパス創設の先頭に立っていた理工学部の相磯秀夫先生が環境情報学部の初代学部長として藤沢に移られることになりました。そのときに、電気工学科の相磯研究室を引き継いでほしいと相磯教授に依頼されて慶應に戻ってきました。正統派のコンピュータ技術をリードしていた相磯研の後継に北大文学部にいた異端の私を持ってこようとした。時代を見通す相磯先生の眼力はすごいと、今でも思っています。

こうして私は、国立大学の文学部と私立大学の理工学部という2つの場を専任の助教授・教授として経験したわけですが、その文化がまったく違うことに衝撃を受けました。北大文学部は、私がいた当時で戦後に4人しか博士号が出ていないことを、むしろ誇りとする文化がありました。コンピュータは、当時はワークステーションでしたが、これを入れるのは教授会の承認事項でした。その一方で、哲学の野本和幸先生をはじめ、学問とはこういうものだと気づかされる人文系の素晴らしい学者が何人もおられ、学問のあり方を深く考える機会にもなりました。

一方で私学の理工系は、当時でも年間100人近くの博士号を出していましたし、しかも電気工学科でしたから、電気回路、半導体デバイス、無線通信など、本当に即物的です。ここで人間や社会の研究を続けるわけにはいかず、人間とロボットの相互作用についての探究を1990年代初頭から始めました。

◆「半端者」？

こうして私はシステム理論や情報科学の研究者として出発しながら、人間と社会に深く関心を持ち心理学も相当勉強したのですが、では心理学者といきなり一緒に研究できるかというと、それはできません。彼らはプロであり、こちらは素人ですから。コンピュータ・サイエンスについても、理論からアルゴリズム、コンパイラまで深く勉強したのはカーネギーメロンにいた当時です。私の経験から思うのは、文系の人たちと話をするときには文系の土俵で話ができないといけないし、理系の人たちと話をするときには理系の土俵で話ができないといけません。論文もそれぞれ書き方が違うので、書き分けなければ生きていけません。

しかし、中途半端にそんなことをしていると、両方から半端だと陰口を言われます。理系の人たちからは「彼の言っていることはよくわからん、文系だからね」と思われるし、文系の人たちからは「抽象的な理屈を並べられてもね、やっぱり理系だからね」と言われるわけです。文理融合の学問を切り拓くには、文系だけ、理系だけの研究に比べて2倍以上のエネルギーが必要なのです。では、文系・理系の「境界を越える研究」とはどういうことなのか、私なりの経験と考えをお話ししたいと思います。

2　認知科学への挑戦

◆ダイヤモンドゲーム

皆さん、ダイヤモンドゲームはご存知だと思います（図表2－2）。ダイヤモンド型の陣地の一方から相手を飛び越しつつ升目を進み、早く反対側の陣地に辿り着いた者が勝ちとなります。私が博士課程を出る頃に一人で始めた研究は、このゲームのプレイヤーが頭の中で何を考えて手を打っているかを調べるものでした。

具体的には、コンピュータのプログラムでプレイヤーをつくり、そのプレイヤーと人間2人の3人

図表２－２　ダイヤモンドゲーム

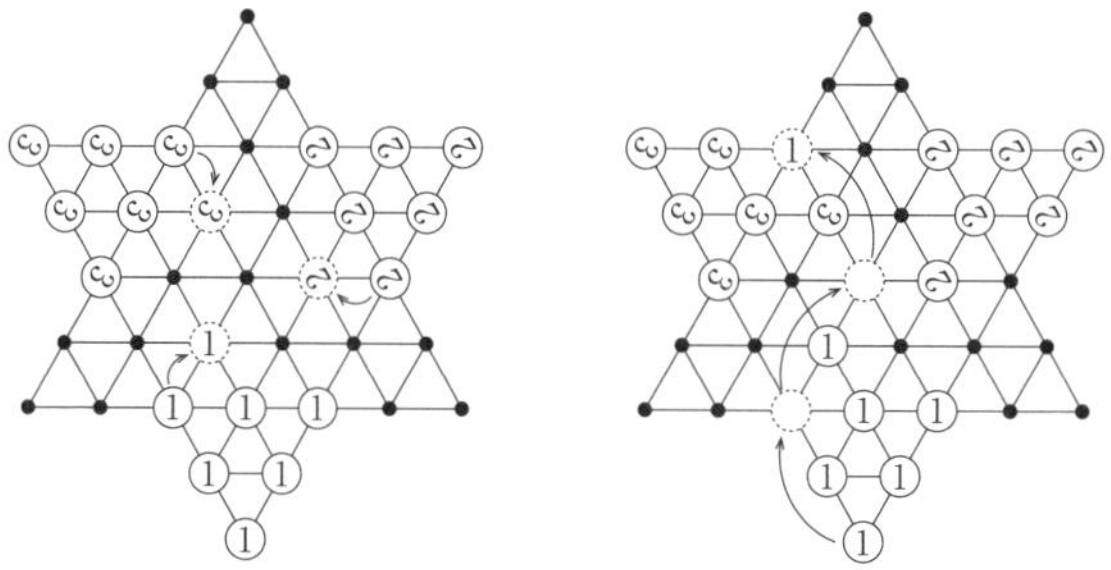

a. 3人のプレイヤーの第1手目　　b. プレイヤー1の第2手目以降

でゲームをします。そして、コンピュータの打つ手が人間と同じになるようにコンピュータのプログラムを修正していくのです。つまり、コンピュータが人間と同じ手を打つようにプログラムを書き換えていくわけです。同時に、人間の思考のほうも分析します。私がこの研究を行ったのは１９７４年頃のことですが、カーネギーメロン大学にいたハーバート・サイモンとアレン・ニューウェルが１９７２年に『*Human Problem Solving*』という厚い本を出していました。この本で「発話プロトコル分析」という方法があることを知り、それを使いました。周りにこの方法を知っている人はいませんでしたから、実験法を誰かに教わることもありませんでした。心の中に浮かんだ言葉を口に出してテープレコーダで録音するのですが、心理学や臨床分析などで昔から行われていた事後報告とは違い、頭に浮かんだことをそのまま言語的な情報でテープレコーダに記録するという方法です。その後１９７０年代の後半になってアンダース・エリクソンなどの研究で課題によっては相当に信頼性があることがわかってきたのですが、私が実験に使ったのはそれよりも以前のことです。

図表2－3　カーネギーメロン大学にて

写真：Wean hall（Science Hall）にて（1977年）。徳田英幸撮影。

◆一通の手紙を頼りに

1976年、私はカーネギーメロン大学へ行きます。本の著者だったサイモン教授には会ったこともなく、向こうももちろん私のことはまったく知らなかったはずです。遠い日本の無名の若者がサイモン教授に思い切って手紙を出しました。まだ成田空港がなかった時代のことです。何か月か経って思いがけず返事が来ました。ただし、返事の手紙には、「来てもよい」しかし「警告しておくが（I warn you …）、忙しいから面倒は見ない」と書いてありました。私はその一通の手紙を頼りに、一度も会ったことのない人のもとへ渡米したのでした。サイモン先生は当時すでに世界最高峰の社会科学者の一人であり、人工知能の創始者の一人でもありましたが、その真価を本当に知ったのは渡米した後のことです。

ここで1976年から2年間かけて行った研究をまとめたのが、サイモン教授との共著論文「The Theory of Learning by Doing」で、『*Psychological Review*』という心理学の学術雑誌に1979年に掲載されました。自慢めいた話で恐縮ですが、この論文は今日でも引用されており、日本人が書いた心理学の論文の中で引用数はトップレベルに入るのではないかと思います。このとき私は33歳でしたが、その後、私が研究者としての道を歩く礎となりました。論文が出版されたのは日本に戻ってすぐの頃ですが、有名な心理学の先生から電話がかかってきて、雑誌に出た研究について研究会で話をしてほしいとのこと。講演に行って初めて会ったら、私の顔をじっと見ています。どうしたのですかと聞いたら「あの論文を書いたんだから、もっと年とった人かと思っていた」と。もともと心理学出身ではありませんでしたから、日本に帰ってきても日本の心理学界ではそのくらい知られていなかったのです。

この論文は、一言で言えば人間の学習プロセスを解明しようとするものです。人間は、新しい知識や方法をどのように獲得していくのか。経験して学習するという行為は誰しも毎日やっていることですが、それはどのようなプロセスなのかということを研究したのです。少し詳しく説明しましょう。

◆ハノイの塔――学習の研究

研究自体は狭い意味では「スキルの獲得（skill acquisition）」と呼ばれる分野になっています。当時の認知科学の研究では、定番の実験道具として「ハノイの塔」のパズルがよく使われていました（図表2－4）。3本の棒があり、円盤がはまっていて、それを1枚ずつ動かします。たとえば、図のAにあるものを、Cに全部移します。ただし、動かせるのは1枚ずつで、小さい円盤の上に大きい円盤は乗せられません。これだけのルールのパズルなのです。

このパズルを初めてやる人は、どのようにして正解を見つけるのでしょうか。2回目は、3回目は……何度も繰り返しているうちに、やり方が変わってきます。新しい方法を発見するのです。では、それはどうやって？

図表2－4　ハノイの塔パズル

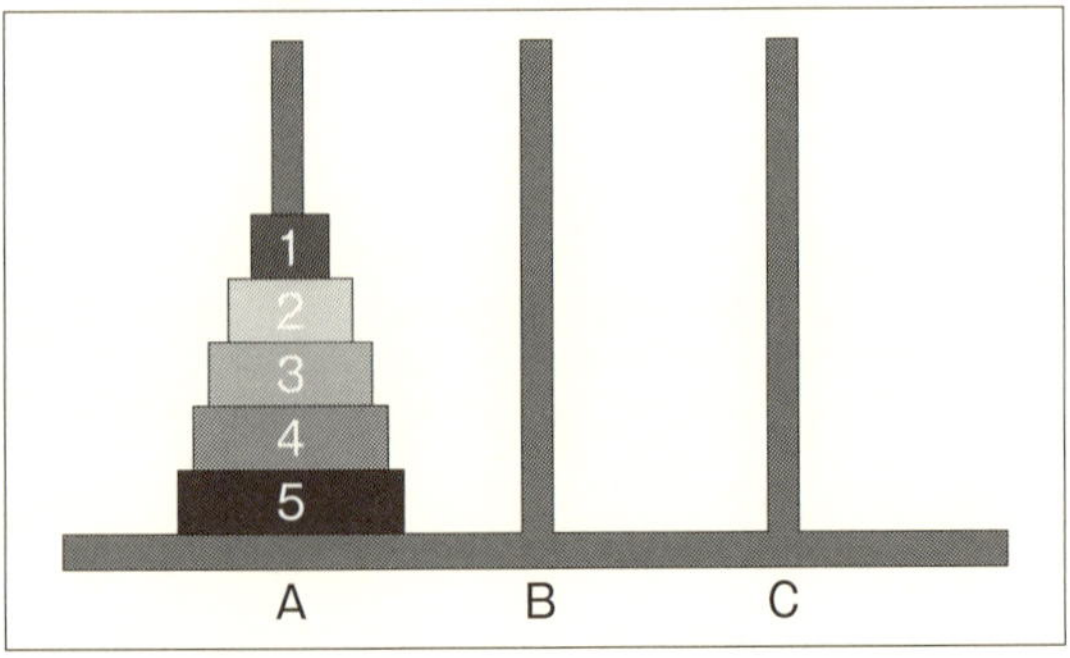

そのプロセスを解明するために、研究協力者（もちろん、このパズルの未経験者です）にこのパズルを何度もやってもらい、発話プロトコルのデータをとって分析しました。人間の思考の仕方、学習の仕方を科学的に解明するためには、簡単な構造の問題を使う必要があったのです。

ただし、論文名に「The Theory of Learning by Doing」とあるように、この研究で大切なのは理論なのです。誰もがこのように学習するのだという法則を提供したということです。

私たちの研究によれば、新しいやり方（方略）の学習については、選択的探索方略、後ろ向き方略、前向き方略、マクロオペレータ方略の順に、前に学習した方略を使いながら新しい方略を発見していきます。（図表2－5）。この順番がひっくり返ることはないのです。まったくの素人が初めてのタスク、仕事を始めてだんだん上手になっていくというのは誰にでもあることですが、それは行動を観察していればそう見えるということです。私たちの研究は、行動だけでなく、心の中でどんな情報処理のプロセスを経て新しいやり方を自分で見つけていくのか、という問題に答えを出したのです。

図表2－5　Theory of Learning by Doing

1. 選択的探索方略（Selective Search Strategy）
2. 後ろ向き方略（Working-Backward Strategy）
3. 前向き方略（Working-Forward Strategy）
4. マクロオペレータ方略（Macro-Operator Strategy）

の順に学習される。

しかも、この情報処理のプロセスをコンピュータでシミュレーションしました。新しいやり方を自分で発見するコンピュータ・プログラムをつくったのですが、これは、後でも述べますが、新しい方法を自分で学習するコンピュータという、人工知能の中でも今で言う機械学習（machine learning）の研究の先駆けにもなりました。また、学習の研究は熟達の研究にもつながります。専門家になるにはどのようなプロセスを辿るかという研究です。

経済学などでもそうだと思いますが、人間科学の目標の一つは、「人間だったら誰でもこうなのだよ」「社会はこういうことなのだよ」という法則性を示していくことにあるのだと思います。私たちの研究は、人が自分の経験を通して新しいやり方を自分で発見していく心のプロセスの法則性を明らかにし、しかもコンピュータによるシミュレーション・モデルを提示したもので、学習の研究として時代を画するものでした。

◆論文の影響

この論文はさまざまな点で特徴を持ち、各方面に影響を与えました。

第1に、研究協力者が1人だけです。これは心理学、とくに日本の心理学ではほとんどタブーでした。大概は研究協力者を統制群と実験群に分ける実験計画を立て、たとえば何十人とか100人とか相当数の研究協力者のデータをとり、仮説の有意差検定を行って、統計的に有意かどうかを調べる、そうした論文が定番なのです。そこへ、研究協力者一人の認知プロセスを詳細に解析した論文が、『*Psychological Review*』という国際的水準の学術雑誌に掲載された。しかも、その著者を日本の心理学界で誰も知らないということが起こったのです。

2番目は発話プロトコル法の採用。同じカーネギーメロン大学の心理学科でポスドクとして私と二人で部屋を共有していたアンダース・エリクソン（現フロリダ州立大学教授、熟達の研究でよく知られています）がサイモンと一緒に発話プロトコル法の研究を行っていて、それを横で見ながら取り入れたのです。これには、以前にダイヤモンド・ゲームを使った研究に我流で発話プロトコル法を使った経験が役立ちました。

3番目は、データを丸ごとオープンに記載したのです。プロトコルデータを丸ごと記載したというのはデータ公開のはしりではないかと思いますが、データが全部載っているために、そのデータを使った分析を他の研究者が研究として行うようになりました。

4番目は、新しい方略を実際に学習するコンピュータ・シミュレーション・モデルを作成し、それによって理論を提示する、という新しい方法を開発したことです。人間の学習に関する心理学の研究では、それまでは（今も多くはそうですが）学習前・学習後モデルを使用していました。つまり、知識水準などを平準化した集団に対して、学習の前に問題を出して正答率をとり、学習が終わったら類似の問題を出して正答率をとり、正答率がこのくらい上がりましたというのが学習前・学習後モデルです。これに対し、私たちは実際に人間が学習する過程とモデル自体が学習していく過程を比較して分析しました。

コンピュータ・シミュレーション・モデル自体が学習するというのは、コンピュータ・プログラムが何度も同じような問題を解いている間に、自分のプログラムを自分で変えて新しいアルゴリズムを自分で見つけ出すということです。これは人工知能ではオートマティック・プログラミングとかマシン・ラーニングと呼ばれる分野に入りますが、それはC言語などの構造化されたプログラミング言語ではできません。入れ子のループのような複雑な構造を持たない、自分で自分を変えられるような構造を持ったプログラミング言語を設計して、そのコンパイラをつくって、そのうえでプログラムを書いてコンパイルしていくということが必要なのです。私の大学院当時はコンピュータ技術自体が日本ではまだ普及していませんでしたし、博士課程を出るまでは体系立ったコンピュータ技術を専門に学んでいたわけではなかったのですが、この時期にコンパイラをはじめプログラミング言語の構造をずいぶん勉強しました。

それから5番目は、いろいろな分野に応用されていったことです。一つは今述べた人工知能で、1980年代につくられた人工知能システムの多くに、私たちのモデルに含まれていた新しい手続きを自分で学習するアルゴリズムが導入されていきました。また、段階を踏んで学習がなされるという理論が簡潔で、行動と認知プロセスの対応が理解しやすいので、たとえば認知症の患者さんの思考能力の測定など、臨床研究にも使われるようになりました。

理論自体は簡潔なのですが、理論研究の強みというのは、一つの理論が出て認められると、いろいろな分野で応用されていくことです。私も、まさか臨床研究に使われるとは思っていませんでした。

図表2－6　ハノイの塔の再帰的プログラム

試行錯誤（木探索）方略➡マクロオペレータ方略

```
def depthFirstSearch(start, goal):
stack = Stack()
start.setVisited()
stack.push(start)
while not stack.empty():
  node = stack.top()
  if node == goal:
    return stack # stack contains
                      path to solution
  else:
    child = node.findUnvisitedChild()
    if child == none:
      stack.pop()
    else:child.setVisited()
      stack.push(child)
```

➡

```
def hanoi(n A B C)
  if n=1:
    move(1 A C):
  else:
    hanoi(n-1 A C B)
    move(n A C)
    hanoi(n-1 B A C)
```

◆自ら学習するアルゴリズム

私たちが追究したことは、簡単に言えば次のとおりです。図表2－6はハノイの塔のパズルを解く再帰的なプログラムで、コンピュータ・サイエンスの学生であれば誰でもわかるプログラムです。私たちの理論では「マクロオペレータ方略」に対応します。このプログラムを、これもコンピュータの教科書によく載っている単純な発見的探索のアルゴリズム（私たちの理論では「選択的探索方略」）から出発して何度も問題を解いている間に自動的に発見するコンピュータ・プログラム、それはどういうプログラムなのか。簡単な探索のアルゴリズムしか持っていないプログラムが、自分でハノイの塔の問題を何度も解いている間に、その過程で得られる情報を自分で用いて、人間が介入することなく図表2－6のようなプログラムをどうすればつくり出せるのか。これは、心理学だけでなく、コンピュータ・サイエンスの研究課題としても最先端のものでした。私たちの研究はその学習プログラムを実際に与えたのです。

◆越境と融合の「場」をつくり出す

ここで強調したいのは、このような研究を可能にした「環境」が重要だったということです。サイモンという先導者がいて、私は学習の研究をやり、その隣でアンダースはプロトコル分析の方法論を研究していました。また、カーネギーメロン大学は当時MIT、スタンフォードと並んで御三家と言われるほどコンピュータ・サイエンスが強く、世界屈指のコンピュータ環境を持っていました。私は、自分で学習するプログラムをつくるのにその環境に日夜入り浸って2年かかりました。こういう場で、サイモンやニューウェルのような大御所から私のような無名のポスドク、院生まで、毎週1回ランチセミナーで成果を発表し合い、本当に切磋琢磨しました。ランチセミナーは心理学部門とコンピュータ・サイエンス部門が一緒に行っていました。皆、世界のトップを走っているという自負を持ち、方法論も自分たちで開発していましたし、誰かの論文を持ってきて一緒に勉強しましょう、ということは一度もありませんでした。人がすでにやったことを勉強するのは自分でやればよいので、議論の場では自分たちのやっていることに集中していました。

そういう場に、30になるかならないかの無名の研究者が飛び込んでいって、いろいろな人たちと巡り合い、ワクワクしながら研究に没頭できたのです。理系の若い研究者が文系の研究部門に入っていくということは、なかなか起こりにくいように思えますが、私の経験したような場をつくることが文系と理系の枠を越える一つの道でしょう。日本に必要なのは、こうした「場」を政策的・戦略的につくっていくことではないかと思います。

私がこの論文の研究をやったのは1978年の夏まででしたが、サイモンは、ちょうどその秋にノーベル経済学賞を意思決定の研究で受賞しました。心理学的な研究でノーベル賞を受賞したのはこれまでにサイモンと、2002年のダニエル・カーネマン教授の二人です。カーネマンは今日の行動経済学の分野の創始者の一人とされています。

3 熟達と問題理解の研究へ

◆パズルからタンカーへ!?

さて、「Theory of Learning by Doing」は理論ですから、ハノイの塔のパズルに限る話ではありません。当然ながら、いろいろな領域に適用できないと理論とは言えないわけです。そこで次に取り組んだのがタンカーの操舵に関する問題です。

これはもともと船会社の技術課題だったのですが、大型タンカーは舵を切ってもすぐには曲がらないので、操舵がかなり難しいのです。ですから、操舵員には高度の熟練が要求されます。操舵の初心者が熟達していくプロセスを明らかにし、訓練方法を開発したいというのがそもそもの課題でした。日本人の研究に5年かかり、1984年に『*Cognitive Science*』というジャーナルに発表しました。日本人の論文がこの雑誌に掲載されたのはこれが最初だったと思います。図表2－7にあるように、サブシ

図表2－7　単純な判断を含むインタラクティブシステム

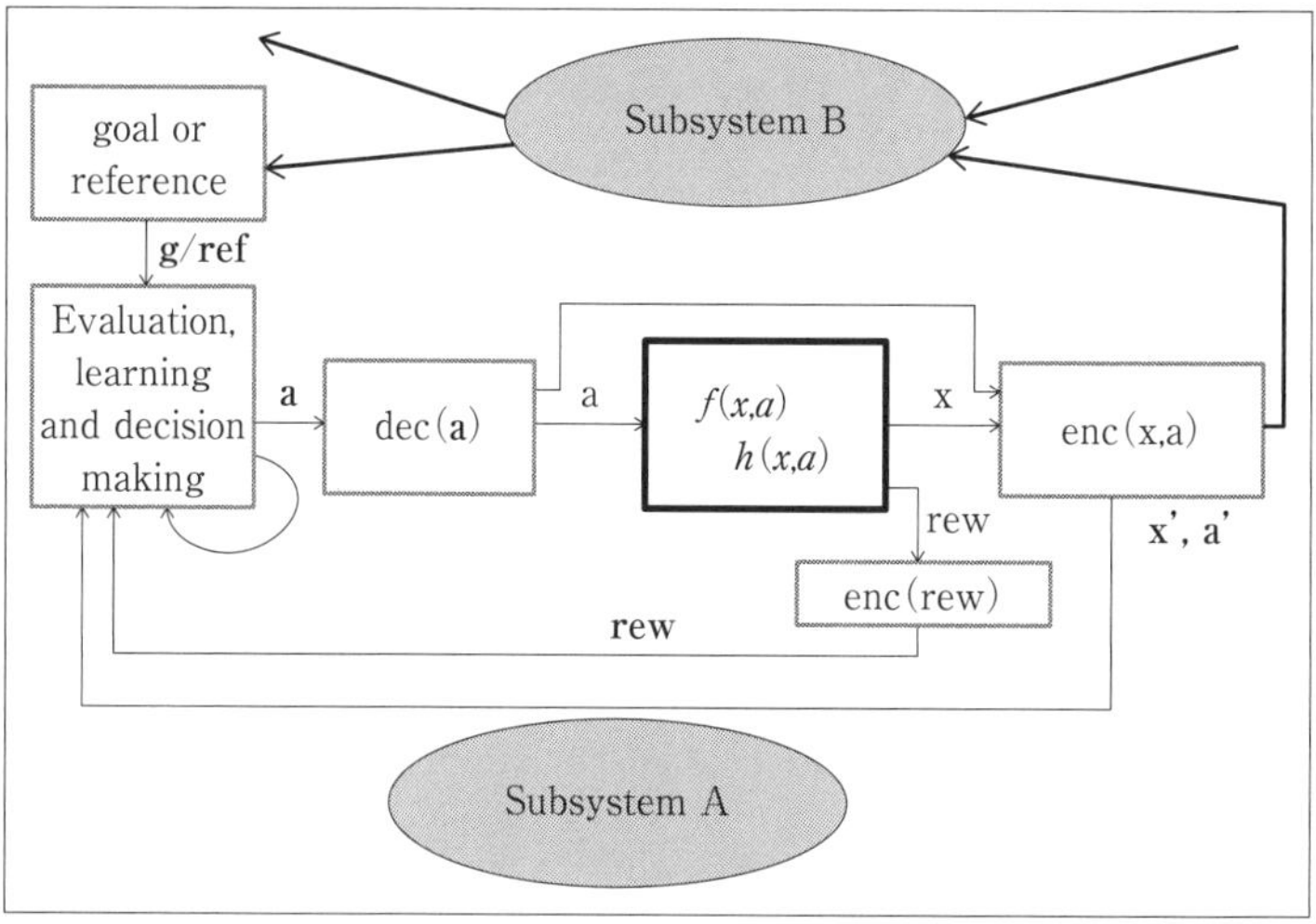

ステムAが制御システムで、サブシステムBは人間だったり他のシステムだったりします。こうした制御系は制御工学の教科書を開けばすぐに出てきて、学部の学生でも勉強しているのですが、実はこのサブシステムBが人間の場合、人間と機械のインタラクションを考えると、サブシステムAの制御方法をサブシステムB、つまり人間が自分で発見していくプロセスはなかなか興味深く、しかも制御の分野ではほとんど研究されていなかったのです。

図表2－8は初心者と熟達者の操舵における軌跡を描いたものです。タンカーの操舵の実験は実験室のシミュレータで行いました。S1が初心者でS4へ進むほど熟達者です。両者を比べると、軌跡がまったく違うことがわかります。時定数が大きいため、舵を曲げてもなかなか曲がらない。そこで大きく曲げ続けていると今度は曲がりすぎてしまい、「あれれ」と逆に曲げるので、初心者

図表2－8　初心者と熟達者の操舵における軌跡

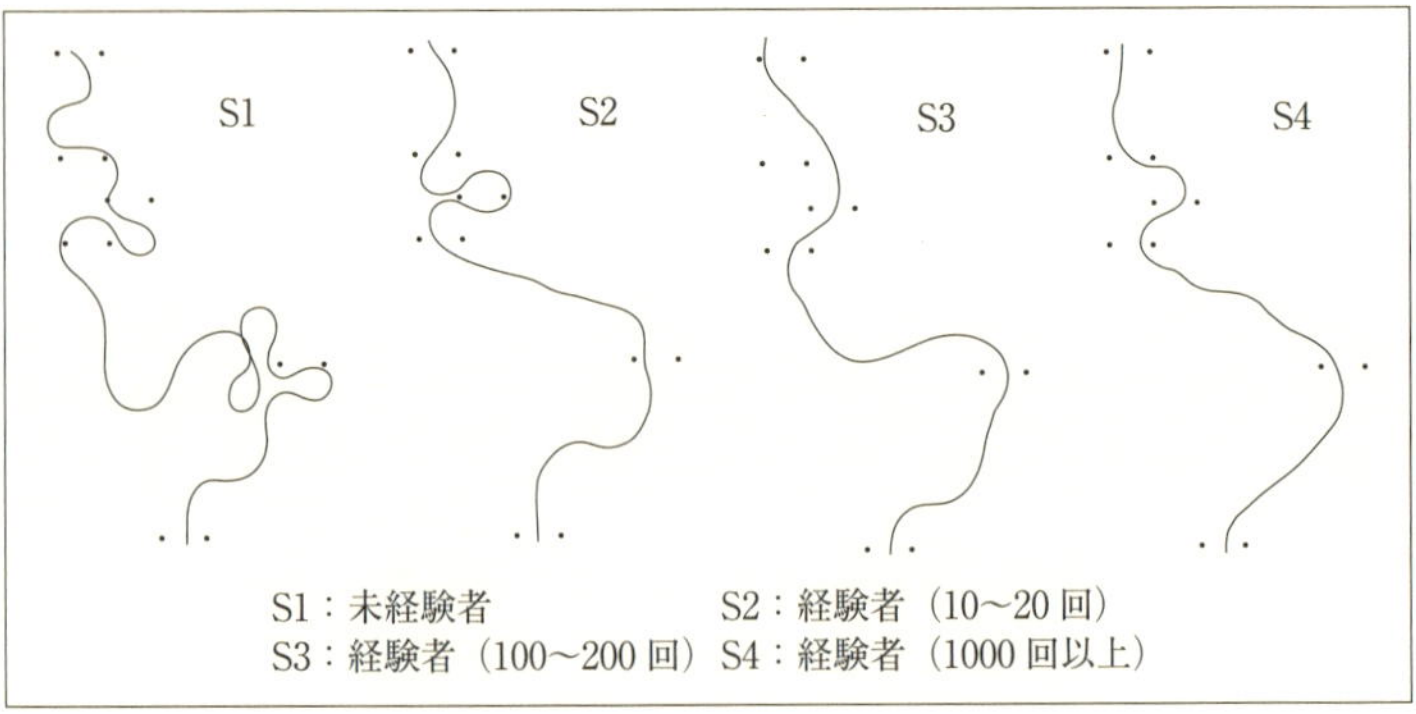

注1：操舵者は5か所の関門を順に通る。それぞれ図の関門パターンは初めての体験。
　2：経験回数には異なる関門パターンを含む。

の軌跡は大きく蛇行します。これを何度もやって慣れてくると、たとえば1000回以上こうした操舵を経験している熟達者の軌跡は、図のパターンについて初めて操舵するのであっても、S4のようになります。

ただし、これは行動のデータであって、操舵の方法を心の中でどのような情報処理によって自分で発見していったかはわかりません。これを研究するには、発話プロトコル法をはじめ、多様な方法を組み合わせて使う必要があります。一人の研究協力者が何度も操舵の経験を積んでいくと、軌跡は図表2－9のように変化していきます。その軌跡の変化はどのような操舵方略を発見していくことで変わっていくのか、これが研究の課題でした。

研究の結果、ハノイの塔のパズルを解く方略を発見するのとまったく同じ4つの方略を順に発見していくことが判明しました。つまり「Learning by Doing」の理論が、動く船の操舵方法の学習という、ハノイの塔とはまったく違う問題にも当てはまるということがわかったのです。

図表2−9　1人の初心者の繰り返し実験による軌跡

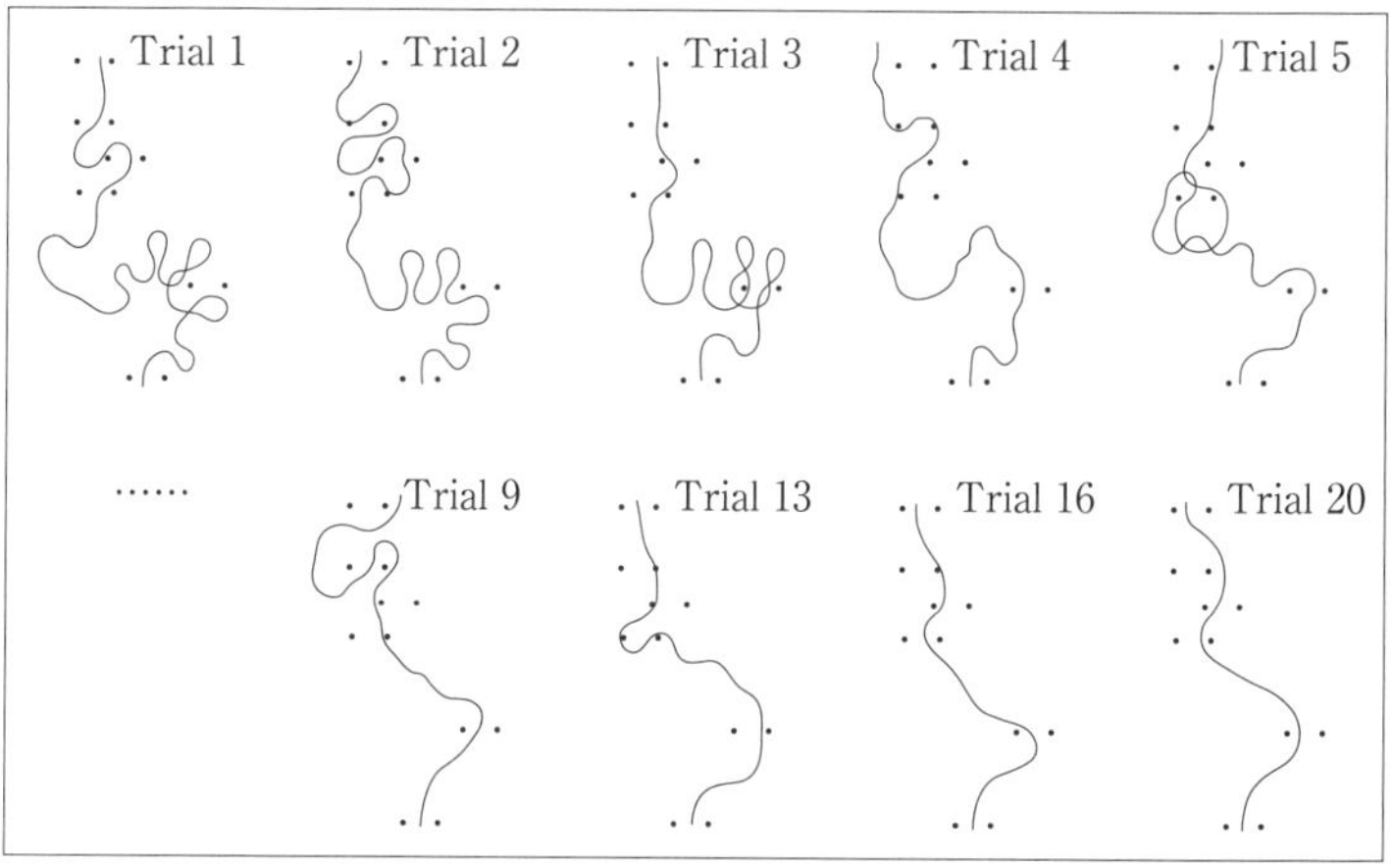

◆高等学校の物理学

こんな実験もやってみました。

図表2−10は、高校3年生から大学1年生の物理の教科書によく出てくるような、質点の力学に関する問題です。これを、高校・大学時代にほとんど物理を勉強せずに社会人になった人を研究協力者とし、物理の教科書を初めから読んで質点の力学の章まで勉強した後、その章の練習問題をすべて解いてもらいました。25題あったのですが、25番目まで解いたら最初に戻ってもう一回、25題。それを3回ないし問題によっては4回繰り返して100題近く解いてもらいます。何日もかかるのですが、同じ問題について3回から4回解いたことになります。

実験には何日もかかりますが、発話プロトコルとノートに描いた図や式などの時系列データをとり、発話プロトコルのデータについてはチェックする用語を決めておいて、その用語をどういう順序で発話したかなど、きめ細かくデータを分析しました。あわせて、ど

図表2－10　初等物理学（質点の力学）の例題

(a) 傾き20°の斜面に置かれた120kgの箱を、斜面に平行な86kgの力が押し上げている。箱が静止しているとき、斜面に平行して箱を押し下げている力を求めよ。

(b) まさつ係数の値を求めよ。

図表2－11　ノート（1回目）

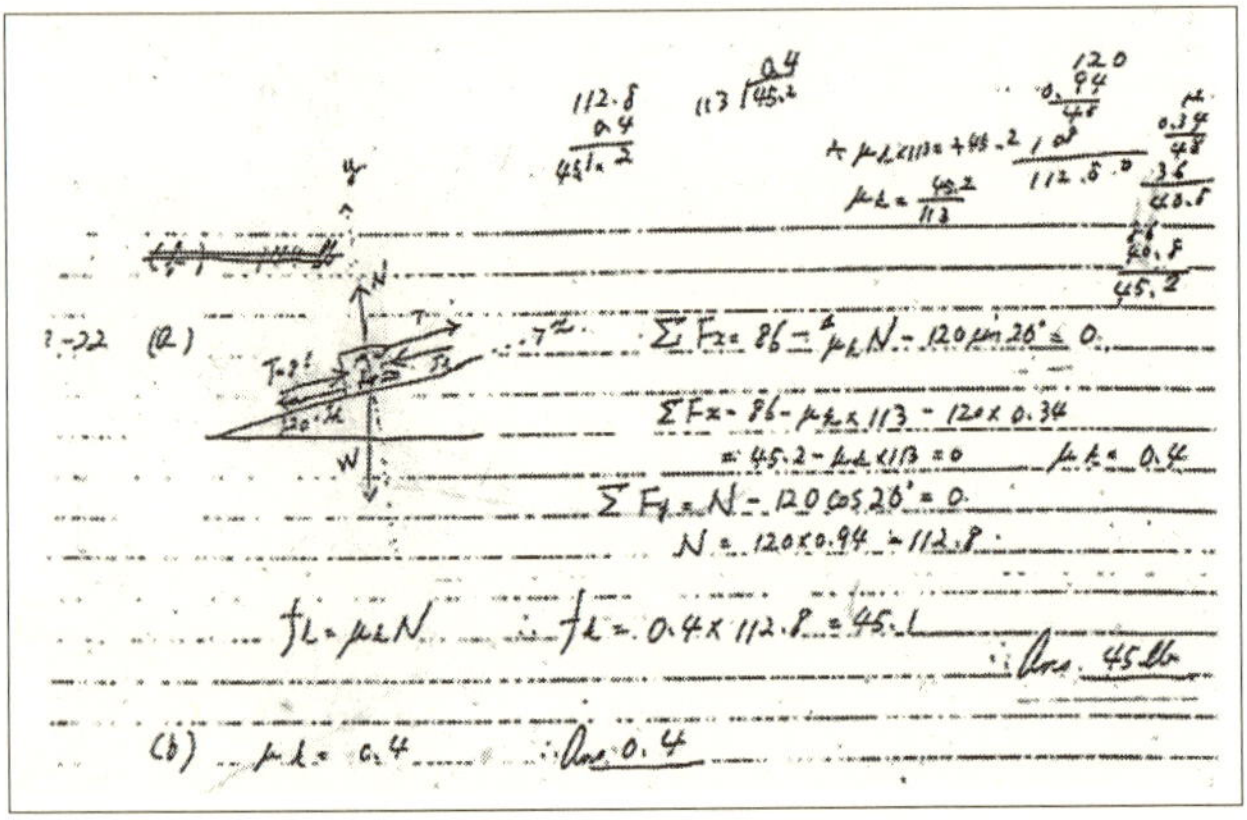

図表2－12　ノート（4回目）

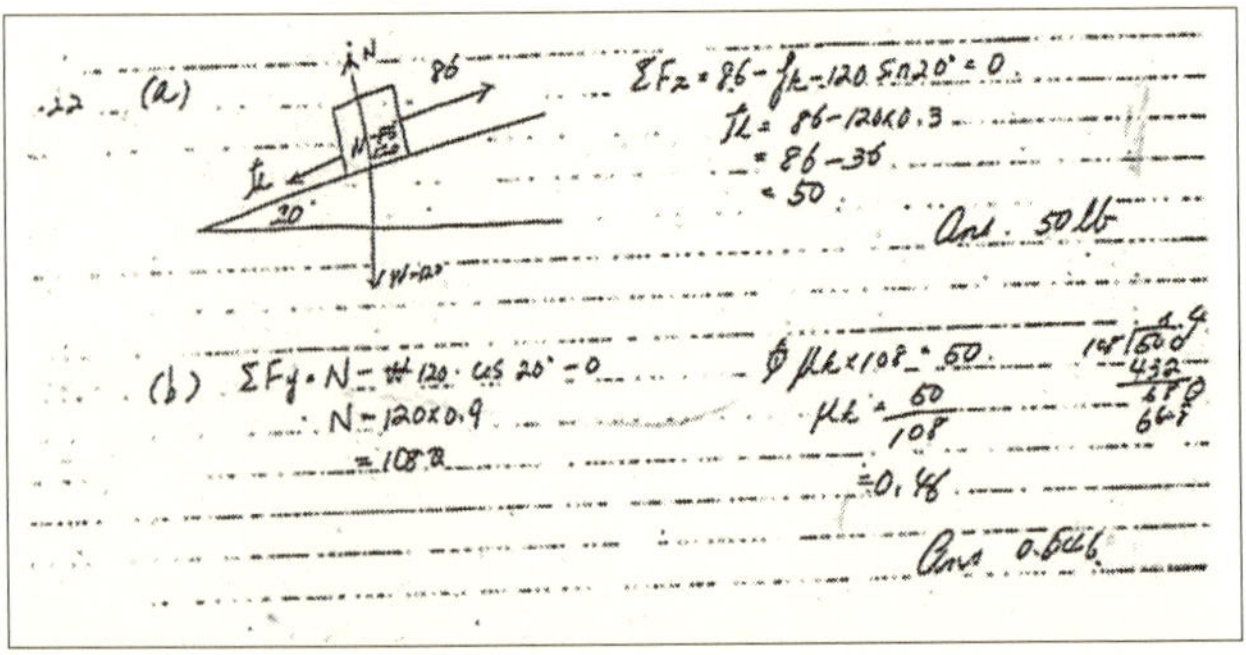

のようにノートをとったかも調べました。そのうえで、同じ問題を解いたプロトコルを並べて比べてみます。右に挙げたのは、1回目（図表2－11）と4回目（図表2－12）のノートのコピーです。

1回目と4回目は絵の描き方もまったく違うし、方程式の使い方も違います。1回目から4回目まで同じ問題を解いた四つのデータを分析するのを、25題についてやってみます。そうすると、ハノイの塔のパズルを解く方略の学習、タンカーの操舵の学習と同じように、「Learning by Doing」の理論が提示した四つの方略がその順序で発見されていくことがわかりました。

最初は、何が何だかわからない、どの方程式を使ってよいかわからない、という「選択的探索」の段階です。次の段階（ノート省略）では、求めるべき解答（変数）を先に頭に思い浮かべて、その値を求めるにはこの方程式が必要ではないかと考えます。これは「後ろ向き方略」です。その次の段階（ノート省略）では、問題を見て「この方程式を使えばいいのだな。次はこれを使うのだな」と考えます。これが「前向き方略」に当たります。そしてさらに、問題の解き方を一括して適用する「マクロオペレータ方略」を学習していきます。この順序が覆ることはありません。ハノイの塔や操舵と違う点は図の描き方も並行して学習し、それを問題解決に活用していることです。

こうして、パズル、操舵、物理学の問題を解く方法、という三つのまったく違った領域について、私たちの理論が基本的に成り立つことがわかりました。物理の問題を解く方略の学習の論文を発表したのは1991年でしたので、1976年にカーネギーメロン大学で学習の研究を始めてから15年が経っていました。

図表2－13　糸巻きの問題（a）

(a) 下に示す図のように、枠の真ん中に芯を通して、芯に糸が巻きつけてあります。今、下に示すように、糸を引っ張ると、物体Aはどうなるでしょうか？　ただし、物体A は転がることはあっても、決してすべることはありません。

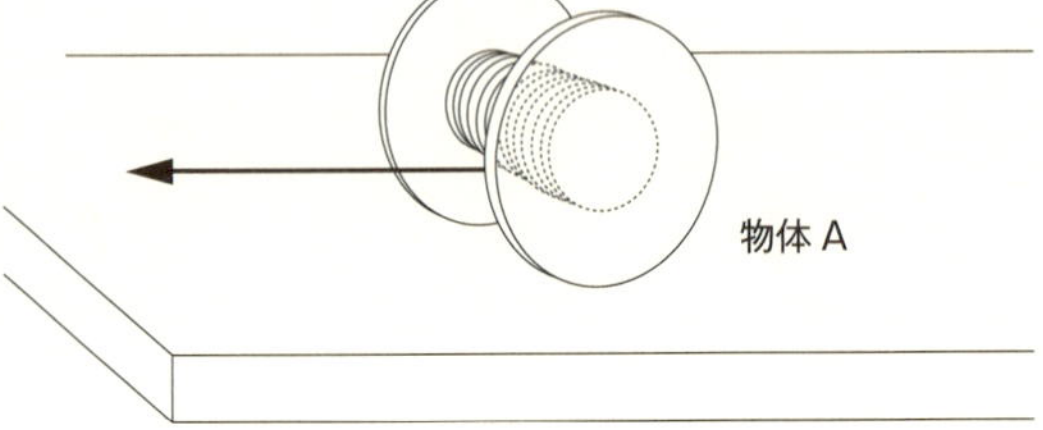

＊正しいと思う番号に○印をつけてください。

1）左（反時計回り）に転がる。　2）右（時計回り）に転がる。
3）動かない（釣り合っている）。　4）その他（具体的に書いてください）。

◆学習から理解へ

最後に、「理解」の問題を取り上げましょう。今度は問題を解くとか解く方法を学習するのではなく、問題を「理解」するとはどういうことか、という研究です。図表2－13の問題（a）を見たとき、素人は頭の中で糸を引っ張ってみることが多いでしょうが、物理学者なら問題を見た途端に「こうですね」となります。さて、その違いはどこにあるのか、専門家はどこに着目しているのか？　皆さんは、どこに着目し、どのように考えますか？　また、図表2－14の問題（b）ではどうでしょうか？

ヒントは図表2－15です。おわかりでしょうか。ポイントはテーブルと糸巻きの接点の違いです。物理学の知識がない人は、丸いのでころころ転がるところを思い浮かべるのですが、物理学的にこの糸巻きを剛体と「みなす」ことができるかどうか、またその剛体にどんな力がどこで働いているかを「見抜く」ことができるかどうかが、問題の一番大事な点

図表2－14　糸巻きの問題（b）

(b) 下に示す図のように、枠の真ん中に芯を通して、枠に糸が巻きつけてあります。今、下に示すように、糸を引っ張ると、物体Bはどうなるでしょうか？　ただし、物体Bは転がることはあっても、決してすべることはありません。

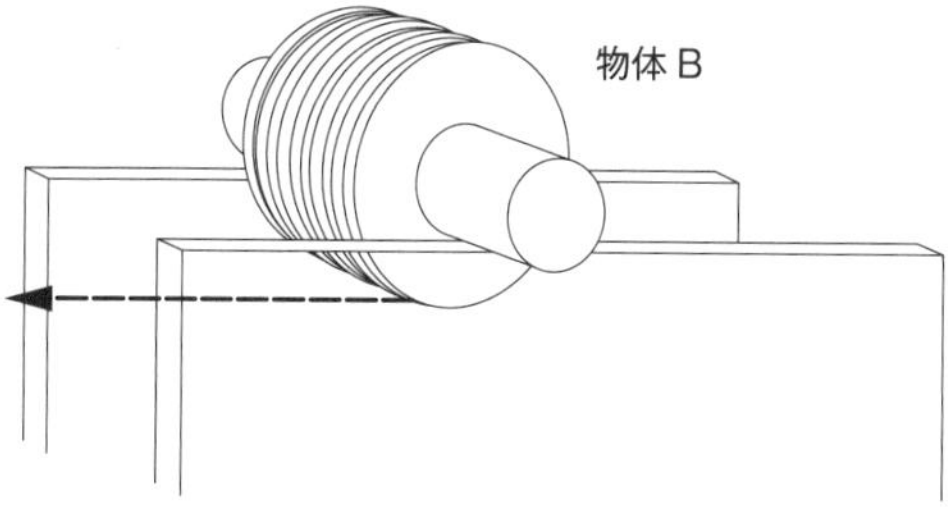

＊正しいと思う番号に○印をつけてください。

1) 左（反時計回り）に転がる。　2) 右（時計回り）に転がる。
3) 動かない（釣り合っている）。　4) その他（具体的に書いてください）。

です（正解は、自分で調べてみてください）。

それでは、物理学者はなぜ一目見ただけでわかるのか？　もちろん、支点やモーメントなど必要な知識を持っているからです。では、なぜ知っているかというと、今までの学習で身につけたわけです。ただし、抽象的な知識を持っているだけでは問題は解けません。「糸巻き」といってもそれは物理学的には何なのかについて、世の中のいろいろなモノを物理学的に見る経験をたくさん積んでいるのです。物理学者でもこの問題自体は初めて見る問題かもしれませんが、なぜ自分の知識や経験をこの問題に使えるのかというと、自分の知識とこの問題に書いてある文章や図の内容を結びつけるための知識を大量に持っているからです。

実は、これはAI研究の重要な課題なのですが、今日までのところ、本当にはまだ解明されていません。何題かだけなら人工知能にもできるのですが、初等物理学だけをとっても、あらゆる問題に

図表２－15　糸巻きの問題（ヒント）

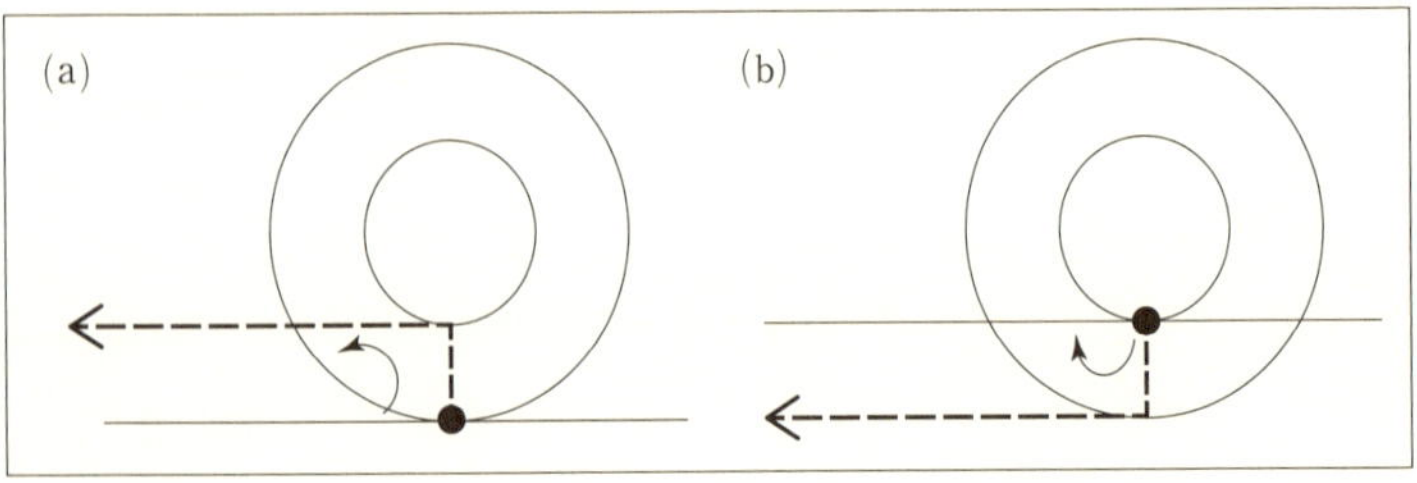

おいて、世の中のモノについての知識を基に図を理解したり図と文章の関係を理解したりすることは、コンピュータにはきわめて困難なのです。このことは、多くの研究によって１９８０年代から90年代にかけてわかってきたことです。私たちの研究は１９８４年に論文として出版されています。その後、人工知能技術の研究でこうしたテーマが取り上げられるようになりましたが、考え方としてはすでに知られていたと言ってよいと思います。

おわりに

以上、私が主に若い時代に取り組んできた研究のいくつかをご紹介しました。１９９０年代からは、学習や問題解決のテーマだけでなく、認知的な「インタラクション」の研究を行うようになったのですが、その話はまた別の機会にします。

人間の行動だけでなく認知の探求は１８５０年代の生理心理学の頃から行われていましたが、決定的だったのは１９３０年代から40年代にかけて、数理科学を基にして情報の概念が確立したことでした。たとえば１９３６年にアラン・チューリングがチューリングマシンの論文を発表し、他の研究者の成果も含め、計算理論、コンピュータ・サイエンスの基礎が確立しました。ノーバート・ウィーナーが『サイバネティックス』を出版したのは１９４８年、これが制御理論や制御工学に大きな影響を与えました。クロード・シャノンが確率的な情報理論の論文を出したのも１９４８年で、これはその後の通信理論、通信工学の基礎になりました。

こうした基礎理論を基に、１９５０年代初めには情報科学の分野の基礎が固まり、そのうえで、情報の概念を基にした研究がいろいろな分野に広がりました。その影響が人文学や社会科学、とくに心理学、言語学、社会学、人類学などに波及していきました。

そして、認知科学の誕生の年とも呼ばれる１９５６年がやってきます。

この年、言語学者のチョムスキーが、理論言語学の時代を変えた『統語構造』という有名な著作を出しました。また同年、ニューウェルとサイモンが思考のコンピュータ・シミュレーションに世界で初めて成功しました。これは私が先ほど申し上げた学習するプログラムというより問題を解くプログラムが主になっていますが、形式論理の問題を形式論理の方法ではなく、人間が解くのと同じように解くプログラムを１９５６年当時のコンピュータで実行したのです。

さらに、教育心理学者のブルーナーたちが概念形成の実験心理的研究で「方略（Strategy）」という概念を出したのもこの年です。人間の思考にはさまざまなプロセスがあって、外からは同じに見えても違うことを思考していることがあるということを実験的に示したのがブルーナーたちの『思考の研究』という有名な著作です。「Learning by Doing」で言う「方略」の概念は、ブルーナーらの研究にも関連しています。そして、心理学者のジョージ・ミラーが、短期記憶の容量が７±２ということを実験的に示唆した、有名な「魔法の数7±2」という論文が出たのも1956年でした。ほかにもこの年にいろいろな分野で認知プロセスに関連した成果が出ています。

つまり、1956年は「情報」の概念をベースにした認知の研究が本格的に出発した年でした。ですから、これを「認知革命」と呼んでいる人たちもいます。私がサイモン教授からの一通の手紙を頼りにアメリカに渡った1976年はちょうどその20年後で、認知科学の分野で新しい研究が出始めていた時代でした。カーネギーメロン大学は文系理系の垣根のない情熱的な空気と世界トップレベルのコンピュータ環境を兼備したところでした。

若い頃にその熱気の中にいられたというのは、私の人生にとって本当に幸運だったと思います。そして、もちろん当時のアメリカと同じにしたいというわけではありませんが、これからの若い世代のために、新たな「熱気」の場をつくることが、私たちの責任だと思います。そのためには、制度・政策的な取り組みも必要ですし、研究の現場で新たな課題を提示したり、若い人たちを鼓舞したりすることも大切でしょう。その一方で、すでに昔いろいろ研究された問題なのに、そうとは知らずにまた一から研究を始めてしまう人たちもいます。どんな経緯を辿って研究が蓄積されてきたかを伝えるのも、私たちの世代の責任だと感じています。

現在、認知科学は基礎研究から応用研究に舞台が移っており、新たな課題が山のようにあります。私自身では一生かかっても解けないような課題ばかりですが、若い人たちと一緒に、これからもワクワクする研究を続けていきたいと思っています。

第3章 言葉の壁に挑むコンピュータ
――機械翻訳から人間と対話するロボットへ

長尾　真

京都大学名誉教授・元総長、元国立国会図書館長

1936年生まれ。1959年京都大学工学部卒業。1961年同大学院修士課程修了、同大学工学部助手に就任。1966年工学博士（京都大学）。京都大学において講師、助教授を経て1973年より教授。1997年京都大学総長に就任。2004年情報通信研究機構理事長、2007～12年国立国会図書館館長。1991年に機械翻訳国際連盟、1994年に言語処理学会を設立。1997年紫綬褒章、2005年に日本国際賞受賞、フランス共和国よりレジオンドヌール勲章シュヴァリエ章を受章、その他受賞多数。2008年文化功労者。主な著書に『機械翻訳はどこまで可能か』（1986年、岩波書店）、『人工知能と人間』（1992年、岩波新書）『「わかる」とは何か』（2001年、岩波新書）、『学術無窮――大学の変革期を過ごして　1997－2003』（2004年、京都大学学術出版会）、『情報を読む力、学問する心』（2010年、ミネルヴァ書房（シリーズ「自伝」）。専門は自然言語処理、画像処理、パターン認識。

黒田　さて、3人目の「越境」者をご紹介しましょう。長尾真先生は日本を代表する情報科学研究者で、とくに機械翻訳の研究で国際的に活躍されてきました。皆さんもコンピュータの翻訳ソフトやインターネットの翻訳サービスを利用したことがあるでしょう。なぜ機械が異なる言語を自動的に翻訳できるのか、その仕組みを考えたことはありますか？

機械翻訳は、コンピュータの機能・特性を最大限に生かしつつ、その限界を克服し「言語」という曖昧なものに挑戦して初めて可能になります。また、そもそも「翻訳」という行為は、言語の壁を越え、異なる思想・慣習をまたぎ、異なる文化を接続する営みです。本章では、長尾先生のお話から、ぜひ「越境の醍醐味」を感じ取ってください。

はじめに

私が工学部を卒業したのは1959年、コンピュータを使った言語処理に取り組み始めたのは修士課程時代からです。当時、工学部で「言葉」を扱う者はいなかったので、「あいつは変わり者だ」などと陰口を利かれたものです。しかし、機械によって文字を扱う研究そのものは、すでに第二次世界大戦期の暗号解読から始まっていますし、欧米では1950年代に議論が盛んになっていました。

興味深いことに、その1つの歴史的なきっかけは、ソ連によるスプートニクの打ち上げでした。それまで科学技術の劣った国だと思われていたソ連がアメリカに先駆けて人工衛星を打ち上げたことは、西側諸国に大きな衝撃を与えます。そこで、急ぎソ連の科学技術文献を英語に翻訳しようとしたのですが、翻訳者がまるで足りません。このため、機械によって自動翻訳する必要が生じたのです。

しかし、アメリカ政府が巨額の研究費を投じたにもかかわらず、数年経ってもはかばかしい成果が得られません。「言葉を翻訳する」とはそれほど難しい行為なのであり、いきなり応用から入るのではなく、計算言語学という基礎研究から積み上げなければならないことが痛感されたのでした。

以来、一方では言語とは何か、またある言語を別の言語に変換（翻訳）するとはどういうことかという言語学の研究と、人工知能を含めた情報科学技術の研究とを両輪として、機械翻訳への挑戦は進んできました。本章では、私自身の研究を紹介しながら、翻訳という行為の本質に触れてみたいと思います。

1 翻訳とは何か？

◆分割して統治せよ!?

まず、「翻訳」とはいったいどのような行為なのでしょうか。これは、抽象的に言うと、「ある文章について、その内容を余すところなく他の言語の同等の内容に変える」というのが理想なのだろうと思います。しかし、文章全体の意味を捉えるのは難しいので、一文ごとに分割して翻訳することが考えられます。たとえば「How do you do?」→「はじめまして」という具合に、英語の一文と日本語の一文を対応させるわけです。

しかし、こうした慣用句なら一文を一単位として対応させることもできますが、普通の文でこのようにはいきません。そこで、一文をさらに各要素に分解し（構文解析）、一単位ごとに英語と日本語を対応させ、それらを再構成する必要が出てきます。また、再構成にあたっては、各要素の結びつき方（構造）を明らかにし、相手の文構造に組み替える必要があります。つまり、翻訳は、構文解析、構文変換を経て文の生成に至るというプロセスを辿ります。

なお、このように対象を各要素にまで還元してその性質を理解すれば対象全体が理解できたとする方法は、「divide & conquer（分割して統治せよ）」方式とも呼ばれ、自然科学の基本的な考え方になっています。ただし、相手が「言葉」となると、そう簡単には進まない、というのが本章のお話です。

◆言語の基本単位は何か？

そこで、次に言語の基本単位として何を選ぶかが問題になります。

書き言葉の場合は形態素、単語、あるいは句や文節を基本の単位にするということになります。ただし、単位を小さくとるほど扱いやすいと言われる半面、単語と単語の組み合わせで句や文ができるので、組み合わせの総数も増えることになります。しかし、すべての組み合わせが意味を持つのではないので、組み合わせの中から発話として成立しないものを削り、意味を持つ単語の組み合わせである句（phrase）を選ばなければなりません。それが文法や意味の整合性などの制約条件になるのですが、この文法作りがたいへん難しいのです。

たとえば、普通の国語辞書は10万単語ほどが含まれています。専門用語の辞書あるいは大辞典で20万語から30万語ぐらいです。ここで、句を単位にして考えると、10万単語の場合で1000万超の句を収録することになりますが、これは今日のコンピュータの記憶能力ならば可能な範囲です。これで構文解析が楽になります。

◆単語の曖昧さに立ち向かう

もう1つ問題になるのは、単語の持つ曖昧性や多義性です。たとえば、英語の「spring」には、「春」「泉」「ばね」「動機」「跳躍」などの意味があります。一方、日本語の「春」を英語に翻訳しようとすると「spring」「youth」「puberty」などが該当するので、「spring」と「春」は1対1の対応関係になりません。ですから、「spring vacation」の場合のspringの訳として何が正しいかを選ぶのは、なかなか難しい問題です。しかし、句辞書に「spring vacation」は「春の休暇」と入れておけば、対応する句を一義に決められることになります。このように、単位を大きくとることで意味の曖昧さを減らすことができます。

2 翻訳の難関ポイント

こうして、機械翻訳の課題は単語から句、そして次に構文の解析・変換へと進みます。まずは構文解析の手法と難関ポイントを説明しましょう。

◆構文解析の場合の数

たとえば「私が行きます」という文は、「私が」「行きます」という二つの句から成り、主語と述語の組み合わせによる一つの構造を持っています。図表3－1の「N（単語）＝2」がこれに当たりま

図表3－1　構文解析における場合の数

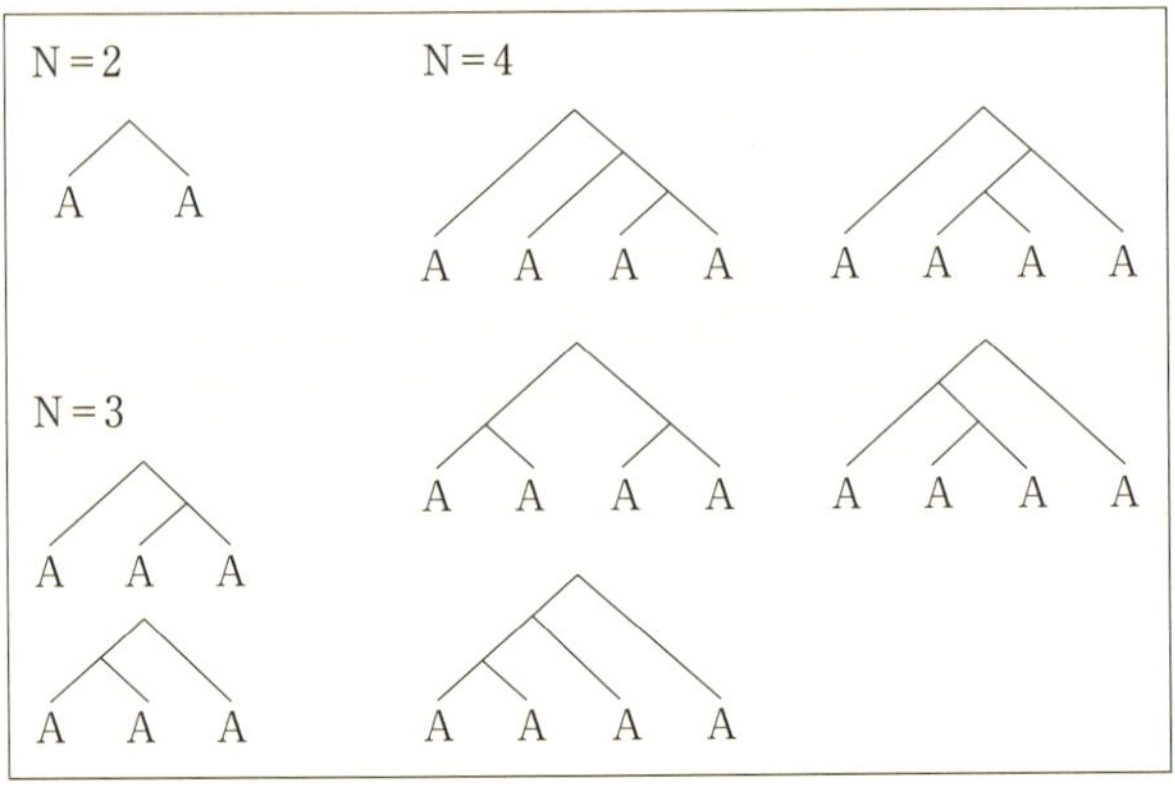

す。ところが、3つの単語が並ぶと、2種類の組み合わせ（構造）が、4つの単語が並ぶと5種類の組み合わせが、理論上ありえます。

この文の構造を表す木の枝のような形の図を「構文木（こうぶんぎ）」と呼びますが、単語が増えると構文木は図表3－2のように増えていきます（これは、カタラン数で表されます）。すると、たとえば18単語から成る文を構文解析する場合、理論上では1億以上の組み合わせができてしまい、とてもコンピュータでは扱えません。

◆構造と意味の曖昧さ

先ほどは単語の曖昧さを取り上げましたが、構造・意味にも曖昧さがあります（図表3－3）。

たとえば、「美しい帽子をかぶった女の子」という文を見たとき、これはN＝5の場合ですが、文法的制約から5つの構造的曖昧性があります。「美しい」は「帽子」にかかっていると直感的には思うでしょうが、「美しい女の子」という見方もあります。また、「女の子」も「美しい

図表3－2　単語数と構文木の数

N	構文木の数	N	構文木の数
2	1	11	16796
3	2	12	58786
4	5	13	208012
5	14	14	742900
6	42	15	2674440
7	132	16	9694845
8	429	17	35357670
9	1430	18	129644790
10	4862		

カタラン数：f(n) ＝ (2n)! / (n+1)! n!

図表3－3　文の構造・意味的な曖昧性

美しい帽子をかぶった女の子
((美しい帽子）をかぶった）(女の子）
(美しい（(帽子をかぶった）(女の子))
(((美しい帽子）をかぶった）女）の子
(美しい（(帽子をかぶった）女))の子
美しい（((帽子をかぶった）女）の子）

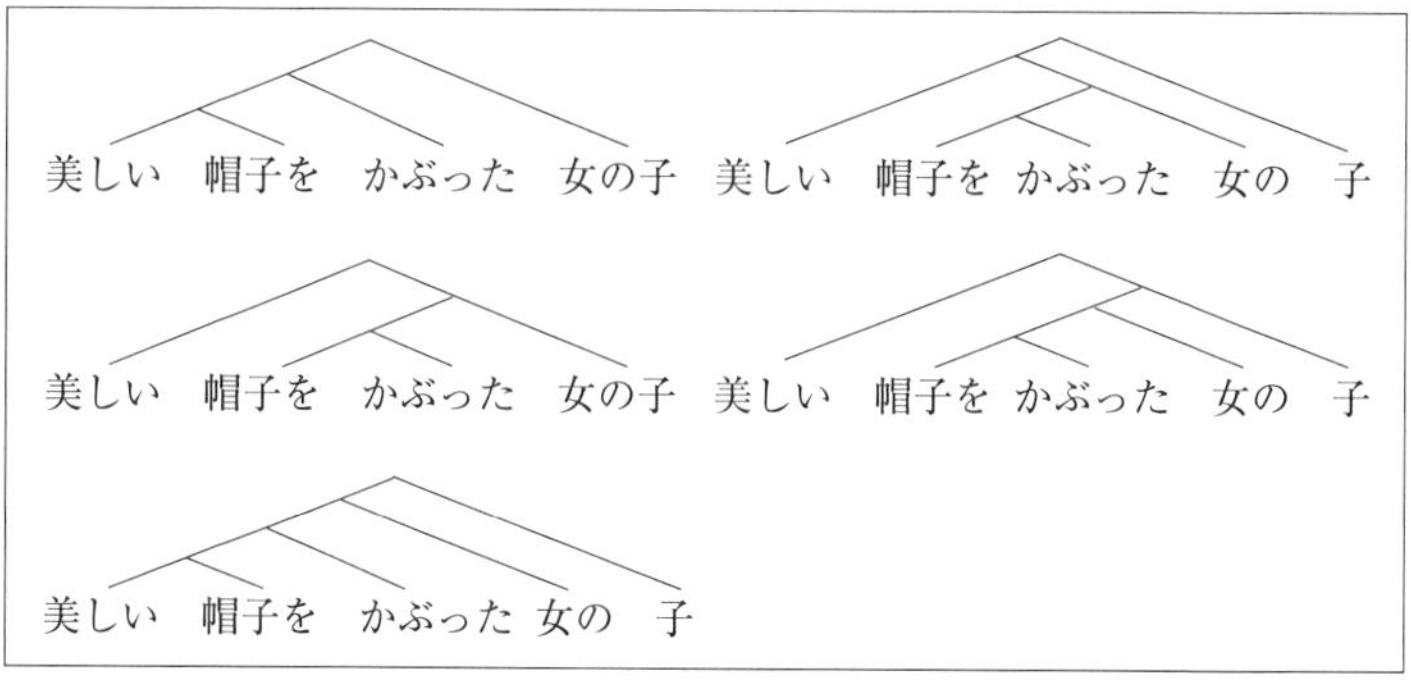

女の人」ではなく、ある「女の人」の「美しい子」という意味の場合もありえます。

これらの中のどれを選択すべきかは一つの文の解析だけではわからないので、今度は「文脈」を考えなければならなくなります。「その帽子で女の子の顔は見えなかった」と続けて書いてあれば、帽子をかぶっているのは女の人の子であるということが明確になるでしょう。

◆構造を変換する

こうして文の構造を明らかにした後、それを異なる言語の持つ構造に変換する作業が必要になります。日本語と英語を例に、具体的に考えていきましょう。

「私は魚を食べる」という文を考えます。見てのとおり、日本語では動詞が最後に来ます。これに対し、英語では主語の次に動詞が来て、その次に目的語が置かれます。すなわち、「I eat fish」と語順を変えなくてはなりません。

この視点から世界の主な言語を分類してみると、SOV型の言語が最も多く、日本語や朝鮮語などが属します。SVO型言語は、英語や中国語などで、その他にもVSO言語などいろいろとあります。

ここでSは主語、Oは目的語、Vは動詞です。

◆文を生成する

構造を変換した後に翻訳文をつくり出すときにも、なかなか難しい問題があります。

「He saw a girl with a beautiful hat.」という文があるとき、「with」は「girl」にかかっています。

これを日本語に訳すと「美しい帽子をかぶった少女」となりますから、このときの「with」は「かぶった」と訳されたわけです。

しかし「He saw a girl with a beautiful handbag.」の場合、「ハンドバッグを『持った』少女」になります。さらに「He saw a girl with a telescope.」となると、望遠鏡を「持った」少女なのか、あるいは彼が望遠鏡「で」少女を眺めたのか。つまり、「with」は隣接する単語によって訳し方を変えなければいけないのです。

有名な例を紹介しましょう。「Time flies like an arrow.」これは「時が矢のように飛ぶ」のですから、「光陰矢のごとし」という意味です。これは「flies」を動詞と見た場合ですが、もし「like」が動詞だと見るならば、「Time flies（トキバエ?!）」という種類のハエが「矢を好む」とも訳せる可能性があるわけです。あるいは、この文を命令形だと考えると、「Time」が動詞になって「矢のようなハエを測れ」という訳も、ありうることになります。

もう一つ、これは私の苦労話です。１９７８年頃、私は科学技術論文の翻訳ができる機械翻訳システムを開発しました。ところが、使用者が"He is a boy."と入力したら「ヘリウムは少年です。」という訳文が出てきて「これは傑作だ」と有名になってしまいました。科学技術論文を想定しているので、「He」を「彼」ではなく、「ヘリウム（He）」と訳してしまったわけですね。意味を考えれば、「is」は同等性を表し、「boy」は人間ですから、「ヘリウム」ではなくて「人間」だと考えなければいけないのですが、構文解析だけで意味解析をしない場合には、こういうことも起こってしまうのです。

3　機械翻訳の方法と課題

◆機械翻訳の三つの方式

さて、基本的な翻訳プロセスを理解したところで、いよいよ機械翻訳の方式についてお話しします。翻訳には主として三つの方法があります。

一つは文法に基づく翻訳（rule-based MT（machine translation））です。これはノーム・チョムスキー（Avram Noam Chomsky 1928–）という言語学者が提唱した句構造文法で翻訳するもので、文法規則によって解析・変換・生成するという方式です。

二つ目は、用例に基づく翻訳（example-based MT）です。これは私が提唱した方式で、後で具体例を挙げますが、句を単位にして過去の翻訳例を参照して翻訳をする方法です。

そして三つ目に統計に基づく翻訳（statistical MT）があり、これはアメリカの自然科学の人たちが行った手法で、入力文に対応するであろう翻訳文の候補がいくつもあるとき、その中で統計的に最も確からしい候補を求めるものです。事後確率最大のものを見つけるというやり方です。

この中で一つ目の文法に基づく翻訳が最も初期に試みられた方法で、私も１９７０年前後はこの方式を採用していました。しかし、文法規則をいくら書いても解析できない文がどんどん出てきたため、新しい文法規則をつけ加えなければなりませんでした。皆さんは、文法というものを確立されたものだと思っているかもしれませんが、決してそうではなく、文法規則をつくるという行為には恣意的な

図表3－4　文法規則では取り扱えない事例

彼の帽子：	his hat
代数の本：	a book **on** algebra
幾何の試験：	an examination **in** geometry
上野の桜：	the cherry blossoms **at** Ueno
東京の冬：	the winter **in** Tokyo
1万円の小切手：	a check **for** 10,000 yen
ゴッホの絵：	a painting **by/of** Gogh
今日の新聞：	today**'s** newspaper
2人の関係：	relations **between** the two
違うの！：	It's wrong !

面があります。日本科学技術情報センター（JICST：科学技術振興機構（JST）の前身組織の一つ）で開発していた科学技術文献の日英・英日機械翻訳システムでは約3000の文法規則をつくりましたが、3000もの規則をつくると、文法としての無矛盾性、一貫性が保てなくなってきます。文法に基づく翻訳は一見わかりやすそうですが、コンピュータで実際にやらせようとすると非常に難しく、誤りも多いうえ、解析に時間がかかるのです。図表3－4には、文法規則方式で扱うのが難しい事例を挙げてみました。

◆用例翻訳方式への転換

これでは駄目だと思い、1970年代末頃から何か新しい方法はないだろうかと考えました。人間は、外国語を学習するときにどうしているでしょうか。「I am a boy」なら「私は少年です」、「I am a girl」なら「私は少女です」と、用例をどんどん覚えていって、その用例を参照して新しく入ってきた文を翻訳しているのではないでしょうか。そのことに気がつき、多数の用例を入力し、それを参照して翻訳する方法を採用したところ、翻訳の質が非常に高まりました。

もちろん、句単位の用例を膨大に集めなければいけません。少なくとも100万用例ぐらいは必要です。しかし、句単位に解析・翻訳するので、場合の数も比較的少なくて済み、しかも曖昧性を減らすことができます。これが世界的にも知られて、この方法を採用する人たちが増えました。

用例翻訳のやり方は、一つは句単位で原言語と相手言語の対応辞書をつくるものです。名詞句なり動詞句なりをたくさん集め、それで両言語に対応させます。類似の単語からなるものでは、もちろん類似語辞典を用いて一つの用例で代表させることがあります。また、文を依存構造解析して句単位にして入れ替えるという手法も使っています。先ほど図表3－4に挙げた「の」の例でも、用例を大量に入力しておいて、新しい表現が出たときにどの用例に近いかという類似性の検証をして、それに従って翻訳をします。つまり、ヒューリスティックスを使うのです。

◆用例翻訳方式の具体的ステップ

用例翻訳方式による翻訳手順を具体的に説明しましょう。以下の例は京都大学大学院情報学研究科の黒橋禎夫教授からいただいたものです。

ここに、「図書館で新聞を読む」と「政治の本が売れ残っている」という例文があります。対応する英文は「I read a newspaper in the library.」および「A book in politics was left on the shelf.」です。図表3－5はそれぞれの構造を示しています。

ここで、新しく「図書館で政治の本を読む」という文が入ってきたとします。よく似ていますが、

図表3－5　用例翻訳のステップ——翻訳対の依存構造辞書

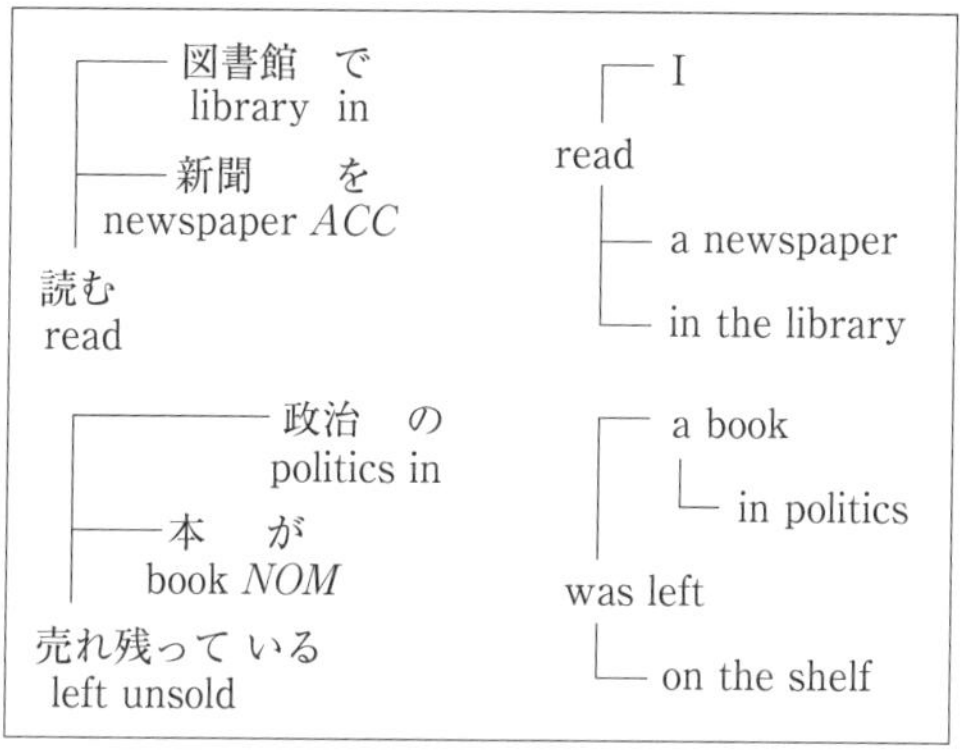

少し違いますね。この文の構造を解析したものが図表3－6の左端にあります。このときコンピュータは、中央の用例2文の構造を参考に、新しい文の構造をつくるのです。「図書館で」は上側の「in the library」から、「本を読む」は「I read」、「政治の本」も下側の用例から「a book in politics」となります。同様の処理を各句に対して行うことにより、新しく入ってきた文の翻訳結果を出すわけです。

◆精度を高めるための努力

結局、言語表現というのは例外の集合みたいなものですから、原理が確立しても、精度を高めるためにはこつこつと辞書づくりを続けることが必要になります。言語翻訳も例外的な表現をいかにたくさん集めるかということが、これからのやるべきことになっています。

形態素解析の精度は現在99・5％くらいです。これを99・8％程度まで高めないといけません。たった0・3％ですが、100％近くでの0・3％というのは非常に難しく、なかなか上がりません。構文解析の精度は現在90％ぐらいですが、

図表3－6　用例翻訳のステップ――翻訳への訓練サンプルの利用

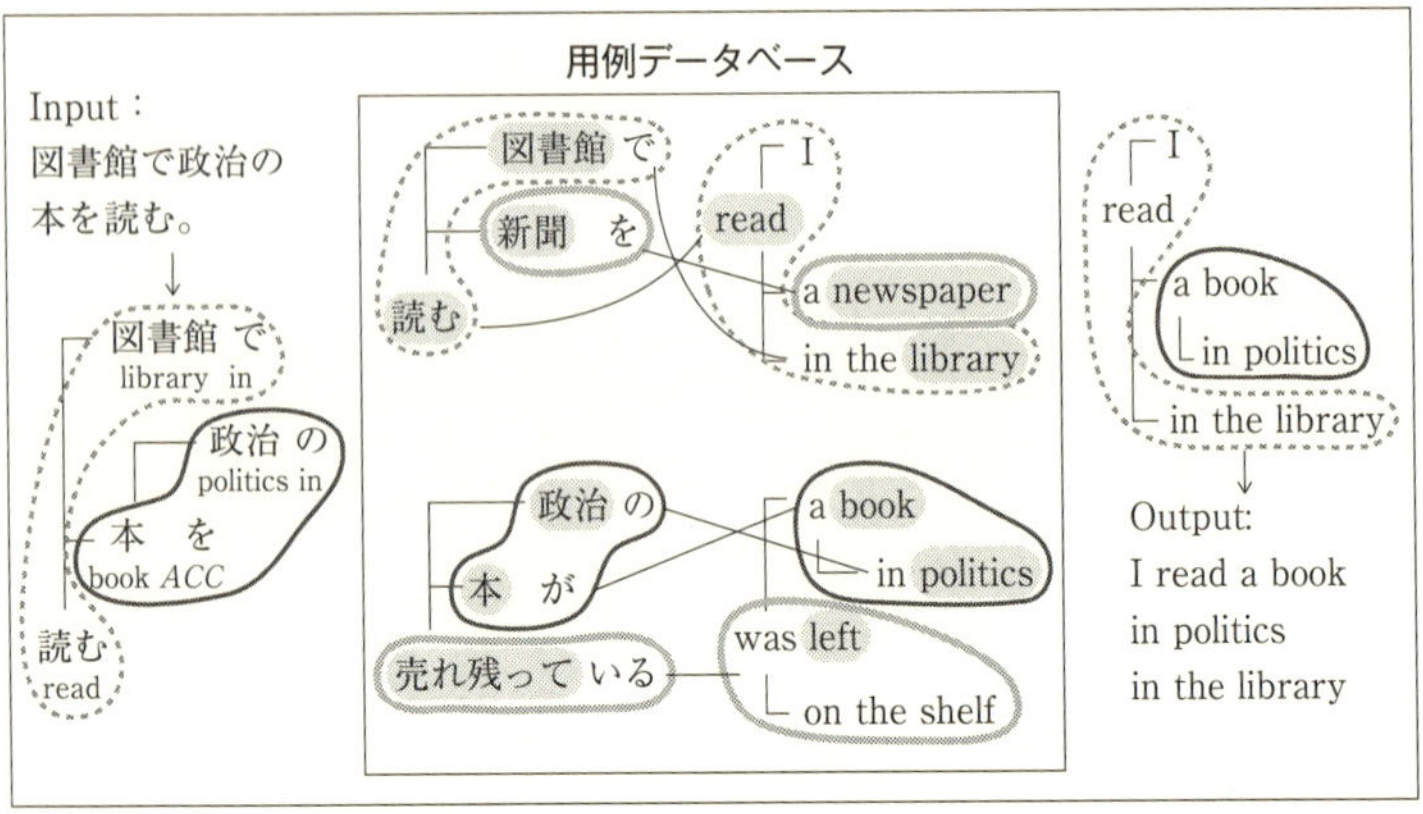

これは少なくとも97、98％まで高める必要があります。

なお、近年では膨大な量の対訳例文対を用いて、ニューラルネットワークで深層学習させるという新しい人工知能的手法による機械翻訳手法が開発され、質の高い翻訳ができつつあります。これからはこの新しい方法に移っていくでしょう。

◆文脈の利用

それでも問題として残るのは文脈や知識、外界の事実や状況を活用しなければ正しい翻訳ができない場合で、これからの課題です。

文に省略があるとき、文脈がきわめて重要になります。日本語は省略が多いので、なかなか大変です。たとえば、「これはおいしいトマトだ。私はこれを食べてみたい。」という文があります。これを英語にするのは簡単でしょう。しかし、「おいしいトマトだ。食べてみたい。」となったらどうでしょうか。これを英語に訳すためには、主語や目的語を推定しなければいけません。現在では、この程度の簡単なものは解決できていますが、より複雑なものになると、まだまだ対応しきれていません。

◆外界知識の利用

それから、外界知識も必要です。たとえば「安倍さんの演説」と聞いて、我々はすぐに首相（prime minister）の安倍さんを連想します。しかし、コンピュータに翻訳させようとすると、安倍さんが男性（Mr. Abe）か女性（Mrs. Abe）かすらわかりません。

ここで問題です。「今日はお酒が飲めます。」という文を英語に翻訳してください。皆さんは何通りの答えを思いつくでしょうか。

・自分が発言している場合……
・複数の人に向かって、「今日はあなた方、お酒が飲めますよ」という場合……
・複数の人が自分たちのことを言っている場合……
・某国のように特定の日だけ飲酒が許される場合……

などなど。

もしかすると、皆さんは「これは特別なケースだろう」とか、「前後の文を読めばわかるじゃないか」などと思われるかもしれません。しかし現在、こうした曖昧で断片的な言葉を理解することが、情報科学の研究で重要になってきているのです。それは、情報通信や人工知能といった情報技術が私たちの生活の中に深く入り込んでいるからです。これからロボット時代になると、ロボットが人間と円滑に対話できることが求められるようになります。そのとき、ロボットが状況や文脈をどこまで把握できるかということが、非常に大切になるわけです。この点は、本章の最後でもう一度お話ししたいと思います。

4 言語は分割統治できない

さて、こうした機械翻訳技術の現実社会への応用の議論に入る前に、言語学あるいは情報科学技術研究の特徴について考えてみたいと思います。言葉は、「誰が」「どこで」話しているかとか、「どういう感情を内に秘めているか」あるいは「言外に何を伝えたいと思っているか」といった複雑な現象を扱わざるをえません。これは、言葉と人とその背後にある文化とを総合的に扱うということであり、要素還元的な従来の自然科学のように「divide & conquer」的手法では対応できないものです。では、どうしたらよいか？　残念ながら、はっきりした方法論が固まっているわけではありません。他のさまざまな分野と同様、言語の分野でもなかなかよい方法論がないのです。

◆入れ子構造の有限性

ただし、いくつかの試みは行われています。一つは、やはり無闇に小さな単位に分割せずに、単語よりは単語の集まりである句を対象にすることによって、単語の持っている意味の曖昧さを解消することです。

また、言語は入れ子構造を持っています。英語で言えば、文の中に「which」などでつながれた関係節が入っているような構造ですね。これについて、ジョージ・ミラー（George Armitage Miller 1920–2012）という心理学者が1950年代に人間の短期記憶に関して「Magical number seven」を提示しました。これにヒントを得てインヴィ（V. Yngve）が人間が理解できる言語表現における入れ子構造はせいぜい5までであるという「深さの仮説（depth hypothesis）」を提案しました。あまりに深い言語構造、たとえばwhichで導かれるようなフレーズの中にまたwhichが入っていて、そのwhichの後のフレーズの中にまたwhichが入っているというように、句の中に句が埋め込まれている深さが、普通の人間では5以下でないと理解できないというものです。人間の頭脳の活動では、whichやthatの構造は有限の世界であり、無限に入っていくことはできないということが、心理学的にわかっています。

そう考えると、言語もチョムスキーの言うような無限でなく有限の世界で対処できるのかもしれません。それをどのように取り扱うかは、これから探求すべき課題だと思います。

◆関係性ネットワーク

関係性ネットワークという考え方も注目されています。ある一つの概念は他の概念との関係性ネットワークによってつくられています。これはレヴィ＝ストロース（Claude Lévi-Strauss 1908–2009）の構造主義に近い考え方だと思います。

たとえば、お父さんという言葉があったら、お母さん、あるいは先祖など、いろいろな単語との関係性の中で、子どもから見た場合のお父さんという単語の意味関係が規定されていると考えるわけです。そして、こうした関係性は構造変換しても同じ構造を持ちます。このような考え方がレヴィ＝ストロースの構造主義であり、構造主義言語学に取り入れられています。

なお、レヴィ＝ストロースは、ソシュール（Ferdinand de Saussure 1857–1913）の言語構造理論の影響で民族の構造について言ったのですが、そうした普遍的構造が、たとえば日本語と英語の場合でも共通にあるのかどうか。この点が翻訳の難しさと直接関係してきます。

たとえば、日本語と朝鮮語／韓国語との間の翻訳はかなり容易です。それは言語体系にせよ文化にせよ、韓国語と日本語には共通性が多くあり、知識の概念構造も似ているからです。そのおかげで、見当違いな翻訳にならずにすむわけです。

ところが、日本語と英語、日本語とフランス語の間では、文化の違いがあって、概念構造にずれがあると思われます。だから、文字どおりの翻訳をしても相手側はとんでもない理解をする可能性があります。

おわりに——言語産業の未来

最後に、言語産業と情報科学技術の未来について、お話ししたいと思います。

◆インターネット上の情報をいかに把握するか

ネットワーク時代になり、情報があらゆるところからインターネット上へ発信されます。そこで、ネット上にあふれている言語表現をビッグデータと考えて分析しようという試みが広く見られます。また、今日ではネットワーク上の共時的情報がすべてコンピュータで把握されているわけですが、その中にまったく新しい情報が現れたとき、それをいかに迅速にキャッチするかということが、これからの社会や政治、経済にとって重要になってきます。

どこかで地震が起こったとか、どこかで戦争が始まったといった情報は新聞にも載りますが、もっと小さな、しかし新しい現象についての情報が出たとき、それをいかに早くキャッチできるかが、社会や国の存亡にかかわってくる可能性があるということです。

こうした情報管理をアメリカなどは徹底的に行っていますね。一部では非難されていますが、どの国も似たようなことはしています。しかし、日本はそれをできない。これと似たことは、産業分野でも考えていかなければならないでしょう。

◆言語をめぐるビッグマーケットの登場!?

言語処理や情報検索、情報分析や機械翻訳など、言語を直接扱うことが産業として成り立つ時代になってきました。それがどこまで大きな市場になるかは不透明ですが、いくつかの兆候は観察されます。

たとえば、EU議会の議事録やEUにおける多国間協定、あるいは多国間の委員会の議事録は、すべての参加国の言葉で残すよう規定されています。このため、EUは1000人以上の翻訳者を抱えているのですが、それでも足りず機械翻訳を使っています。とくに英語・フランス語・イタリア語・ドイツ語間の翻訳は相当部分を機械翻訳で賄っており、機械翻訳システムがなければEUの議会運営ができない状況です。当然、そのための言語産業が成長することになります。

日本では、とくに日中・中日の翻訳システムが期待されていると思います。現在、日本の企業は1000社以上が中国でビジネスをしていますが、中国では法律や規則、その運用などが頻繁に変わります。日本の企業各社はそれぞれ独自の目的・方法で日本語に翻訳してキャッチしようとしていますが、それには人材も必要ですし、多大なコストと時間がかかります。中日翻訳システムが研究者の努力によって近く実用化されるところまで来ましたので、諸外国企業と比べ、日本企業は中国進出に関してアドバンテージを得ることができるでしょう。

◆質問応答システム「ワトソン」の衝撃

数年前にアメリカのIBMが、質問応答システム「ワトソン」を開発しました。IBMのコンピュータに、本や百科事典、新聞、ニュース記事など、本にして100万冊程度の情報を入れておき、ある質問があったとき、3000台近くのコンピュータを同時並行で動かし、答えを出します。そして、アメリカの人気TVクイズ番組『ジョパディ』のチャンピオンに、このワトソンが勝ったのです。これは、我々専門家に大きな衝撃を与えました。

というのは、言語解析をやり、それから知識を使って推論をしても、コンピュータではなかなか唯一の正しい答えに絞れないのです。いくら絞っても四つ五つの可能性が出てきます。しかしワトソンは、それをうまく1つに絞って、素早く答えを出したわけです。

このワトソンを開発するために、IBMは優秀なソフトウェア・エンジニアを20人ほど投入し、5年以上の歳月をかけました。相当な研究開発投資を行ったわけで、その後も改良を続けています。現在、IBMはこのノウハウを使って銀行の顧客対応システムなどを開発しています。また、いくつもの企業がIBMと連携して、この人工知能分野に入ってくると言われています。

このほか、特許文書の検索・比較などにも言語情報技術が応用されるでしょうし、マルチメディア時代になって図形や画像・映像などと言語の関係も扱われるようになるでしょう。

◆対話する介護ロボット

先ほども触れましたロボットの話で、本章を締めくくりたいと思います。一方で国際的に高齢化が進み、他方で情報科学や人工知能の研究が進展した結果、介護ロボットが大きなマーケットになろうとしています。これからの介護ロボットは、単に高齢者を別の部屋に運ぶとか、お風呂に入れるなどという定められた機能を果たすだけでなく、より柔軟・多様に高齢者の方々の「あれをしてほしい」「これをしてほしい」という要求に応えるようになるでしょう。ときには、「アレ、アレはどこへ置いたかな?」などと質問されるかもしれません。この質問に「メガネはタンスの上ですよ」と答えるためには、対象となる人物の持ち物や服装など多様な外部情報を入力し、またその人の過去の行動情報などを活用して推論できなければなりません。

さらに、「妹はちっとも見舞いに来てくれない」といった愚痴に相槌を打ったり、慰めたりすることも求められるかもしれません。そこで「いやぁ、ミチコさんも今はお孫さんが大変な時期だから」と答えるためには、どれだけの情報と解析力が必要になるでしょうか。

つまり、これからのロボットは人との対話を通じてその人に関する知識を獲得し、学習しながら、対話をその時々に応じて適切に変えねばならないわけで、ビッグデータの解析から得られる知識の利用といった段階からさらに進んだレベルの知的機能を持つことが必要となるでしょう。

しかし、ますます激しくなると予想されるこの分野の国際競争において、日本はずいぶん出遅れていると言わざるをえません。アメリカではグーグルやIBMをはじめとする企業が大規模な研究開発投資を行っています。ヨーロッパではEUが共同体を維持するために巨大な需要を生み出し、産業の育成につなげています。一方の日本で同様の開発を多言語で行うためには、少なくとも200~300人の研究者を集め、実用化研究を徹底的に進めなければならないでしょう。しかし、言語がそれほど国家の将来にとって必須なものだという認識が、政府や産業界で希薄なのではないでしょうか。これからの日本の大きな課題だと思います。

第Ⅱ部　思索せよ

第４章　科学の成り立ちと知の変貌
──トランス・サイエンス時代のリテラシー

野家　啓一

東北大学高度教養教育・学生支援機構教養教育院総長特命教授
１９４９年生まれ。１９７１年東北大学理学部物理学科卒。１９７６年東京大学大学院理学系研究科（科学史・科学基礎論）博士課程中退。南山大学専任講師、プリンストン大学客員研究員、東北大学教授、文学研究科長・文学部長、副学長・理事などを経て現職。日本学術会議連携会員。近代科学の成立と展開のプロセスを、科学方法論の変遷や理論転換の構造などに焦点を合わせて研究している。また、フッサールの現象学とウィトゲンシュタインの後期哲学との方法的対話を試みている。主な著作に、『科学の解釈学』（講談社学術文庫、２０１３年）、『パラダイムとは何か──クーンの科学史革命』（講談社学術文庫、２００８年）、『科学哲学への招待』（ちくま学芸文庫、２０１５年）、『歴史を哲学する』（岩波現代文庫、２０１６年）。

黒田　第Ⅱ部のタイトルは「思索せよ」。「科学とは何か」「科学者とは何者か」といった、より本質的テーマにじっくり取り組みます。

野家先生は、科学史・科学哲学史の研究をご専門とされながら、現在は教養教育の在り方についても研究・実践を続けていらっしゃいます。本章では、そんな野家先生が、偉大な先人たちの言葉に沿って、人文学と自然科学の〈知のヘゲモニー〉をめぐる衝突と相剋の歴史を語り、そして、これからの文理協働の方向を示します。

本章を読んで、皆さんは現在の自分を取り囲む状況が、ダイナミックに変化する歴史過程のほんの一瞬にすぎないこと、そして現在もこれからも動き続けるのだということを感じるでしょう。そう感じられたら、次にはぜひ考えてみてください、「自分は何者か、どこへ向かうのか」と。

はじめに

本章では、自然科学と人文社会科学の違いを対比させながら〈知のヘゲモニー争い〉をめぐる歴史を辿り、そして科学とは何か、科学者とは何者か、ということを考えてみたいと思います。

1 「科学」は「サイエンス」ではない?!

◆サイエンスの語源

最初に、科学をめぐるいくつかの誤解を話題にしようと思います。

「science」という言葉はもともとラテン語の「scientia」が語源で、これは「sciō」という動詞に由来します。ここで「sciō」というのは英語で言えば「to know（知る）」のことです。それが名詞化されて「scientia」になったので、ラテン語のもともとの意味は「knowledge（知識・知）」にほかなりません。

英語の「knowledge」は数えられない名詞（不可算名詞）ですから、「scientia」という言葉も基本的には不可算名詞に属していました。このことが「科学はscienceではない」ということにかかわります。

『Oxford English Dictionary』には、意味が年代順に並べられています。「science」の最初の意味は、「the state or fact of knowing」ですから、「知っている、知識を持っているという状態あるいは事実」というのが一番古い意味になります。我々がいま使っている意味が出てくるのは5番目ぐらいで、「the kind of knowledge or of intellectual activity of which the various "sciences" are examples」、つまり「知識あるいは知的な活動の種類」ということで「sciences」と複数形になっています。最初は不可算名詞だったのが、17、18世紀頃から可算名詞として使われるようになったわけです。また、今日の我々がscienceという言葉で表しているような内容は、17、18世紀には「philosophy（哲学）」、とくに「natural philosophy（自然哲学）」と呼ばれていました。

また、ロングマンの『英語辞典』には「science」という名詞に可算・不可算の2つの意味が掲げられています。不可算名詞としての意味は、「世界についての知識」で、とりわけ吟味やテストを経て、それを基盤にしている知識、証明可能な事実に基づいた知識、という意味を持ちます。一方、可算名詞としての意味は、たとえば生物学、化学、物理学のような、知識のいわば個々の専門分野ということです。明治時代に西洋から最新の知識が輸入されたとき、ちょうどヨーロッパでは第二次科学革命の最中でしたので、科学は専門分化した個別諸科学、つまり可算名詞（複数形）のほうの科学として導入されたわけです。

したがって、日本語の「科学」は複数形の「sciences」の意味であって、不可算名詞の「science」の訳語ではない、というのが、「科学はscienceではない」ということの種明かしです。

◆第一次科学革命と自然科学の台頭

ヨーロッパでは17世紀に第一次科学革命が起きます。立役者はガリレオ・ガリレイ（Galileo Galilei JD1564–GD1642）です。それによって知の主導権（ヘゲモニー）は、それまでの人文学から自然科学へと大きく転換していきます。このころ、「scientia」はまだ不可算名詞の「知」や「知識」という意味で、おおよそ13〜14世紀にイギリスに入り「science」という英語になります。

17世紀を通じて、科学研究の方法論が確立されます（これを知的制度化と言います）。古代ギリシャから受け継いだ論証の精神、幾何学や論理学、それにアラビア地域から受け継いだ錬金術や医学の実験技術が結びついて、近代科学の方法論、具体的に言えばガリレオが開発した仮説演繹法が形成されてきます。また自然のありのままの状態ではなく、実験室で観察可能な形で理想的な条件（in vitroと言います）のもとに実験を行う方法が確立しました。ガリレオの斜面の実験などは、ガリレオ自身が落体の法則を発見するときに、「重力を弱めるため」に斜面を導入したということを述べています。

またアラビア科学の影響はかなり強く、たとえば化学用語のアルコールやアルカリ、数学用語のアルジェブラやアルゴリズムなどのalというのはアラビア語の定冠詞で、英語で言えばtheに当たります。

◆ニュートンは科学者ではない?!

これも、「そんなことがあるか」と言われそうですが、ニュートン（Sir Isaac Newton 1643–1727）は科学者ではありません。なぜなら、ニュートンの時代に「scientist」という英語はなかったからです。では、ニュートンは何者かと言えば「philosopher（哲学者）」であり、彼の主著は『*Principia Mathematica Philosophiae Naturalis*（自然哲学の数学的原理）』でした。

この中で、彼は自分の研究を「実験哲学」と名づけています。この実験哲学では命題が現象から引き出され、後に帰納によって一般化される、とその方法を端的に要約しています。それまでの形而上学的な哲学に対し、アラビア経由の実験を基盤にした哲学、それが『プリンキピア』の主題です。これは現代で言えば物理学の本ですが、ニュートンはあくまで自然哲学もしくは実験哲学と呼んでいるわけです。

逆に、デイビッド・ヒュームという18世紀の哲学者は『*A Treatise of Human Nature*（人間本性論）』という本の中で、本書は実験的方法（experimental method）を精神上の主題に導入する一つの企てであると言っています。つまり今度は反対に、実験哲学という概念が形而上学あるいは哲学に導入され、精神上の主題に実験的方法を導入するというわけです。このあたりは、哲学の中で自然科学的な哲学と人文社会科学的な哲学が入り混じっており、まだ明確には分離されていなかった時代と言うことができます。

◆第二次科学革命と科学の専門分化

ところが、19世紀の半ばに第二次科学革命という大きな出来事が起こります。これを「科学の社会的制度化」とも言いますが、産業革命を経て、社会の中で科学技術の制度化が人々の目に見えるようになっていきました。それに伴い、今までは知識という一般的意味で使われていた科学が専門分化して個別諸科学となっていきます。

そのため、先ほどの英語の辞書にあったように、各学科の集合体としての「sciences」という複数形が頻繁に使われるようになります。そして、それを担う「scientist（科学者）」という言葉が造られたわけです。

イギリスの王立協会（Royal Society）は1660年に設立された世界最初の学会ですが、いわば一種の同好の士の集まりで、今日の自然科学系の学会のような組織ではありませんでした。それが、19世紀の半ばから終わりにかけて、天文学会や植物学会、医学会などの専門学会が次々と立ち上がります。19世紀の終わりには12ぐらいの専門学会があったと言われます。専門学会では、ジャーナル（学術雑誌）を刊行し、研究内容、発表内容の品質管理をするためにレフェリー制度が導入されます。また、科学的な内容の論文を評価できるのは同業者のみであるという理念に立ち、ピアレビュー（同僚評価）の制度が確立されます。そこでは、発明・発見の先取権（priority）が判定されます。ですから、現在の学会組織や研究組織の基本的な枠組みが出来上がったのは、第二次科学革命のさなか、19世紀半ばのことです。

それに伴って、学問の中心が自由学芸（liberal arts）から機械技術（mechanical arts）へと大きく転換していきます。そして、学問のヘゲモニーが人文社会科学から自然科学へと大きく転換していくきっかけになった、それが第二次科学革命にほかなりません。

◆科学者の登場

先ほど「ニュートンは科学者ではなかった」と言いましたが、「scientist」という言葉が登場するのは、ニュートンが亡くなってから１００年以上も経ってからのことで、この言葉を最初に使ったのはウィリアム・ヒューウェル（William Whewell 1794-1866）という鉱物学者です。ヒューウェルは科学史・科学哲学の草分けであり、第二次科学革命が起こり始めていた１８４０年に『*The Philosophy of the Inductive Sciences*（帰納的科学の哲学）』という本を書きます。「Inductive Sciences」とは帰納法を使った科学という意味ですから、現在で言えば「empirical sciences（経験科学）」と同じ意味です。この本の中で彼は、それまで使われていた「a cultivator of science」という呼び名ではなく、「われわれは科学の研究者を一般的に記述する名前を何よりも必要としている。私は彼をサイエンティストと呼びたい気がする」と書いています。おそらくアーティストからサイエンティストという言葉を発想したのだと思われます。「芸術家が音楽家、画家ないしは詩人であるように、科学者とは数学者、物理学者ないしは博物学者であるということができるであろう」と言うわけです。

◆「科学」という日本語

皆さんは科学の「科」が何を意味するか、考えたことがあるでしょうか。

ヨーロッパで第二次科学革命が進行していた19世紀の半ばは、日本では幕末から明治維新の時代に当たります。それまでの蘭学から次第に英語、フランス語、ドイツ語などの洋学が輸入され、江戸幕府の蕃書調所（外国の本を翻訳紹介する役所）を中心に翻訳運動が始まりました。その中でサイエンスに関する訳語もたくさん提唱されました。生物学なら生き物の学、物理学なら物体や物質の理（ことわり）の探究ですね。読んで字のごとしですが、科学だけは違います。科というのは、学科や科目の科にほかなりません。

これに対して「science」の訳語ですが、不可算名詞の「知識」という意味のほうは「理学」と訳されました。もともとは朱子学に由来する窮理（理を窮める）の学という意味で、理学に「サイエンス」とルビを振っています。この言葉はいまだに理学部という大学の学部名に残っています。それから実学と訳されたこともあります。福澤諭吉の著書に『窮理図解』がありますが、福澤は物理学の意味で窮理という言葉を使っています。

こうして不可算名詞のほうの「science」は、理学という言葉として残っているのですが、可算名詞のほうの「sciences」は当初は「百科の学」や「分科の学」とも称されましたが、それを略して個別諸科学の意味で「科学」という言葉が使われたわけです。

明治の終わりごろまでは、科学と理学の両方とも使われていましたが、次第に科学のほうが優勢になります。西田幾多郎が明治44年に出した『善の研究』という哲学書では、すでに科学や科学者という言葉が使われています。

また、西周は『明六雑誌』という雑誌に「知説（知識論の意）」を連載していましたが、その第4回目の中で「科学」という言葉を使っています。ここでの科学は今日とは少し意味が違っており、西周は「science」を「学」と呼んで「サイーンス」とルビを振り、それに「術」と訳した「technology」を合わせた意味――つまり、今日で言う「科学技術」の意味――で「科学」という言葉を用いています。

2 知のヘゲモニー争い

さて、先ほどヨーロッパの第一次・第二次科学革命を通して自然科学が人文社会科学を圧倒し、知のヘゲモニーを握ったというお話をしました。この第2節では、その過程を詳しく紹介したいと思います。

◆アリストテレスの学問分類

万学の祖と言われるアリストテレスはあらゆる学問の基礎を築いた哲学者ですが、彼は学問を「テオーリア」「プラクシス」「ポイエーシス」という3領域に分けています（図表4－1）。

テオーリアとは、ここからセオリーという言葉が出てくるように、理論的な知識であり、代表的な

図表4-1　アリストテレスの学問分類

・テオーリア（theōria）：理論的知識（数学、哲学）
・プラクシス（praxis）：実践的知識（社会科学）
・ポイエーシス（poiēsis）：制作的知識（工学、芸術）

・科学（science）：scientia（知、知識）
「論証ができるという状態」（アリストテレス）
・技術（technology）：technē+logos
「ことわりを具えた制作できるという状態」
（アリストテレス『ニコマコス倫理学』）

学問は数学や哲学や神学です。

プラクシスとは実践的な知識で、人間関係をうまく統制する、法律や政治などに関する知識です。理論的知識のほうは「エピステーメー」と言われる必然的な唯一の真理をめざしますが、実践的知識のほうは「エンドクサ」、つまりほどほどのところで共通の合意が得られるような真理をめざすものです。

それから3番目ポイエーシスは制作的な知識で、テクネーとも呼ばれます。工学を初めとする技術、物づくりですが、そこには芸術も含まれます。彫刻や絵画、戯曲もポイエーシスで、物質的であれ、精神的であれ、物をつくりだすことは、ポイエーシスと呼ばれていました。

学問の序列から言うと、テオーリアが一番上で、それからプラクシス、ポイエーシスという順序になっています。

アリストテレスは『ニコマコス倫理学』という著作の中で、科学的認識に当たるエピステーメーという概念は「論証ができるという状態」であると定義しています。科学的認識で一番重要なのは論証である、と考えるのに対して、技術（テクネー）は「ことわりを備えた制作ができるという状態」を言います。「ことわり」とはロゴ

図表4－2　リベラル・アーツの変容

・自由学芸（自由７科）←→手仕事的技術
・自由市民←→奴隷労働
・mathēmata（学問：音楽、天文、幾何、数論）
・artes liberales：三科（文法学、修辞学、論理学）
　　　　　　　　　四科（算術、幾何、天文、音楽）
・中世の大学：上級学部（神、法、医）＋哲学部
・12世紀ルネサンス：アラビア科学（医学、錬金術、実験的方法）の移入

スですので、「論理的な筋道に従って物づくりができるという状態」ということになります。

◆リベラル・アーツの変容

今日、リベラル・アーツは人文社会科学を表す意味で使われることが多いのですが、もともとギリシャ・ローマ時代から中世にかけては文理が融合した学問領域でした（図表４－２）。奴隷階級と対比して自由市民（リベラル・シチズン）が身につけるべき基本的な教養をリベラル・アーツと呼んだわけです。その自由学芸に対立するのが手仕事的な技術、先ほどのポイエーシスに類することです。ポイエーシスの一部は、後にメカニカル・アーツと呼ばれるようになります。

次に、ギリシャには「mathēmata」という「mathematics」の語源になるギリシャ語がありますが、これはもともと、学ばれるべきもの、必修科目という意味でした。とくにピタゴラス学派の中では音楽、天文、幾何、数論がそのmathēmataの代表として必修科目になっています。なぜ音楽が入っているかというと、ピタゴラスは一弦琴の名手で、しかも弦の長さの比が整数比になっており、音階と弦の長さが比例していること――音楽の世界には論理的・数学的な構造があること

——を見つけたからです。

ただし、ピタゴラス学派で重視された音楽は、後にリベラル・アーツの中に組み入れられます。それが「artes liberales」と呼ばれる七学科で、三科と四科に分かれます。三科は主に言葉に関わる文系の学問ですが、文法学、修辞学、論理学から構成されています。修辞学は雄弁術とも呼ばれましたが、ラテン語でどのように説得的な文章を作り、演説を組み立てるか、に関する学問です。

それに対して四科というのは算術、幾何、天文、音楽から成ります。中心にあるのは天文学であり、算術と幾何は宇宙の構造を数学的に明らかにするための基礎的学問として位置づけられています。また、音楽は演奏ではなく、数学と密接なかかわりのある楽理（音楽理論）です。そして、この宇宙にはハルモニア・ムンディ（宇宙の調和（和音））——これはケプラーの著書の表題でもありますが——があると、すなわち星々はそれぞれ固有のメロディをもち、宇宙には音楽的調和が存在すると信じられていました。

つけ加えておけば、中世の大学では、神学、法学、医学という上級三学部と、その下に教養課程を担う哲学部という四学部制がとられていました。

◆自然哲学と自然誌

中世では、今日の自然科学のうち物理学や化学などの領域は「natural philosophy（自然哲学）」と呼ばれ、生物学や地学などの領域は「natural history（博物学・自然誌）」と呼ばれていました。

自然哲学は普遍的な法則を探求します。ミシェル・フーコー（Michel Foucault 1926–1984）という

図表4－3　自然哲学と自然誌

・自然哲学：Natural Philosophy
→　普遍的法則の探究（mathēsis）
ニュートン『自然哲学の数学的原理』1687
ボイル『懐疑的化学者』1661
・自然誌（博物学）：Natural History
→　多様性の探究：記載と分類（taxinomia）
リンネ『自然の体系』1735、『植物の種』1753
ビュフォン『自然誌』1749～1804
→　ニュートンの『光学』とゲーテの『色彩論』

フランスの哲学者は『言葉と物』のなかでこれを「mathēsis」と呼んでいますが、先ほどのニュートンの『プリンピキア』（1687）やボイル（Sir Robert Boyle 1627–1691）の『懐疑的化学者』（1661）に代表される物理学や化学が自然哲学の中心をなしていました。

それに対して博物学は多様性を探求し、記載（description）と分類（taxonomy）を方法論とする学問です。この博物学・自然誌も学問のもう一つの重要な流れとしてヨーロッパにはプリニウス以来の伝統があります。自然哲学と自然誌という二つの流れが統一されたところに近代科学が成立したと言えるでしょう（図表4－3）。

この二つの流れはヨーロッパの学問の中で脈々と受け継がれてきました。しかし、最終的には、これからお話しするような過程を経て、自然哲学のほうが圧倒的な優位性を占めることになります。

◆新しき知の宣揚

先ほど17世紀に第一次科学革命が起こって、自然科学の方法論が確立されたと申しましたが、この時代に出版された代表的な自然科学書を列挙してみましょう。

・ヨハネス・ケプラー『新天文学』1609
・フランシス・ベーコン『新オルガノン』1620
・ガリレオ・ガリレイ『新科学論議』1638

オルガノンというのは、アリストテレスの論理学書を包括して呼ぶ名前ですが、思考の道具という意味です。ベーコンはそれに対して帰納法を導入した新しいオルガノンを提唱しました。

ガリレオの『新科学論議』はこれまで『新科学対話』と訳されてきましたが、伊東俊太郎先生は「discorsie」を論議と訳しておられますので、『新科学論議』と表記しておきました。これも新しい知識であり新しい学問にほかなりません。つまり、17世紀に登場した現代の自然科学の基盤となるような著作は、すべて旧来の人文学に対して「新しい学問」であることを積極的に標榜したわけです。

◆知の新旧論争

それでは古い知識というのは何かと言うと、まさに「humanities（人文学）」です。いわゆる哲史文（哲学、歴史学、文学）が旧来の学問だったわけです。それまで知識のヘゲモニーを握っていたのが、人文的な知識や学問にほかなりません。ルネッサンスは、ギリシャ、ローマ時代（古典古代）に盛んであった人文学をもう一度復興せよ、という運動だったわけです。

しかし、17世紀から18世紀にかけてもう一度、「新しい知識・学問」が登場してくることになります。その端境期にいたのがブレーズ・パスカル（Blaise Pascal 1623–1662）でした。その著書『パンセ』が有名ですが、彼は自然科学者でもあり真空の実験もやっています。彼の遺稿「真空論序言」には、新旧の知の衝突が明瞭に描かれています。

歴史とか地理とか法律とか言語とか、とりわけ神学とかいうような、著者たちの書いたことを知ろうとして探求すればよいような問題、要するに単純な事実か、聖俗の制度かをその原理としているような事柄においては、それらについて知りうることはすべて書物に含まれているので、それらの書物に助けを求めることがどうしても必要である。したがって、それによって完全な理解を得ることができる。それに何ものも加えることはできない。

この「何ものも加えることはできない」ということは、すでに出来上がっている、聖書なら聖書の中でその知識が完結しているということです。ですから、なすべきは文献の解釈であり、その注釈を積み重ねることが、我々にできることだというわけです。

続いて、ガリレオやケプラーやフランシス・ベーコンによって提起された新しい知について、パスカルは次のように述べています。

同様なことは、感覚や推理のもとにある問題については言われない。そこでは権威は無用である。それらは理性によってのみ知られるべきものである。権威と理性とはそれぞれ違った権利を持っている。前の場合には権威が断然優位であり、後の場合には理性が代わって支配する。（中略）このように幾何学、算術、音楽、自然学、医学、建築学など、実験と推理のもとにあるすべての学問は、完全になるためには増し加えられなければならない。

「幾何学、算術、音楽」というのは、これはリベラル・アーツの四科のうちの三つです。「自然学」というのは主に今日の物理学や化学に相当します。それから「医学」があり、「建築学」は工学に当たるものです。パスカルはそれらを含めて「実験と推理のもとにある学問」と包括しています。

このパスカルの「真空論序言」においては、従来の人文社会科学と新たな学問である自然諸科学との間の対立が、きわめて鮮明に浮き彫りにされていると言ってよいと思います。

パスカルの結論は次のようなものでした。

　このような相違が明らかになれば自然学的問題における論拠として、推理や実験のかわりに権威のみを持ち出す人々の盲目を哀れまざるを得なくなり、また神学において聖書と教父たちとの権威のかわりに推理のみを用いる人々の悪意を恐れざるを得なくなる。自然学において何事をも発明しようとしない臆病な人々の勇気を鼓舞し、神学において新説を生み出そうとする無謀な人々の高慢を困惑させなければならない。

パスカルは敬虔なキリスト教徒でしたので、一方で聖書や教父たちの権威というものを認めているわけです。人文知と科学知というものの両方の権利を認めながら、その方法論上の違いというものを自覚して、棲み分けをすることをパスカルは勧めています。当時としては非常に明晰な議論をパスカルは展開していると言えます。

◆リベラル・アーツからメカニカル・アーツへ

ところが、18世紀に入ると、メカニカル・アーツ（機械技術）が圧倒的な影響力を持つようになります。18世紀の半ばから終わりにかけて編纂された『百科全書』の正式タイトルは『*ENCYCLOPEDIA DICTIONNAIRE RAISONNE DES SCIENCES, DES ARTS ET DES METIERS*（百科全書、または学問芸術工芸の合理的辞典）』というものです。ここで、「METIERS（工芸）」とありますが、こうした技術にかかわるものは、これまで奴隷階級の手仕事として軽蔑されてきたのですが、それを権威ある辞書の一つの項目に加えています。

その序論には「すべての部門とすべての学問における人間的知識の努力の一般的展望」という副題がつけられており、そこにもリベラル・アーツとメカニカル・アーツの対比が非常に鮮明に出ています。

自由学芸が機械技術の上に有する優越性――それは前者が精神に課する労働とそれに秀でることの困難さとによるものだが――後者のほとんどが私たちに得させるはるかにまさる有用性によって十分に相殺される。（中略）私たちのために時計の円錐滑車・がんぎ・鳴鐘装置を発明してくれた人々が、なぜ代数を完成すべく次々に努力してきた人々と同様に尊敬されないのか。

つまり、これまでは代数・数学はテオーリアとして高尚な学問と見なされてきたのに、円錐滑車・がんぎ・鳴鐘装置を発明する人たちの功績はポイエーシスとして、一段低いものと見られてきました。では、代数と時計部品のどちらが役に立っているかと言えば、時計職人の発明したがんぎのほうが有用性においてははるかに勝っているではないかという、一種の学問上の価値の転換が主張されているわけです。

そしてこれ以降、科学と技術が一体化して、人文社会科学に対する自然科学や科学技術の優位性が明らかとなり、目覚ましい発展を遂げていきます。

3　科学の変貌と知の市場化

◆象牙の塔の消滅

さて、20世紀後半、もう一つの転換点が出来します。

アインシュタイン（Albert Einstein 1879–1955）やキュリー夫人（Maria Skłodowska-Curie 1867–1934）が生きた20世紀初めまでは、象牙の塔、すなわち大学の研究室や実験室にこもって研究を続けることが学者の本分でした。日本でも水沢の緯度観測所にいた木村栄博士（1870–1943）は、日露戦争が始まったのも終わったのも知らなかったというエピソードがあります。社会の動きとは無関係に真理の探究をするのが科学者の役目である、という考えを「アカデミズム科学」と呼ぶならば、社会のために具体的な役に立つ貢献をするのが科学者・技術者の役目だという考え方の転換が20世紀半ばから強くなってきます。

村上陽一郎先生の言葉を借りるなら「好奇心駆動型」の研究、すなわち科学者個人の好奇心に基づいて自由に研究テーマを選んで探求するというアカデミズム科学に対して、20世紀の半ばごろから始まったのが「プロジェクト達成型」の研究、つまり政府や企業から受託研究のような形で研究資金を獲得し、プロジェクトを組んで共同研究を行い、期限までにプロジェクトを達成することを目的とするような研究が主流となっていきました。

論文を見ても、自然科学では現在はほとんどが共著論文、しかも分野によっては何十名という共著者が並ぶような論文のスタイルが普通になっています。そのため、科学者はプロジェクトを組織し共同研究を運営する科学企業家（scientific entrepreneur）の役割を担うようになりました。プロジェクトのリーダーは単に研究するだけではなく、研究資金を調達したり、研究組織を整えたり、企業家的な役割を果たすようになります。

それに伴って研究業績の評価方法も変わります。これまで、研究成果の評価はピアレビュー、つまり同業者のみが行うという慣例の中で科学者共同体は動いてきたのですが、研究資金を政府や企業から調達する以上、納税者や寄付者に対する社会的な説明責任（アカウンタビリティ）が求められることになります。

さらに、アメリカでは1980年にバイ・ドール法が成立して特許（知的財産の保有）に関する規制緩和が行われ、アカデミック・キャピタリズム、すなわち研究成果の特許を手にして、大学や研究者自体がベンチャー起業を行うことが可能になりました。

◆科学と技術の融合

科学理論を基盤にして技術開発が行われるという動きは、第一次世界大戦のころから始まります。とりわけ軍事技術の領域で、たとえば航空機、毒ガス、潜水艦、戦車といった兵器開発において、科学と技術の融合が始まりました。

これに決定的なドライブを与えたのが原爆開発プロジェクトであるマンハッタン計画にほかなりません。これを通じてアメリカは、政府主導で大量の研究資金を注ぎ込み、科学者を動員し、短期間のうちにプロジェクトを成功に導くというスタイルを確立したわけです。当時、これを指導したのは、MIT副学長のヴァネヴァー・ブッシュ（Vannevar Bush 1890–1974）でした。

当時のローズベルト大統領は、すでに太平洋戦争の勝利を見越し、戦後の科学技術政策に対する答申をブッシュに求めました。そこでブッシュは、「Science, the Endless Frontier（科学、この果てしなきフロンティア）」という有名な報告書を提出して、戦後の科学技術政策の見取り図を描いたわけです。それは、国家主導で特定の研究テーマ、たとえば宇宙開発やがん撲滅プロジェクトなどに重点投資をして科学者を動員し、一定期間のうちにプロジェクトを達成するという内容です。この方式は「ブッシュイズム」と呼ばれ、後に日本もヨーロッパもそれに倣うような科学技術政策を採用します。

こうして、20世紀半ばに科学と技術が融合するに伴い、科学技術が大きな社会的影響力を行使することになります。同時に、研究開発を行う科学者の社会的な責任も問われるようになりました。

◆トランス・サイエンスの時代

トランス・サイエンスという言葉は、今日では広く使われるようになりましたが、もともと核物理学者のアルヴィン・ワインバーグが1972年にこの概念を提起したときには、次のように述べています。

科学または技術と社会との相互作用の過程で生じる係争点の多くは、科学に問いかけることはできるが、科学によって答えることのできない問題に対する回答を未決のままにしておく。私はこれらの問題に対してトランス・サイエンス的という術語を提案する。

ワインバーグは具体例として、低レベル放射線の生物的影響、原子炉の過酷事故、フーバーダムを破壊するような壊滅的地震などを挙げています。東日本大震災と福島原発事故の後ならともかく、1972年にこうした例を挙げているのは先見の明というほかはありません。

要するに、そこには事実と価値が交錯して区別しにくい問題、たとえば環境問題やBSEなどの問題が含まれます。また、エボラ出血熱やデング熱などのパンデミックも、科学、政治、経済、文化が密接に結びついた事象です。こうした問題が、とりわけ20世紀に入ってから急増しています。

科学社会学者のジェローム・ラベッツはこれを「解決には科学は必要だが、科学だけでは十分ではない、新しい政策の時代」と特徴づけ、「ポスト・ノーマルサイエンス」と呼んでいます。日本では大阪大学の平川秀幸さんが「科学なし／だけ問題」、つまり、科学なしには解決できないけれども、科学だけでも解決できない問題が政策的な課題になっているという指摘をしています。

おそらくこの点に、これまで分裂していた自然科学と人文社会科学とが協働する必要性と可能性が出てきているのではないかと、私は考えています。

◆リスク社会の到来

このトランス・サイエンスと表裏一体になっているのが、社会学者ウルリヒ・ベックの唱える「リスク社会」という概念です。彼は、ドイツでメルケル首相が組織した原発政策継続か否かの是非を問う倫理委員会の有力メンバーの一人でした。

ベックによれば、近代の成立以降に政府が解決すべき主要問題は貧困問題、つまり貧富の差をどのように解消するか、富の再配分をどうするか、という問題でしたが、現在の先進国では社会的なリスクをどう分配するかが大きな問題になっています。第一の近代は貧困問題の解決に重点目標を置いてきたけれども、第二の近代では社会的リスクの分配をどうするかということが問題となるというわけです。

これまで科学技術は富を生み出す源泉であったわけですが、それが現在ではリスクの源泉になっています。具体的には光化学スモッグ、酸性雨、放射能汚染など事象は、空間的・時間的な限定が難しいわけです。北京の空を曇らせているPM2.5は、風に乗って日本にまで流れてきています。

そして、このような事象は誰に責任があるか、という責任の特定が困難です。さらにいったん事故が起これば、放射能汚染のように補償することがほとんど不可能だという、いわば「組織化された無責任」体制の上に現在のリスク社会が乗っているということにほかなりません。

4 スローサイエンスとしての人文学

◆ファストサイエンス化する自然科学

それでは、こういう状況の中で、人文学あるいは人文社会科学はどのような役割を果たすべきでしょうか。私は「スローサイエンス」としての人文学ということを提唱しています。現在、自然科学は効率性と有用性、言い換えれば市場価値を最優先に追求しており、いわばファストサイエンス化している、というのが私の現状認識です。科学論文が発表されると、知識の流通速度が何よりも重視されるわけです。

具体的には、論文の被引用度と発表媒体のインパクトファクターといった流通指標が自然科学系では業績評価の基準になっています。

それに対して、人文社会科学、少なくとも哲・史・文と言われるような伝統的な人文学での業績評価は、まだ書籍として出版すること――しかも、その本が机に立つくらいに厚いこと――に高い価値が認められているようです。

人文学は、歴史にしても哲学にしても、市場価値には還元できない人間性の探求を行う学問です。もともと、「humanities」はルネッサンスの時代の「litterae humaniores（人間らしい学芸）」が語源です。そこでは、いわば手間暇をかけた学問的な熟成が何より求められます。その意味では、人文学はスローフードに似ているところがあります。

インド哲学などの分野では、一生をサンスクリットやパーリ語で書かれた仏典の解読に捧げる研究者が数多くいます。また、人文社会科学の中では既成の価値の捉え直しや組み換えを行うという、批判的な精神がきわめて重要なものとなっています。つまり、世間に受け入れられている既成の価値を鵜呑みにしないで、それを根本から問い直す、さらには価値の体系を組み換えるということが求められるわけです。

スローフードやフローライフになぞらえて、人文社会科学に「スローサイエンス」という名称を与えてもよいのではないかと私は考えています。

◆人文社会科学の役割

以前、金沢一郎先生が日本学術会議の会長をされていたときに、『日本の展望』という報告書をまとめ、その中でそれぞれの分野のこれからの目標を定めました。第一部の人文社会科学分野では、これからの人文社会科学が果たす役割として、まず「自明性を問い直す批判的な思考力」、次に「異質の他者を理解し共感する想像力」、そして「応答可能性に基づく対話の力」を掲げました。

今日、人文社会科学と自然科学との棲み分けが進んでいますが、トランス・サイエンス的状況のもとでは、喫緊の問題を解決するために両者が一つの目標に向かって協働することが何よりも必要です。

そのためには科学リテラシーと社会文化リテラシーの双方が必要となります。つまり、人文社会学系の研究者・学生は最低限の科学リテラシーを持たなければ自然科学者と協働できませんし、自然科学系の研究者・学生は社会文化リテラシー、つまり自分の研究がどういう社会的な影響を与え、どういう社会的な位置、歴史的文化的な位置にあるのかということを知らなくてはなりません。

◆社会のための科学

ブタペスト会議では「社会のための科学（Science for Society）」ということが言われましたけれども、この場合の社会はあくまで「人類社会」を意味するのであって、「国民国家」という狭い単位であってはならないだろうと思います。

そして人類社会の持続のためには、自然科学と人文社会科学が協働作業を展開しなくてはなりません。日本では当然のように「科学技術立国」と言われていますが、「社会のための科学」というスローガンからすると、いささかナショナル・アイデンティティを強調しすぎた言い方になっている点が、私には気になります。

おわりに

最後に、ジョン・スチュアート・ミルがセント・アンドルーズ大学の名誉学長に選ばれたときに、学長就任演説（一八六七）の中で述べた言葉を紹介して締めくくりたいと思います。

たとえ人生は短く、しかも仕事でも思索でも喜びでもないことに浪費する時間ゆえに人生がさらに短くなるとしても、人文系の学者が自分たちの住む世界の自然法則や特性について全く無知になれるほど、また科学者が詩的情操と芸術的教養を欠いてしまうほど、われわれの精神はそんなに貧弱ではありません。

まさにそのとおりだと思います。

これからの人文社会科学と自然科学との関係は、両者が互いの領域に飛び込みつつ、同時にその方法論上の違いを認識しながら、相互に協働していくことがトランス・サイエンスの時代には何よりも必要であろうというのが、私の結論です。

第5章　諸学問と倫理・哲学
──「ポスト専門化」時代の知の統合

山脇　直司

東京大学名誉教授、星槎大学副学長、独日統合学学会日本側代表、統合学術国際研究所所長、日本共生科学会長
1949年生まれ。1972年一橋大学経済学部卒業、1975年上智大学大学院哲学研究科修士課程修了。ミュンヘン大学哲学博士。上智大学文学部哲学科助教授を経て、1988年東京大学教養学部社会科学科助教授、1993年同教授、1996年4月より2013年3月まで東京大学大学院総合文化研究科国際社会科学専攻教授。専門は哲学、公共哲学、社会思想史。単著に『グローカル公共哲学』（東京大学出版会、2008年）、『公共哲学とは何か』（ちくま新書、2004年）、『社会とどうかかわるか――公共哲学からのヒント』（岩波ジュニア新書、2008年）、『ヨーロッパ社会思想史』（東京大学出版会、1992年）、『社会思想史を学ぶ』（ちくま新書、2009年）、『公共哲学からの応答――3・11の衝撃の後で』（筑摩選書、2011年）、『*Glocal Public Philosophy—Toward Peaceful and Just Societies in the Age of Globalization*』（Lit Verlag, 2016）などが、編著に『科学・技術と社会倫理――その統合的思考を探る』（東京大学出版会、2015年）などがある。

黒田　本書の第1章では、医学を中心にギリシャ・ローマ以来の科学の歴史を辿り、科学の背後にある歴史・文化・思想を探りました。また前章では、そうした人類の知的営みを人文学と

自然科学との〈知のヘゲモニー〉をめぐる衝突と捉え、これからの科学のあり方を見通してきました。

本章ではさらに、近代科学の歴史的変遷を倫理・哲学の側面から描き直します。つまり、自然科学が人文学を凌駕しヘゲモニーを獲得していった近代は、哲学がその「知の統合力」を弱め、諸学問が解体・分裂していった時代であるとも言えるのです。

ならば、複雑な社会問題を解決するため、再び学問横断的なアプローチが求められている今日、諸学問を統合する力を何に求めればよいのでしょうか？　山脇先生のご意見を伺いたいと思います。

はじめに

私は、大学で経済学部に入り近代経済学を学びましたが、大学院では哲学を修めました。事柄の根源を考える哲学という学問に魅力を感じたからでした。本章では、「知の統合学」というやや耳慣れない学問についてお話ししたいと思います。これは、私がドイツのミュンヘン工科大学およびドイツ国立技術アカデミーと行っている独日統合学学会で取り組んできた成果でもあります。

1　19世紀以降の学問観の変遷

図表5－1は、17世紀以降、西洋の学問がどのように変遷を遂げ、今後どうあるべきかということを私なりに考えたものです。

◆プレ専門化の時代

まず、「プレ専門化の時代」と私が呼ぶ内容を説明します。この時代は、哲学が文理を問わず諸学の統合的学問と考えられていた19世紀前半までを指します。

たとえばデカルト（René Descartes 1596–1650）は、『哲学原理』の序文で、哲学を一本の樹木にたとえ、その根の部分を形而上学（第一哲学）、幹を自然学、枝を機械学、医学、道徳（モラル）としました。彼は代数幾何学者でもあり、医学にも通じていて、当時のハーヴェーの血液循環論から衝撃を受け、機械としての身体を捉えました。そのうえで、「我思う、我あり」、すなわち自律した実体である精神（脳）が、機械としての身体を制御するのが道徳で、それを『情念論』という本で展開したわけです。その意味で、デカルトは現代の理学と医学双方の父だと言えるでしょう。

ちなみに、こうした理系中心の学問観に反発したのがヴィーコ（Giambattista Vico 1668–1744）というイタリアの学者です。彼は、デカルトがレトリック（修辞学、説得の学）や蓋然性を真理から除外したことを批判し、デカルトが手がけなかった文明や歴史についての学問を基に、人文学を提示しました。

図表5－1　19世紀から現代までの学問観の変遷

17世紀～19世紀前半まで：	「プレ専門化」の時代
19世紀後半～20世紀後半 or 現在まで：	「専門化」の時代
21世紀の現在から：	「ポスト専門化」の時代

他方、イギリスのベーコン（Francis Bacon 1561–1626）は、羅針盤、活版印刷、火薬という当時の三大発見に見合うように、人類の福祉増大のために、自然を人間の力で支配するような学問改造を掲げ、論陣を張りました。彼は古代ギリシャ以来あまり重視されてこなかった工学の位置を高めたという意味で、工学の父だと言えるでしょう。

このように、デカルトもベーコンも、人間の精神（知性）と自然とを対立するものとして捉えましたが、これはまさに近代ヨーロッパで支配的となった自然観を代表しています。同じヨーロッパでも、古代のアリストテレスや中世のトマス・アクィナスは、（それぞれニュアンスの違いがあるものの）人間も自然の一部だと考えており、その点にデカルトとベーコンの自然観の大きな近代性が見られます。

さて次に、ライプニッツ（Gottfried Wilhelm Leibniz 1646–1716）は微積分を考え出した超天才で、微積分をめぐってニュートンと特許を争ったという逸話もあります。彼の言う積分（インテグレーション）は、まさに統合をも意味していますので、彼は統合学術研究の近代的父と言ってよいかもしれません。

カント（Immanuel Kant 1724–1804）は、三大理性批判を著したことで、大変わかりやすい学問論を示しています。『純粋理性批判』では、当時のニュートン力学的な物理学の有効性と限界を吟味しつつ、宇宙が無限であるか有限であるかとか、神は存在するのかしないのかなどの問題を自然学のレベルで論じるのは不適切で、そういう問題は『実践理性批判』のレベルでしか論じられないと主張しました。つまり彼は、「人は何をなすべきか」という実践哲学の領域で、普遍的な道徳と宗教を論じようとしたわけです。さらに彼は、『判断力批判』で美学と有機的自然の認識を論じ、加えて独自の視点から『永遠平和論』も刊行しています。また彼は「諸学部の争い」という論文を著し、法学、医学、神学という専門家養成学部とは異なる自由な学部として哲学部の意義を唱えました。

シェリング（Friedrich Wilhelm Joseph von Schelling 1775–1854）は、ベルリンのフンボルト大学の設立にあたって大きな影響を与えました。彼はカントが正面から論じなかった電磁気現象に直目し、極のプラス・マイナスを中心に自然観をまとめようとしました。そうした自然学と同時に、彼は哲学をすべての学者が精通しなくてはならない諸学問の根本学であるがゆえに、「メタ学部的な結社」という形で学ばれるべきだと提唱していますが、この考えは現代でも参考になると思います。

最後に、フンボルト大学の2代目総長を務めたヘーゲル（Georg Wilhelm Friedrich Hegel 1770–1831）は、諸学問の特質と有限性を明らかにしつつ、学問全体を概念によって位置づける『エンチュクロペディー（諸学問体系）』を提示しました。彼が『法哲学』で用いた「ミネルヴァの梟は夕暮れに飛び立つ」という比喩は、最後にまとめ役として登場するのが哲学だと受け取ってよいでしょう。つまり、デカルトは、真理が最初に来るような真理観を打ち出しましたが、ヘーゲルの場合は、学問の諸領域の有限性を指摘しながら、最後に「哲学によって統合された全体」を真理としたわけで、これはホーリスティック（全体論的）な真理論と呼ばれています。

このように、デカルトからヘーゲルまでの近代哲学は、理系と文系にかかわらず諸学問を横断する統合学的な役割を担うと考えられてきました。私はこうした過去の時代を「プレ専門化の時代」と呼んでいますが、その理由は、次に来る「専門化の時代」を相対化するためです。

◆専門化の時代

「専門化の時代」とは、哲学が諸学問を統合する力を失うとともに、諸学問が専門化していった19世紀半ば以降から21世紀の現代まで続く時代を意味します。ですから、フランスの思想家ミシェル・フーコー（Michel Foucault 1926–1984）が「哲学はヘーゲルで終わった」と語ったのは、哲学を諸学の統合学と考えた場合には当たっているわけです。

この時代にはまず、物理学、化学、生物学などの自然諸科学が哲学から離れていきます。自然科学は実験とエビデンスの提示を求めますから、思弁を離れ実験科学・実証科学として独立していったのです。フランスのオーギュスト・コント（Auguste Comte 1798–1857）は社会学の創始者とされていますが、神学的段階、形而学的段階から実証主義の段階に至るという彼の学問論は、そうした自然科学主義を背景にして提示されました。彼は実証主義の段階を、天文学、物理学、化学、生物学、最後に社会学（社会静学と社会動学）と位置づけましたが、これは決して荒唐無稽なものではありません。

社会学はその後、デュルケーム（Émile Durkheim 1858–1917）などによって専門科学として市民権を得ました。経済学も、19世紀後半までケンブリッジ大学の伝統的哲学の一分科であった経済学が、アルフレッド・マーシャル（Alfred Marshall 1842–1924）の提案で、専門科学として分離します。

このほか、19世紀には工科大学が総合大学とは独立に設立されます。フランスの場合はベーコンの影響が大きく、18世紀の啓蒙思潮を経て、エコール・ポリテクニークがナポレオンによってつくられ、コントも一時期そこで講師を務めました。他にもプラハ工科大学、ウィーン工科大学、ミュンヘン工科大学などが設立され、19世紀に総合大学とは別個に設立されました。

とはいえ、そういう状況の中でも、諸学問を基礎づけようとしたグループが存在しました。19世紀半ばから20世紀初めまで影響力を持った新カント派や、20世紀に入って一時期台頭したウィーン学団の論理実証主義やシステム論などです。ただし、本章ではそれには立ち入りません。

◆東京大学の学部構成

東京大学は、そうした哲学が諸学を総合する力が弱くなった頃に設立されました。文学部の歴史を見ると、最初は、哲学と政治学と理財学（経済学）が存在していたようです。しかし、やがてそれらが枝分かれし、さらに哲学は倫理学とも分化して一学科になり、政治学が法学部の一部になり、経済学が一学部に発展して、現在に至っています。

理科系に関して言えば、東大という総合大学の中に工学部ができたことは、欧米諸国では見られない現象です。たとえば、ボストンにあるハーバード大学に工学部はなく、その代わりにマサチューセッツ工科大学がありますし、ドイツではミュンヘン工学大学、カールスルーエ工科大学、ベルリン工科大学などが、スイスにはチューリッヒ工科大学が独自に存在しています。

◆ヴェーバー『職業としての学問』

さて、そうした学問の専門化が趨勢として動かしがたい時代になったという前提のもとで打ち出された学問論が、有名なマックス・ヴェーバー（Max Weber: 1864–1920）の『職業としての学問』です。これは今から100年前の1919年になされた講演で、専門化時代の学問論の古典だと私は考えています。

マックス・ヴェーバーは、ちょうど第一次世界大戦が終わった後に『職業としての学問』の講演をし、他方では『職業としての政治』という講演もしています。彼は、学者の生き方と政治家の生き方の違いを論じつつ、その双方に大きな関心を示したわけです。彼は社会学者として大きな業績を残しましたが、もし当時大流行したスペイン風邪で死ななければ、1920年代には大統領になっていた可能性もゼロではないというくらい政治家への意欲を示していたようです。

ヴェーバーの学問論は、学者は教壇でイデオロギーを説くようなことがあってはならず、自分の価値観や思想を語るときは学問領域以外の世界（たとえば政治の世界）で語るべきだという二分法をとりました。そして、専門化の趨勢をこの時代の宿命とみなし、それに耐えるべきことを説いたのです。したがって、ヴェーバーに言わせると、「統合学としての哲学」などという考え方は、時代遅れも甚だしいというわけです。

しかし、それから100年近く経った21世紀の現代、そういう専門主義的な学問論でよいのかという疑問が立てられます。ヴェーバーは、確かに「魂なき専門家」を批判しましたが、そういう批判を離れ、狭い分野で競い合うだけで十分だと考える専門主義に歯止めをかけるような論理や学際研究の必要性については、彼の学問論には見られません。

2 「ポスト専門化」の時代

では、今日の状況に対して、どのような学問論が打ち出されるべきでしょうか。この問いに対する答えはいろいろあるでしょうが、私自身はここ十数年間、「ポスト専門化時代の学問論」という視点を提示し、国内外で発信しております。

◆ポスト専門化時代の学問論

「ポスト専門化時代の学問論」とは、研究者同士が各専門分野を尊重しながらも、その限界を乗り越えるべく、学問横断的な諸問題と取り組むような学問の時代を意味します。これはまた、「issue-oriented approach」あるいは「problem based approach」という学問方法論とペアになって理解されなければなりません。この方法論は、諸学問の既存の理論を最初に学び、それを演繹的に対象に当てはめるような方法ではなく、現下で起こっている諸問題との取り組みから出発する学問の方法です。現在は、原発問題、人工知能問題、平和構築問題、環境問題、生命倫理など、学問的に追究されるべき重要な問題がたくさんあります。そしてそうした問題は、一つの専門分野だけでは取り組めず、「トランス・ディシプリナリー（trans-disciplinary：諸学問分野横断的）」な学問論を要求します。

従来の「interdisciplinary（学際的）」研究の場合は、それぞれの専門（discipline）がまずあって、「我々の専門分野ではこう考える」と主張し合って終わりがちだったのですが、トランス・ディシプリナリー型の研究では、研究者が専門分野の壁を越えながら協働して諸問題と取り組む研究態度が要求されるのです。

◆後期教養教育

このようなトランス・ディシプリナリーな学問観を涵養するためには、「後期教養教育」という理念と実践も必要になります。これは専門の前段階としての教養教育ではなく、一定の専門分野をある程度修めたうえで、自らの専門分野を知の全体像の中で相対化できるようになるための教養教育です。したがって、これは大学の1、2年生ではなく、卒業時か大学院で、あるいは生涯学習という形で受けるべき教育です。

東京大学教養学部の生みの親であり戦後初代総長だった南原繁は、「教養学部報」の創刊号（1951年4月）で次のように述べています。

教養の目指すところは、諸々の学問の部門を結びつける目的や価値の共通性についてであり、かような価値目的に対して深い理解と判断を持った人間を養成することである。われわれの日常世界において、われわれの思惟と行動を導くものは、必ずしも専門的知識や研究の成果ではなく、むしろそのような一般教養によるものである。それは究極において、われわれが一個の人間として人生と世界に対する態度、随って道徳と宗教にまで連なる問題である。

彼は、諸々の学問を結びつける目的や価値の共通性の理解という理念で、教養学部を捉えていたわけです。また、南原の弟子であった丸山眞男は、『日本の思想』(岩波新書、1961年)の中で、専門の狭い領域に分かれたままの状態である「タコツボ型」の大学ではなく、諸学問の根本がはっきりした「ササラ型」大学がユニバーシティとして望ましいということを述べています。丸山自身が所属していた法学部でこのような理想を実現しようとしたかどうか私には疑問ですが、彼はまた『丸山眞男回顧談』(岩波現代文庫 下、2016年、252頁)で、学生が一定の専門分野を学んだうえで、4年時に歴史と哲学を学ぶような「くさび型の学問」体制を駒場キャンパスにつくろうとしたが頓挫したと述懐しており、大変興味深く思われます。

◆後期教養教育の三大要素

あらためて後期教養教育を定義すると、「一定の専門的知を修めた学者や市民のための教養教育であり、大学院生や学部3、4年生のみならず、生涯教育や市民講座などという形でも制度化されて実践される」というものです。今そうした後期教養教育を盛んに唱えておられるのは、東京大学教養学部副学部長の藤垣裕子教授です。私が編纂した『科学・技術と社会倫理』の中で、彼女は次のような後期教養教育の三大要素を挙げています。

・自分がやっている学問が社会でどういう意味を持つか（自分の専門領域の現代社会のアクチュアルな動向への位置づけ）。
・自分のやっている学問を全く専門の異なる人にどう伝えるか。
・具体的な問題に対処するときに、他の分野の人々とどのように協力できるか（他の専門領域とのかかわりで、みずからの専門領域を相対化し、連携させる知見）。
（『科学・技術と社会倫理——その統合的思考を探る』東京大学出版会、2015年、139-140頁）

3 「知の統合学」の方法

さて、本章のメインテーマである「知の統合論」に入りましょう。私は次の三つのレベルを区別しながら統合することが必要だと考えています。

◆ある論・あった論

まず、「我々は何を知りたいのか」「我々は何を知らなければならないのか」という問いから出発し、何が現状としてある（存在する）のか、あるいは歴史的にあった（存在した）のかを認識する（知る）というレベルの研究が考えられます。これは、自然現象や過去と現在の社会的現実、現場に関する経験的実験や調査を行う研究であり、自然諸科学や歴史学を含む社会諸科学がこの分野に属します。

自然科学系では、いろいろ未知の自然現象の在り方をエビデンスに裏打ちされて解明する（知りたい）ことが、研究テーマやモチベーションとなります。その大きなテーマとしては、宇宙の起源、反物質の存在、統一場の理論、生命の起源、人類の起源、ＳＴＡＰ細胞の有無などが挙げられるでしょう。社会科学系では、さまざまなデータを基に、過去と現在の多様な社会的現実を認識する（知る）ことがテーマとなります。

たとえば、福島が現在どのような状況にあるのか、チェルノブイリではいったい何が起こり、現状はどうなっているのかなどを認識する（知る）ことが「ある」論のテーマです。また、歴史的事実に関する「あった論」もこのレベルでの重要な研究です。もちろんその場合にも、どういう方法論や理念型（パラダイム）に立脚するのかが、争点になることを自覚しなければなりません。

◆べき論・ありたい論

次は、「何をなすべきか」「どのような社会を望むのか、望まないのか」という規範的・価値論的レベルの問いかけに対応しようとする学問です。

このレベルで論じられるのは、公正、公益、人権、平和、福祉、健康、安全などの公共的な価値や規範についてです。ちなみに、効率も経済的な一つの価値ですが、それを唯一の絶対的な価値にしてしまうと、非人間的な経済学が生じてしまうと私は思います。社会倫理学や狭義の公共哲学などが、このレベルの学問に入るでしょう。そして、このレベルの学問は、できるだけ一般市民の要求を反映させたものでなければなりません。

◆できる・できない論

第三のレベルは、「どのようにしたら望ましい価値や規範が実現できるか」を論じるレベルの研究で、「我々は何を遂行できるのか」という実現可能性（feasibility）への問いと結びついた学問です。工学系の人や官僚の人にとっては入りやすい領域だと思います。

最近の例としては、核燃料サイクルが実現困難な場合に、使用済み核燃料廃棄物をどう処分できるのかという問題がこれに当たるでしょう。そうした科学技術政策も含め、環境政策、社会保障政策、経済政策、教育政策、外交政策など、一連の公共政策ないし社会政策がこのレベルの代表的学問と言えます。

◆知の公共性

ここで、後期教養教育や、とくに「べき論」および「できる論」に関連して、研究対象の当事者や知の公共性についても、簡単に述べておきましょう。これらどのレベルの研究でも、「problem-based approach」をとる研究者には、「理論に先立つ問題関心の自覚」が必要だと私は思います。すなわち、理論研究に先立ってどのような問題関心を抱いているかを自覚し、その研究が多種多様な現場や地域における一般住民、教員、公務員、科学者、技術者、医療関係者、ジャーナリストといった人とどうかかわるかを、研究者は常に念頭に置くことが必要です。たとえば、科学や技術の発展が社会にどのような影響を及ぼすのか、社会研究が研究対象の当事者とどのようにかかわるのかなど、公共的（パブリックな）意識が不可欠だと私は思います。

話は少し大きくなりますが、かつてユダヤ系ドイツ人のフリッツ・ハーバーというノーベル化学賞受賞者は、化学者としてのアイデンティティとドイツ国民のアイデンティティを区別しながら結びつけ、第一次大戦時にわが祖国ドイツのためにという名目で毒ガスをつくりました。しかし、現在ではそういう二分法的な割り切り方は許されず、科学者は科学のグローバルな公益性を考えなければならないと思います。マンハッタン計画で原爆をつくった科学者たちの多くも科学者としてのあり方を反省し、第二次大戦後にラッセル＝アインシュタイン宣言を出しましたが、それは非常に重要なメッセージだと思います。

4　社会科学の分断状況

では次に、私は経済学部出身でもあり、駒場キャンパスでは相関社会科学分科に属していましたので、社会科学の分断状況について問題を提起したいと思います。

◆政治哲学の不在

政治学は、そもそも古代ギリシャのプラトンやアリストテレスに始まる由緒ある学問です。しかし現在は、一方でアメリカのジョン・ロールズなどによって復権された正義論などの規範理論が存在し、他方では1920年代あたりからアメリカで台頭した（したがって専門化時代の産物である）実証的な政治科学（political science）が規範理論に無関心のまま、政治行動の分析などに取り組むといった、学問の棲み分けが行われています。しかし、こうした双方の分断は総合的に政治を捉えるうえで、望ましくないように思えます。

日本においても同様な分断状況が生じていますが、その原因の一つは日本に政治哲学の学会が存在しないことではないかと私は疑っています。たとえば、東京大学には法哲学の授業はありますが、政治哲学の授業はありません。その理由は、文科省が同じ法学部の中に哲学の名がつく講座を二つもくらせないので、法哲学と統合した形でないと認められないからだそうです。しかしそのために、正義論などは法哲学のレベルで論じられ、そうした規範論や価値論（レベル2）が、一般市民の公共活動やメディアの働き、政治家の決断といった要素を含む政策論（レベル3）とどうかかわるかという議論がほとんど展開されていません。

また日本では、フェミニズムも社会学系の学者が論じていて、政治哲学のレベルで論じられることはあまりありません。アメリカではマーサ・ヌスバウム、ナンシー・フレイザー、セイラ・ベンハビブといった女性の政治哲学者が強い影響力を持っているのと対照的です。私としては、政治哲学的内容のフェミニズムを論じる強力な論客が出てほしいので、日本の現状を残念に思っています。

◆経済学は規範を失ったのか？

経済学の祖であるアダム・スミスは、『国富論』とともに『道徳感情論』を執筆・刊行しました。彼はどこまでも道徳哲学ないし道徳科学という枠内で、経済学を捉えていたのです。また、哲学に関心を寄せていたケインズも、経済学をモラル・サイエンスに属するとみなしていました。

しかし現在では、圧倒的に新古典派（neo-classical）パラダイムに立脚する実証経済学（positive economics）が主流です。新古典派は規範を扱う「normative economics」でさえも、「パレート最適」に見られるように、効率や効用というレベルでしか規範を取り上げません。確かに、効率や効用は経済を考えるうえで大切ですが、それだけは格差是正などの重要なテーマを十分に論じられないはずです。

こうした偏りに対し、ノーベル経済学賞受賞者のアマルティア・センや、私のかつての恩師で一橋大学学長を務めた塩野谷祐一が、それぞれ新しい規範的経済理論を発展させました。塩野谷は2015年8月に亡くなりましたが、彼の業績はヨーロッパでよく知られており、その業績に関するミニ・シンポジウムが2016年3月末に日本の進化経済学会で、5月にはパリ大学で開かれる欧州経済思想史学会で、6月にはアメリカのデューク大学で開かれる経済思想史学会でそれぞれ行われ、私もパネリストとして参加しました。

日本でも話題となったピケティの大著『21世紀の資本』（みすず書房、2014年）は、前半部が実証的な分析であるのに対し、後半部はほとんど公共哲学的と言うべき内容で、高度の累進課税を提案しています。つまり、彼の著作では「ある論・あった論」と「べき論」がミックスされており、そこで問われるのは「できる論」、つまり高度累進課税の実現可能性でしょう。

なお、一橋大学の経済研究所では、規範研究と実証研究を統合する規範経済学研究センターが設立されました。国際的な学会も開くようなので、今後の成果が注目されます。

◆公共社会学の可能性

さて、私は社会学者ではありませんが、社会学の現状は興味深いです。

社会学の祖の一人であるデュルケームは、社会学を社会心理学と区別して、モノのように社会現象を捉えることを提唱しました。まず社会現象の実証的調査から始めよ、という主張です。ただし、モノと言っても、社会調査の対象は自然現象と異なり最初から倫理的要素を含んでおり、実際に彼は、自殺やアノミーのような現象を「病理的な事実」と呼んで、その克服のための政策を提言しました。中間団体を媒介とした人々の有機的連帯といった提言がそれに当たります。医者が処方箋を出すような政策提言（prescription）も、記述的（descriptive）な社会学とは違う社会学の範疇に入ると、デュルケームは考えたわけです。さらに彼は、自らの学問的営みを当時の個人主義的倫理学の代替物とまで考えるようになります。その意味で彼は「公共社会学の祖」と考えてよいでしょう。

しかし、社会学のもう一方の祖であるマックス・ヴェーバーは、デュルケームとは違う社会学論を提示しました。

先にも紹介しましたように、ヴェーバーは、価値認識と価値判断を区別し、社会学は社会を動かした人々の価値観、とりわけ宗教を「理念型」に用いて認識する学問であるがゆえに自然科学とは違うと考えました。ただし、その価値（ないし宗教）が善いか悪いかを判断することはできないし、そうした価値判断は社会学の内部ではなく、個人の世界観や信仰の領域に属するとみなしました。

ですから、かの有名な『プロテスタンティズムの倫理と資本主義の精神』の中でも、ヴェーバーは価値を論じたけれども、プロテスタンティズムに関する価値判断は下していません。価値の多神教の時代で、価値判断は学問以外の個人の信仰や世界観に属するとみなしたわけです。

では、規範にかかわる社会政策や公共政策は社会学の内部に属さないのかという問題に対し、彼は価値中立的な「できる論」レベルでは社会学に属するが、「べき論」の領域では社会学に属さないとみなしました。彼自身はポーランドからの移民政策に関してかなり保守的な見解を提示していましたが、それは学問と異なる政治的決断に属すると考えていたようです。その点でヴェーバーは、デュルケームと異なる学問論を提示したわけですが、これでは、規範論や価値論や実践論を含む「公共社会学」が不可能になってしまうでしょう。現代においてこの見解を貫くなら、ロールズ、センや塩野谷などによって展開された規範論との統合は不可能になるので、私としては、ポスト専門化時代におけるヴェーバーの学問論は、「ある・あった論」のレベルでのみ妥当と考えています。

5　ポスト専門化時代の倫理・哲学

最後は、ポスト専門化時代における倫理・哲学のあり方について語りたいと思います。そのためには、まずドイツ政府が２０１１年6月に脱原発方針を決めるにあたって大きな影響を与えたメルケル倫理委員会から入っていくことにしましょう。

◆メルケル倫理委員会

メルケル倫理委員会は、2011年3月に福島第一原発事故が起こって一カ月足らずで立ち上げられました。ここで「倫理」とは、「社会における価値判断と価値決定」を意味します。メルケル首相は、2008年に行われた洞爺湖サミットで、当時の甘利経済産業大臣などから、原発を抜きにしての地球温暖化対策は難しいから、2000年に社民党と緑の党の連立政権が決めた脱原発路線を見直したらどうかと言われたようです。それもあって、キリスト教民主同盟に属する彼女が脱原発路線を見直そうと思った矢先に、福島の原発事故が起きてしまいました。あれだけ自信を持っていた日本の原発が制御不可能に陥ったため、物理学博士でもあるメルケルは非常に動揺し、急遽、将来のエネルギー政策に関する倫理委員会を発足させたのです。

ドイツでの倫理委員会は、それまで主に生命倫理に関するものが多かったのですが、その回は環境倫理とエネルギー問題に関するもので、そのメンバーは、エネルギー問題に詳しい政治家のほかに、ドイツで影響力の大きい社会学者、経済学者、哲学者、宗教関係者、種々の研究所の代表者などからなっていました。この倫理委員会の中にミランダ・シュラーズという方がいて、日本語訳（『ドイツ脱原発倫理委員会報告――社会共同によるエネルギーシフトの道すじ』大月書店、2013年）に解説も書いています。彼女は、日本語が堪能なオランダ系アメリカ人で、ドイツの大学で環境学を教えています。その彼女が2015年5月に来日し、ドイツのこの問題について茨城大学で対話型の講義を行い、私が特定質

問者として発言しました。その模様は、東大のサステナビリティ研究所で刊行し（『サステナ』第38号）、インターネットでも読めますので、ぜひご参照ください。（http://www.ir3s.u-tokyo.ac.jp/publication/sasutena/）

◆「倫理と哲学」概念の再構築

このメルケル委員会は、今後の「倫理と哲学」概念の再構築を示唆しているように思われます。そもそも「プレ専門化時代」の哲学に見られたように、倫理や哲学は少なくとも文学部の一学科として位置づけられるような学問ではなく、文理横断的な学問でした。

しかし「プレ専門化時代」に戻れない以上、「ポスト専門化時代」の今日では、「科学に問うことができるが、科学だけでは答えることのできない」トランス・サイエンス的な価値判断が求められる問題で重要な役割を演じるのが、哲学であり倫理だと私は思います。

◆大学制度改革の必要性

しかし、そういう役割を演じるためには、今日の学部構成の抜本的な制度改革が必要です。一案を言えば、文学部で営まれる哲学は古典研究や哲学史研究に特化し（それはそれで重要な学問です）、それとは違う形で、たとえばかつてシェリングが唱えたように「学者同士のフリーな結社」としてメタ学部的な形か、理系文型を問わず、「副専攻」として哲学や倫理を履修ないし研究できるような体制（システム）に、哲学が再編されるべきでしょう。

ただ、一口に哲学と言っても、政治哲学、経済倫理、法哲学、科学哲学、環境倫理、生命倫理、医療倫理、技術倫理、情報倫理、数理哲学、論理学、芸術哲学、宗教哲学などとたくさんの領域があり、それを一人の学者がカバーするのは不可能です。とはいえ、たとえば社会科学系の哲学者には、政治（学）のことも、経済（学）のことも、社会（学）のこともできるだけ知っていることが要求されますし、環境倫理学者は、環境問題のすべてをカバーできる力量を備えなければならないと思います。また、生命倫理学者は医療現場や今日の医学や薬学の現状を、技術倫理学者は現在のテクノロジーの現場や問題を、情報倫理学者は情報社会の現状を、数理哲学者は高等数学にも通じ数学者と対話できるような、芸術哲学は芸術活動の現状を、宗教哲学者は諸宗教の現状を、それぞれ知ったうえで、より根源的な問題を考え、副専攻の学生とも対話できる姿勢が要求されるでしょう。

さらに重要なのは、研究者同士が互いに共通言語を持つ必要があります。研究者が共通言語を持たないと、同じ土俵に上がって対話や議論ができません。共通言語を持つためにも、後期教養教育の重要性は増すでしょう。

◆改革への取り組み

実際に、ドイツやスイスの大学では、たとえば哲学・医学講座や哲学・経営学講座などが設けられています。ドイツでは、シーメンス社が不祥事を犯したために、ミュンヘン工科大学にシーメンスのトップが私財を投げ打って経済倫理の講座をつくりました。経済倫理は、単なるビジネス倫理よりもう少し広い学問で、たとえば、失業問題といった大きな規範的かつ政策論的テーマにもかかわります。

日本でも、たとえば熊本大学文学部は医療倫理に関する国際大会を数年間ユネスコとタイアップして開催しました。そこに私が参加して驚いたのは、医学博士と哲学博士の両方のディグリーを持つ研究者が海外から参加していたことです。日本では、哲学の博士号を取得するにはかなり時間がかかりますから、医者が比較的取得しやすい哲学修士号を持って医療に当たれば、日本の医療界はもっと患者から信頼されるようになると思います。

いずれにせよ、こういう方向で制度改革を進め、知の統合が進むような学問改革が起こることを期待しています。

おわりに——民主主義社会の中の科学者

最後に、民主主義社会における科学者の役割についても一言だけお話ししたいと思います。民主主義（democracy）はこの社会の根幹をなす制度ですが、昨今の日本でもさまざまな問題が指摘されています。ただし、民主主義への懐疑には古い歴史があり、古代アテネのプラトンに遡ります。ソクラテスを殺したのは多数決でしたから、民主主義を多数決原理と捉えれば、そこには多数者の暴政という問題が常につきまといます。プラトンはまた、政治家の大衆迎合的な姿に民主主義の悪弊を見出しました。これは、言わゆるポピュリズムとして、今日まで続く難問です。

しかし、一方では、市民（民衆）が積極的に公共問題を考え論じ合うという熟議民主主義

(deliberative democracy) という考え方も生まれています。それは、初めに結論ありきではなく、利害関係者のポジショントークでもなく、市民(民衆)が本当の争点が何であるかを虚心坦懐に学び合い、議論し合いながら、自らの考えをはっきりさせていくという民主主義のあり方です。

そして、そのような市民に向けて、確かな根拠に基づく知見を提供し、熟議に基づく意思決定や合意形成を促進するのが民主主義社会における公共哲学や政治学の役割だろうと思います。そして、一般市民の世論に対する向き合い方・対話力を涵養するのも後期教養教育の課題の一つだと思います。

なお、プラトンに始まるポピュリズム(大衆迎合主義)批判は、アメリカのジャーナリストであったウォルター・リップマンの『世論』(1922年)にまで受け継がれています。この本は、政治家などによって操作されがちな世論に向けて「欺かれるな」という批判的メッセージを発しています。世論を形成する人々は、しばしばメディアがつくり出すステレオタイプや疑似環境に操作され、まさにプラトンが言ったように、洞窟に映った影を真実だと思い込んでしまうのです。

一方、哲学者のデューイは著書『公衆とその諸問題』(1927年)の中で、大きなコミュニティのネットワークとして民主主義を蘇生させるヴィジョンを提示しました。このヴィジョンは、今日のウェブ・コミュニティで活用される可能性を含んでいます。ですから、インターネット教育が小学校・中学校の「道徳」や高校の「公共」の授業で行われ、きちんとした政治意識を生徒の間に涵養することが、今後ますます重要になるでしょう。

第6章 「役に立つ」とはどういうことか？
——モンゴルで見つけた「スローサイエンス」の力

小長谷有紀

大学共同利用機関法人人間文化研究機構理事
1957年生まれ。1981年京都大学文学部史学科卒業。同大学院博士課程満期退学。京都大学文学部助手、国立民族学博物館助手、同助教授を経て、2003年同民族社会学部教授、2009年より同民族研究社会学部部長を併任。2005年より総合研究大学院大学地域文化学専攻長を併任（2007年まで）。2014年4月より現職。専門は文化人類学、文化地理学、モンゴル・中央アジアの遊牧文化。主な著作に、『モンゴルの二十世紀——社会主義を生きた人びとの証言』（中央公論新社、2004年）、『世界の食文化（3）モンゴル』（農山漁村文化協会発行、2005年）。2007年モンゴル国ナイラムダルメダル（友好勲章）、2013年紫綬褒章受賞。

黒田　第Ⅱ部の最後は、フィールドワークに飛び出します。前2章では歴史的アプローチから自然科学と人文・社会科学とのダイナミックな相剋を捉えてきましたが、ここでいよいよ文理協働の「実践編」に入ろうという趣向です。小長谷先生は、モンゴルの大平原を縦横無尽に駆け回る強者で、文化人類学を基盤としながら文理協働型のプロジェクトにも数多く携わってきました。

本章では、日ごろ皆さんを取り囲んでいる「短期成果主義」から離れ、小長谷先生と一緒に評価の視点を過去へ未来へ、西へ東へと羽ばたかせ、凝り固まった価値観を大きく揺さぶりながら、「有用である」とはどういうことかを、より広く深く考えてみてください。そうすれば、文理協働型プロジェクトの同志となる資格を手に入れることができるはずです。

はじめに

私は文化人類学を専門としていますが、一口に「文化人類学」と言っても実に幅広いターゲットを持っていますし、私が人文学全体を担うのはいささか荷が重いようにも思います。そこで、本章では私個人の経験を紹介しながら、「有用性」とは何か、また「スローサイエンス」としての人文学がこの社会に対してどのように貢献しうるのか、皆さんと一緒に考える糸口を提供したいと思います。

1　有用性とは何か?

◆人文学は科学か?

一般に「人文学」は、「人文・社会科学」と中黒「・」でつないで文系の学問としてまとめられます。しかし、この表現は、よく考えると「人文」が「科学」にかかっているのかどうか判然としません。大学の学部・学科を見ても、一部では「人文科学」という名称を使っているところもありますが、現在のところ、あえて「人文学」と「科」を抜いている大学が多いようです。

そうした意味でも「人文学」というのは特異であり、はたして「社会に役立っているのか」と問われると、つい「わかりません」と、謙虚だか横柄だかわからないような答えをしてしまいます。

この人文学が、昨今の大学改革とも絡んで存在意義を問われているわけですが、「存在する価値がある」という点についてはさほど疑われていないようです。ただし、当面の社会的課題を解決するということになると、そのあたりが弱い学問でもあると思います。

◆価値のイノベーション

しかし、今見えている「社会の問題解決に資する」と言うとき、考えなくてはいけないのは、本当の問題は見えていないところにある、その背後に問題があることが多いという点です。そうした問題を見えるようにする、つまり背後にあるものを前景へ押し出すという「問題の前景化」も、人文学の大事な役割だと思います。

また、我々はよく「イノベーションは技術だけにあるのではなく、価値イノベーションも重要だ」と言います。「価値イノベーション」とは、イノベーションがどれだけの意義を持っているかという意味ではなく、「価値そのものの革新」を意味します。簡単に言うと、常識の転換、物事を考える枠組みを転換するという意味合いです。

たとえば、あるパンフレットに4人家族の絵が描いてあるとします。お父さん、お母さん、そして子どもが2人。これは私たちが一般的に思い描く家族像であり、ポスターでも広告でも、よく見かける構図です。しかし、統計に基づけば、4人家族はもはや日本の平均的な姿ではありません。私たちの抱く「常識」はしばしば過去に引きずられるという意味で慣性の法則が働いており、誰がが「違うよ」と言わないと、なかなか気づかないものです。社会の制度も同様で、人々の暮らしが変化し、制度が合わなくなっていても、誰かが「変わったよ」と声を上げなければ転換できないのです。そのようなとき、「人文学」は大いに役立つと思うのですが、なかなか自らをアピールできていないようです。

2　人文学は有用か？——自分を検証してみると

こう言うと、「じゃあ、お前はどうなんだ」と言われそうですね。モンゴルをフィールドとする文化人類学者は、はたして社会の役に立っているのか？　どこまで胸を張れるかわかりませんが、問題点を探る意味も込めて、ここで自分の研究を振り返ることにします。とくに、私の専門は本書のなかでもかなり「スロー」な部類のようですので、「スローサイエンス代表」として、その特徴と意義を主張したいと思います。

◆30年間の熟成？

まずは私が30年以上前に発表した論文を引っ張り出してみます。これは私のモンゴル留学中に書いたもので、タイトルは「オトルノート——モンゴルの移動牧畜をめぐって」（『人文地理』1983年）です。「オトル」とは出張方式の放牧のことで、男手だけが放牧をしながら移動し、女子どもや年寄りは一定の場所にとどまるというものです。

論文の趣旨は、もともとモンゴルには自然災害などから逃げるための移動習慣が伝統的にあって、その移動ノウハウを新しい制度として使うようになってきたというものでした。社会が近代化する過程では学校をはじめさまざまな施設がつくられるので、生活が定住化します。しかし、生業の放牧を行うためには移動が必要なので、いわば男手だけが出張形式で移動するようになり、すると家族全員を伴うよりも広い範囲へかつ頻繁に移動できるようになります。つまり、生活と生業を分離することで、社会全体としては定着化が進行しつつ、生業では今まで以上に移動が活発になるのです。そのような形で、伝統的な方法がうまく利用されているという説を主張しました。

しかし、この論文、発表当時はただ珍しがられただけで、「だから、どうだ」とは誰もフォローしない、フォローアップゼロの研究でした。ところが30年後の現在、これが意外にも国際開発研究の分野で引用されています。「キター！」という感じですね（笑）。たとえば、環境省の砂漠化対策プログラムでこうした移動の仕方が注目されており、その審議会で報告者たちが「オトル」というモンゴル語をごく普通に使っているのです。

◆インパクト係数VS熟成係数

こうした反応は、インパクト係数ではなく、熟成係数と呼ぶべきではないでしょうか。「ウイスキーだったらよかったのに」と思います（笑）。評価はずっと後からやってくる。まさに「スローサイエンス」ですが、こうした現象は人文学ではよくあることです。後から振り返れば、このテーマを選んだことに先見の明があったとも言えるのでしょうが、現在行っている研究が将来にどのような価値を持つか、その評価は予測できないのが普通です。

したがって、ピアレビューについても注意すべき点があります。ピアレビューは、その論文の価値評価のように見なされがちですが、単に論証の方法が一定の手続きを踏んでいるとか、ルールに則っているかといった面での質的保証にすぎないのであって、その論文の価値は、その時点ではわかりません。価値は、いつ生まれるかわからないのです。むしろ、その時点での評価者にはわからない価値を持っているからこそ、価値があると言いたいくらいです。

なお、なぜ今ごろ流行するのかという理由を探ると、それがまた新たな研究のきっかけにもなります。先ほどの「オトル」の例ですと、社会主義時代の開発と現在行われている開発が、ある意味で同義だから注目されました。かつては社会主義イデオロギーに基づくソ連の介入によって開発されましたが、現在は市場経済へ移行し、国際的に経済利益を求める国家・企業が参入して開発しています。両時代の間でイデオロギーは違っても、国際社会による開発という点では同じであるため、古い論文の価値があらためて見出されたのです。視点を変えることで、古い論文に新たな価値を与えている現代社会の特徴が、あらためて見えてくるという再帰的な関係が浮き上がってきます。

◆学界の評価と業界の評価

次に取り上げるのは、「モンゴルにおける乳製品の製法体系」（『季刊人類学』1984年）という修士課程時代に書いた論文です。ここでは、乳製品の系統分類を示したうえで、モンゴル語の表現を整理しました。モンゴル語は母音調和のある言語で、ある一定の工程は一つの共通する母音を与えられています。最初の脱脂工程ではウーという母音を使い、どんどん酸っぱくなって、もの凄く酸っぱい製品になったところは、徹底してアーという母音を使う。乳加工の整理だけではなく、母音と乳加工の関係を推理し、解釈しておきました。

私としてはこの解釈の独自性をアピールしたかったのですが、乳製品業界にとっては名称などどうでもよく、乳加工系列そのものに興味を持たれて、その後、複数の乳業会社に頼まれて一緒に調査へ行ったり、本を出版したりしました。繰り返し調査機会を得られましたので、論文を何度もバージョンアップしています。また、産業界とコラボレートできたので、乳加工研究のために科研費をもらう必要もありませんでした。

一方、命名ルールの解釈はまったく評価されませんでした。論文が掲載された学術誌には査読者2名のコメントがつき、寸評も公開されましたが、そこでは酷評されています。曰く、「スズメとツバメではメが共通するからと言って、メが鳥だとは言えない」と。原理がまったく違うのに、そんなふうに批判されて落胆しました。この独自の解釈についてはそもそも検証不能なため、学界の後継者たちはこの論文をあまり参照しませんが、業界では詳細な事実を合理的に理解する枠組みの提示という点で現在でも十分に通用しており、長くお役に立っているようです。

◆最先端とは何か？

結局のところ、ある研究が盛んに引用されたり注目されたりするのは、その時代、その社会がそれに価値を見出すからにすぎません。同じものであっても、時代や社会が変わるにつれ価値が生まれたり消えたりするわけです。

そう考えると、独自性を持つあらゆる研究が最先端になる可能性を秘めていて、いつ最先端になるかを予測するのはかなり難しいことに気づきます。幸い、私のようなテーマの場合は、自分が生きている間に役立った瞬間と出会えましたが、研究者の死後に評価される研究だっていくらでもあります。

人文系諸学問の研究を評価する際には、こうしたスローサイエンスの特徴をあらかじめ取り込んだ仕組みが必要ではないでしょうか。さもないと、長期的な視野に基づく学術の舵とりを誤る可能性があると危惧します。

◆100年後の人類へ記録を遺す

今度は、これまでの事例と逆のタイプを紹介しましょう。『モンゴル国における20世紀——社会主義を生きた人びとの証言』（国立民族学博物館調査報告（41）、2003年）はモンゴルの社会主義国家建設に携わった政治家の証言録をまとめた口述史プロジェクトです。

私がこの調査を行った動機は、冷戦崩壊後、モンゴルでも他の旧社会主義諸国と同様に社会が混乱し、過去の価値をすべて否定するような状況になっていたので、当時の状況と思想をサルベージしておきたかったということです。当事者たちは、未来をつくり、食べていかなくてはいけないので、過去の歴史にかまっていられません。そこで、私たち第三者が調査しておけば、100年後に「こんな記録を残しておいてくれてよかった」と、未来の人たちが必ず評価してくれるだろうと思って取り組みました。

私自身は60人ぐらいの聞き取りをしましたが、ケンブリッジ大学は500人規模でプロジェクトを動かしました。また、東京大学や筑波大学が中心となって、中央アジア全体で同様の調査をしています。ちなみに、評価は100年後でよいと思っていましたが、意外にも発表直後から評価され、現在は現地でも社会全体の運動になっている感があります。

◆国際発信の重要性

この研究は原語でまとめたので、モンゴル人の間ではよく知られています。また、カスピ海の向こう、エリスタで開催された国際会議で、「日本人でこんな仕事をしているのがいる。知っているか」と尋ねられ、「それは私です」と答えて自慢しました（笑）。実は、17世紀にカスピ海の向こうへ移動したモンゴル人がいて、ほぼ溶8世紀に帰ってきましたが、ヴォルガ川の凍結が解けて渡れなかった人たちが現地に残っています。この研究は、その人たちの間でも評価されていたのでした。さらに、英語で抄訳版を出したところ、他分野の著名な学者から「他にどんなことをしているのか」という問い合わせを受けました。

モンゴル語のままテキストとして整理して現地に還元し、日本語に訳して社会還元したうえで、最後に英語にして国際的に発信したわけですが、やはり、英語で出すと反応が一気に広がります。人文系の研究業績はどんなに過去のものであっても、いつでも最先端になりうるので、日本の貴重な研究資源とみなし、これらに英文3点セット（タイトル、キーワード、アブストラクト）を付すという国際発信が行われるべきでしょう。

もう一度強調しますが、人文学には記録して残すことそのものにも価値があります。世界遺産という言い方がありますけれども、人類の文化資産を営々と積み上げていく行為自体に価値があります。人文学の多くは、社会のモニタリングをしていて、その記録は人類の文化資産を残している、という価値の可視化も重視すべきでしょう。

3 牧畜業から文化が見える

せっかくの機会ですので、モンゴルの文化を感じ取れる、まさに文化人類学のフィールドワークらしい研究も紹介しましょう。まずは「母子関係介入からみたモンゴルの生態」（佐々木高明編著『農耕の技術と文化』集英社、1993年）を中心に、モンゴルの牧畜業における搾乳の特徴とその文化的背景を説明します。

◆搾乳の起源を探る

牧畜には搾乳と去勢という2大発明があります。狩猟しかなかった時代には、動物を殺して利用するだけでしたが、搾乳が始まると殺さないで乳を利用する、つまり人類史上初めて動物との共生関係が生まれたわけです。搾乳の発明は、人類史における画期的な出来事なのです。去勢もまた、最終的には食べてしまいますが、殺さずに育てて活用することができるので、人類の活動を大きく変えました。

ただし、その搾乳がどのように始まったかは、考古学的に遺物としては残らないので、民族考古学あるいは民族動物行動学の視点から、現在の人々の具体的な動物との交渉を見ながら推測していく必要があります。

図表6－1は1年の牧畜作業暦です。5月ごろから搾乳が始まりますが、搾乳がどうやって始まったかを推測するには、搾乳期だけ見ていては遅いのです。私は、搾乳の前に人々が何をしているかを見てこそ、搾乳の始まりがわかるのではないかと考え、春に焦点を当てて、出産シーズンの調査に行きました。

私の調査では、夜間に宿営地で出産されるケースが約6割、昼間に放牧地で生まれるケースが4割程度でした。放牧地で生まれた場合は人が子畜を抱きかかえて宿営地に連れて帰ります。すると母も子について一緒に帰ってきます。初産の羊はときどき自分の子をよく理解できず、ついてこない場合もありますが、そんなときは「これはおまえの産んだ子でしょう」と乳飲み子のにおいを嗅がせて、引っ張っていきます。

それでも、ときにはにおいがまぎれたりして我が子を認知できない場合があります。「みなしご」（孤児）の発生です。双子や初産の場合に、こういうトラブルがよく起こります。では、そんなとき

図表6－1　1年の牧畜作業暦

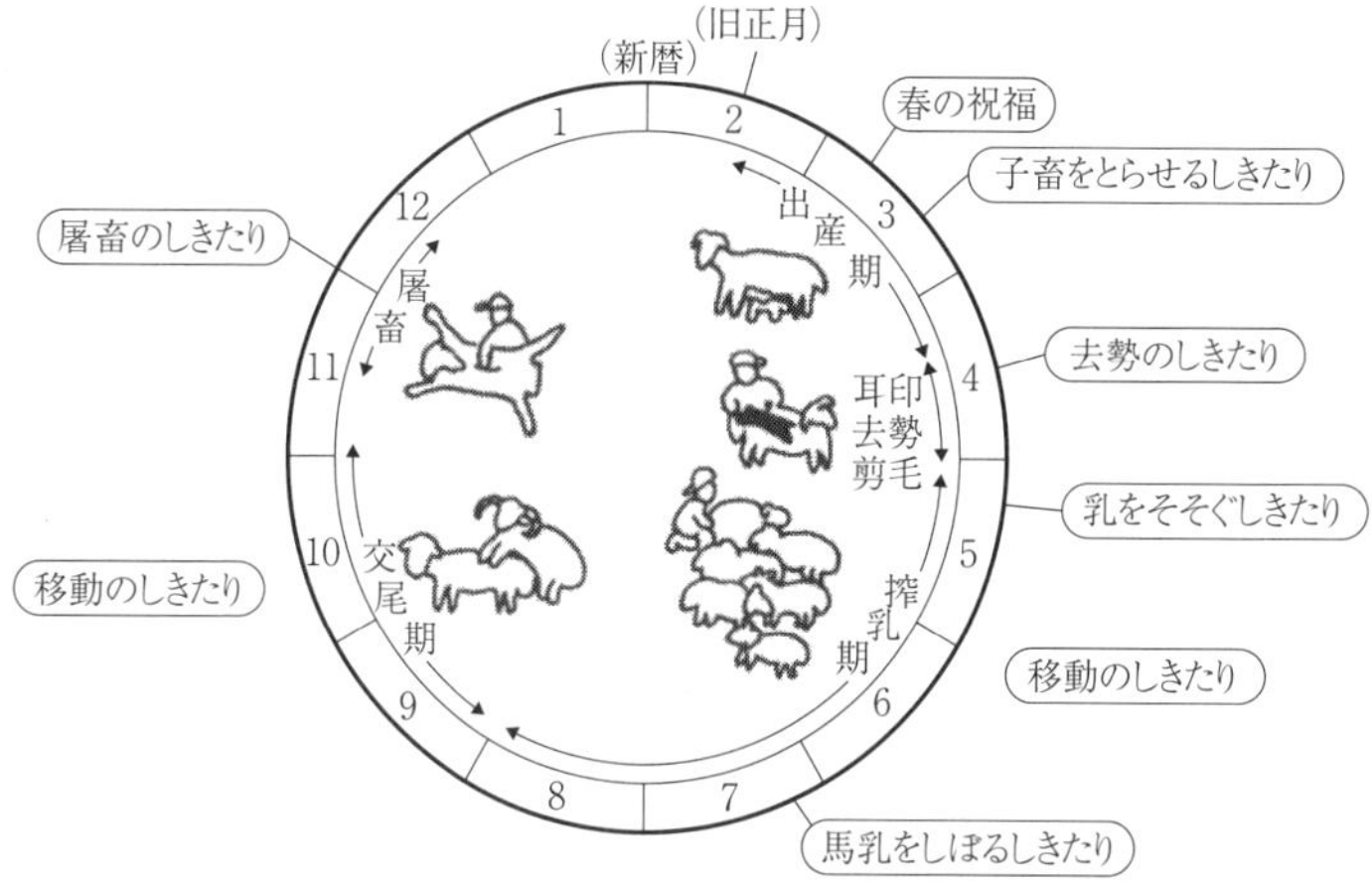

にはどうすればよいか？

最も簡単な方法は哺乳瓶で育てることですが、困ったことに、人が育てると人間好きになってしまいます。群れから逸脱して人付けされてしまうわけです。群れにいれば敵から守られますが、自分でちょろちょろ動くとキツネやカラスに狙われます。

そこで、彼らは他の羊から「もらい乳」をするのですが、これが実に巧妙です。彼らは母羊の鼻先を自身の子羊に近づけてにおいを嗅がせ、みなしご羊のにおいを嗅がせないようにします。そして、顔を背けているうちに、反対側からみなしご羊にもらい乳をさせるのです（図表6－2）。

さて、なぜこのような話を紹介するかというと、実は、私はこれが搾乳の始まりだろうと考えているからです。そもそもはみなしご羊を育てるために編み出された知恵でしょうが、ここから子羊を取り除けば、人間が乳をとれます。このようにして「搾乳」という技術が開発されたのではないかと推測するわけです。

図表6－2　もらい乳をするみなしご羊

写真：著者撮影。

では、ここで本題に戻り、こうした推測が何かの役に立つかと言うと……、実は疑問です。人類にとって搾乳はとても意味があるのですが、その起源を知ると何か得をするのか。

人類の食料はもともと食べられるために存在してきたわけではなく、乳だけが唯一食べ物として存在してきました。その唯一無二の存在を、生物種を超えて利用するに至った出発点で、実は飲みたいと思って開発したのではなく、育てるために開発したことの応用なのだとしたら、人類史としてちょっと素敵なことですね。そんなふうに、人が脳内で豊かになるために知見を提供することはできます。それをもって「社会に有益だ」と主張することもできますが、そう主張した途端に、なんだか値打ちが下がるような気もします。

一方、モンゴルに行って集中講義でこの話をすると、非常にウケます。彼らにとってはどこにでもある普通の生活技術であり、それに対して学術的なまなざしを当てていることそのものが、彼らにとって意義深いようです。大げさに言えば、相手の文化に対する深い理解を日本人が開拓していることを示すわけですから、相互理解・平和構築という意味では非常に価値が高いことを理解していただければありがたいと思います。

図表6－3　家畜の雌雄比（20世紀初頭）

	成メス	子	成オス	雌雄比
ウマ	40	35	25	58：42
ラクダ	30	49	21	55：45
ウシ	45	40	15	65：35
ヒツジ	40	48	12	64：36

◆なぜモンゴルの家畜はオスが多いのか？

次は「モンゴル牧畜システムの特徴と変容」（日本地理学会、E-Journal、2007年）での解説論文で、家畜の雌雄比を調べて、その要因に解釈を与えたものです。ここで注目すべきは、群れにおけるオスとメスの割合です（図表6－3）。モンゴルでの統計によれば、メスが6割、オスは4割ぐらいです。これは世界的に見て、きわめて特異的な数値です。

というのも、世界の牧畜研究において、実はこうした雌雄比率はまず出てきません。なぜなら、ほとんどがメスなので、いちいち算出されないのです（図表6－4）。これに対し、モンゴルの場合は半分弱がオスです。モンゴルでは去勢オスを維持し、軍事経済のなかで移動・運搬手段として家畜を利用してきたからです。

モンゴル高原の社会的な特徴は、オアシス社会がないので、何キロ行っても売る相手がいないことです。何しろ、誰もが自分と同じ生業をしているわけですから。そして、夏の草原は植生に恵まれているので、去勢オスを維持するだけのえさが得られます。そこで、これら去勢オスを軍事用に活用するわけです。これは、去勢オス畜文化と名づけてもよい文化的特徴です。

こう考えると、モンゴルの草原は一見のんびりしていて、まさに「牧歌的」ですが、実は家畜は兵器であり、草原は軍需工場なのです。世界的に見て例の

図表6－4　牧畜経営の３つのタイプ

地域	家畜の性別	商品化率	経営戦略
アフリカ	ほとんどメス	自給的	生存経済
西アジア	主としてメス	商品化	商品経済
モンゴル	メスと 去勢オス	自給的	軍事経済

ないほど大量のオスを育て、軍事資源としています。これが牧畜の世界でのモンゴルの大きな特徴なのです。

◆去勢畜比率＝市場化率

こうした特徴は、実はモンゴル経済を分析するうえでも重要な示唆を与えてくれます。去勢オスが維持されるかどうかは、その取引市場がどれだけあるかということと強い相関関係を持ちますので、去勢畜比率を知ることは、市場経済がどれだけ浸透しているかを測る代替指標になりうるのです。

たとえば、図表6－5は牛のメス率を地域別に測ったものです。首都の中心部でメスの比率が高いということは、オスを売っているということです。だから、メス比率が高ければ、市場化率が高いと言えます。

このように、文化人類学的知見を短期的・直接的に他分野で活用することも可能なケースがあります。ただし、歴史的特徴を発見したことが重要であるにもかかわらず、あまりに短絡的な有用性を追求すると、より深い意義を見失うことになりはしないかと心配にもなります。皆さんはどう思われるでしょうか。

◆儀礼に表れる世界観

次は『モンゴル草原の生活世界』（朝日選書、１９９６年）から、牧畜にまつ

図表6－5　地域格差（ウシのメス率）

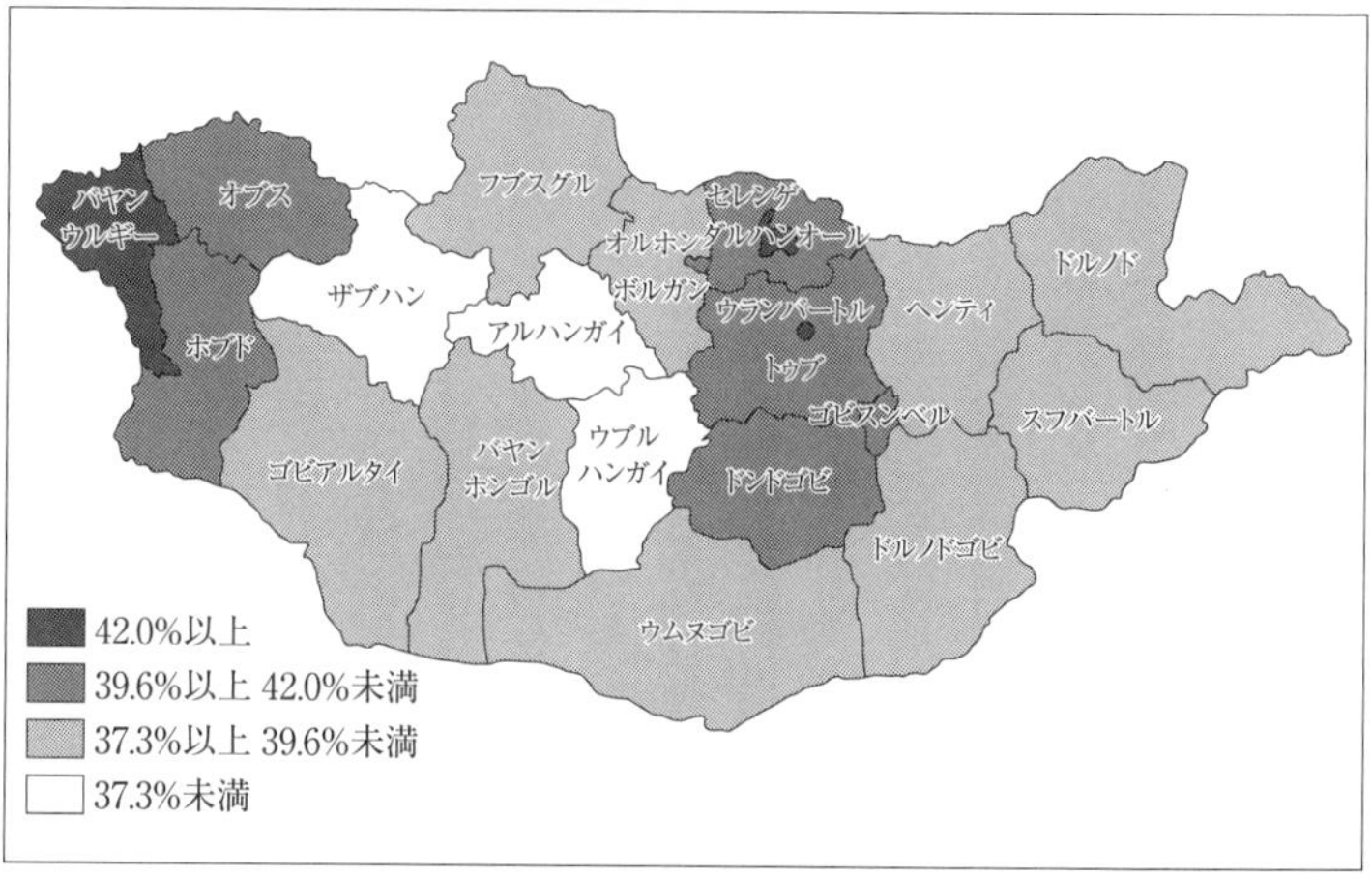

わる儀礼について紹介します。このような儀礼に注目するのは、文化人類学の大きな特徴と言えるでしょう。私は、去勢・搾乳・屠殺（屠畜）を牧畜の三大儀礼と呼ぶことにしました。ここから彼らの世界観や自然観をあぶり出そうという研究です。

図表6－6は搾乳儀礼の特徴をモンゴルとヨーロッパで比較したものです。搾乳を契機にする点はヨーロッパも同じですが、ヨーロッパの搾乳儀礼では、搾乳のスピードを競ったり、それを女性にかけて「妊娠しますように」と祈ったりします。一方のモンゴルでは、初めて出産した個体を祝うという特徴が一貫しており、あくまで家畜にとっての通過儀礼になります。通過儀礼とは、フェーズが変わるときは危険があるので、無事に通過させるための認識的措置です。モンゴルの場合、家畜の一生を見据えて通過儀礼を施していると言えます。

次に、去勢儀礼です。去勢は手術で危険を伴いますから、無事に過ごせるようにする処方箋です。モンゴ

図表6－6　搾乳儀礼の比較

モンゴル	ヨーロッパ
搾乳を契機	搾乳を契機
雌畜の成熟を祝う	雌畜の増乳を願う
家畜の増殖を願う	人の妊娠を願う

ルでは、その際、家畜に棒を跨がせるのですが、これは結婚式と同じです。結婚式では、新婦が新郎の家に嫁いでいきますが、そのときに意地悪な質問をされます。たとえば、「川を渡れる鉄の靴を持ってきたか」とか、「鳥の卵でつくったチーズを持ってきたか」とか。しかし、ありえない注文を言われることで、実は救われているのです。もしこれが「持参金はいくらだ」と言われたら生々しくなってしまいますが、とんでもない注文をされるので、儀礼的な拒否にすぎないことがわかります。そんな名目的な意地悪をした後に棒を越えさせ、そこからは家族の一員として認めるというルールを決め、実態的な意地悪はしないことにするのです。

こうして、「棒」という家の結界の象徴を家畜に跨がせることで、まさに「家畜にする（domestication）」ことを証明する儀礼的な境になっている、と言えるでしょう。また、新婦が越えるときと去勢畜が越えるときとで、「家のものになる」という点が共通していることから、去勢畜は人間界に取り込まれていると言えます。それは結局、乳や肉の利用はあくまでも自然界から借用しているだけで、本当に人間界に「取り込んだ」のは去勢畜だけだと理解してよいのではないかと考えられます。

最後に屠畜を取り上げます。屠畜の儀礼には2種類あります（図表6－7）。自分たち人間が食べるために一定の時期に殺すのと、たとえば誰かの病気を治すた

図表6－7　2つの屠殺儀礼

	必要部位	対象
儀礼的屠殺 (特別行事)	Zuld (一連の内臓)	祖先 シャーマン
恒例屠殺の儀礼 (年中行事)	Aman khuzuu (第一頚骨)	食用牛

めにお祓いをするようなときに行う屠畜です。

その2種類の儀礼で興味深いのは、儀礼の際の屠畜は、野生動物のお葬式の仕方をまねることです。本当は野生動物ではないのですが、あたかも野生であったかのように、木にかけたりします。つまり、神様に捧げる動物は（価値の低い）家畜ではなく、（より尊い）野生動物であるかのように価値を高めて神様に示すのです。一方、自分で食べるときは、たとえばトナカイのような野生動物であっても、「これは山の牛です」と言い張って食べます。

そもそも彼らの宗教観では、神様は人ではなく野生動物の姿をしており、人間は食物連鎖の最後にいるという序列があったと考えられます。そのため、人間のほうへ引き寄せるときには、野生動物であっても価値を下げて「家畜です」と言って食べ、神様に捧げるときは、家畜であっても「野生動物です」というように価値を操作しているのです。

もう一つ特徴的なのは、殺す場合でも「死んだ」と言い張る文化的虚構があることです。たとえば「のどに草が詰まって死んだ」と言って食べるわけです。これはシベリアの狩猟民も同じで、熊を殺しても「熊が弾に当たってきた」「ロシア人が殺した」などと、嘘を言わなくてはならない決まりです。

そうした嘘によって、意図的に殺したのではなく、偶然に死んだことになり、自然界のリプロデュース・サイクルの中に埋め込むことができます。人間の手前勝手な発想ですが、「飢えているから殺してよい」という論理とは違います。どんな勝手な理屈を考えるかというところに、その集団の世界観や自然観といった文化的特徴が現れてきます。

こうした特徴から考えると、モンゴルにおける家畜の利用は、殺して食べるときは、あくまでも自然界からの借用であり、他方、去勢して利用する（家畜化する）ときだけが自分のものになるという感覚があるのではないかと考えています。

◆異文化への親善大使として

以上、私が行ってきたフィールドワークを紹介しました。これが「有用」かどうかは皆さんのご判断次第ですが、社会に「役立つ」かどうかを判断することは、その社会に何が必要かを考え抜くことと同じです。ゆっくりじっくり検討していただければ幸いです。

とくに人文学の研究対象は人間社会ですので、その相手の社会に対する相互交渉があり、相手への「リスペクト」が考察の基盤にあります。大げさだと思われるかもしれませんが、研究に伴う相互交渉という行為自体が、いわば親善大使のような働きをすることを理解していただきたいと思います。もちろん、自文化でも同様です。研究という営みが社会との相互交渉であり、社会の抱える課題を浮き彫りにしたり、解決を考えたりすること自体が、社会にとって一種の潤滑油になるのではないでしょうか。それゆえに、研究倫理が問われることにもなります。

4　トランス・サイエンスにおける人文学

さて、本書では「トランス・サイエンス」すなわち「科学に問うことはできるが、科学だけでは答えを出せない」社会問題の解決を強く意識しています。そこで最後に、私が経験した文理の協働研究を踏まえ、人文学が他の研究分野へどのように貢献しうるのか、その一例を示したいと思います。

◆現場を学際的に共有する

私が運営に参画している総合地球環境学研究所では、さまざまな文理協働型プロジェクトが動いています。その一つとして、私は水文学者や植物学者とチームを組んでモンゴルへ調査に行ったことがあります。このプロジェクトの共通課題は、遊牧（移動性の高い牧畜）の持つ合理性や草原の持続性を実証的に考察することでした。その中で水門学者は砂漠における地下水のふるまいについて、植物学者は原植生の推測や植生の回復度比較などでそれぞれ優れた論文を書き、博士の学位を取得しました。

その際、私は彼らに同行して現地の証言を収集し、彼らが得意とする量的な計測を支援しました。たとえば、皆さんは砂漠のほうが地下水が浅く、少し掘ったらすぐ水が出ることをご存知でしょうか。調査スタッフにとっては掘らなければわからない事実ですが、私が人々から聞き取り調査をすることで、「このおばあさんは、砂漠のほうが水は近いと言っていますよ」と伝えることができます。現地の人々が持つ伝統的な知識をスタッフにフィードバックし、それを現場で確かめることができたわけです。調査現場を学際的に共有することで、自然科学者の仕事が立体化したと言えないでしょうか。

◆決め手はプロジェクト形成

この「現場の共有」はプロジェクトの実践面・運営面に関するものですが、全体のマネジメントとして見ると、私は次の3点が重要だと考えています。

第一点は、「目標を共有する」こと。当たり前だと思われるかもしれませんが、今の大型科研費の審査方法はいきなり採択・非採択であって、プロジェクトの中身を詳細に統合していくための、お見合いのようなプロセスが含まれていません。

私が提案したいのは、時間をかけてプロジェクトをつくるということです。具体的には、「応募メンバーで議論する」ということで、これが第二点目です。応募した人はある種の同志ですから、自分たちのリソースやツールを持ち寄って対話できるだけの精神を持った方たちだと思います。ですから、そうした方々同士で議論して、じっくりとチームを編成するのです。

そして第三に、各チーム・個人でより具体的な小課題を引き受けていきます。このようにして、プロジェクトの共通目標から個人の小課題までを丁寧に結びつけなければ、本当の意味での融合は難しいのではないかと思っています。

おわりに――未来への宿題

本章の締めくくりに、未来のイノベーターたる皆さんへ、例題を3問出しておきます。いずれも文理融合型の研究プロジェクトを組める課題です。皆さんなら、どのような新しいアプローチを考えられるでしょうか？

〈例題〉

1　宇宙の始まり
2　業績評価
3　家族の実態

〈ヒント〉

1　「宇宙の始まり」に関する研究は、天文学の最先端ですが、世界各地の創生神話を扱うこともできます。天文学から見て「人は星のかけら」なのですから、「人は土からつくられた」という物語とは通底します。人類の想像力に関する研究でもあるでしょう。卑近な社会的効用を越えた、学際的な研究です。

2　今日、まさに困っていることの研究ですね。そもそも、日本人の最も不得意とするのが「評価」という営みではないかと思います。和をもって尊しとしてきた社会が最も苦手とする活動を業務として遂行しなければならない現代において、伝統的な日本社会の良い点も生かしながらどのように評価すればよいのでしょうか。「業績」にとどまらず、「評価」あるいは「評価する」という行為の研究は、非常に大きなテーマだと思います。

3　これは、人類のモニタリング事業です。今、家族はどうなっているのか。高齢社会という今まで人類が経験したことのない時代に入るわけですから、まったく新しい家族観や家族のあり方が生まれてもおかしくありません。この壮大なモニタリング事業にならば、志の高い研究者たちを結集する価値があるのではないかと思います。

最後は、夢を言わせていただきました。ありがとうございました。

第Ⅲ部　創造せよ

第7章 大切なのは価値のイノベーション——経済成長の仕組みとブランド力

吉川　洋

東京大学大学院経済学研究科教授（現・立正大学経済学部教授、東京大学名誉教授）
1951年生まれ。1974年東京大学経済学部経済学科卒業、1978年イェール大学大学院博士課程修了（Ph.D. イェール大学）、1988年東京大学経済学部助教授、1992年同教授。2009年－11年東京大学大学院経済学研究科長・東京大学経済学部長、2016年4月より現職。経済財政諮問会議民間議員（2001～06年および2008～09年）、社会保障国民会議座長（2008年）、2010年より財政制度等審議会会長。
主な著書に、『転換期の日本経済』（岩波書店、1999年、読売・吉野作造賞）、『マクロ経済学』（岩波書店、第4版、2017年）、『いまこそ、ケインズとシュンペーターに学べ——有効需要とイノベーションの経済学』（ダイヤモンド社、2009年）、『デフレーション——〝日本の慢性病〟の全貌を解明する』（日本経済新聞出版社、2013年）、『人口と日本経済——長寿・イノベーション・経済成長』（中公新書、2016年）。

黒田　第Ⅲ部では、「イノベーション」について、さまざまな角度から考えていきたいと思います。前章で小長谷先生から「技術だけでなく、価値イノベーションが大事」というお話がありました。本章では、「イノベーションとは何か」、そして「なぜ価値のイノベーションが大切なのか」について、吉川先生に詳しく解説していただきます。

吉川先生は、日本を代表する経済学者として国際的に活躍される一方、政府の経済政策や社会保障制度改革にも深くかかわり、日本経済の活性化・健全化に取り組んでこられました。吉川先生のお話から、これからの日本が創出すべき科学技術の方向を探っていきたいと思います。

はじめに

かれこれ20年ほど前、東京大学本部の会議を終え、理系学部の先生と二人で帰路に着いたときのことです。その先生が「経済というのは不思議なものですね。運動エネルギー、位置エネルギー、熱エネルギーなどを、全部合算して考えればエネルギーは不変なのに、GDPは増えていくという……」とおっしゃいました。経済学者仲間の議論では決して出ることのない質問です。些細な話ではありますが、文理を越えた対話は、ふとした拍子に目を啓いてくれるものだなと感心したことを覚えています。

さて、この問いに対する答えですが、なぜ増えるかと言えば、経済の価値とは私たち人間の「主観的な価値」だからです。GDPであれ商品の価格であれ、甚だ人間本位の、人間中心の点数づけです。これが経済社会における「価値」というものです。

本章では、この「主観」と「価値」をキーワードとして、今後の日本経済の成長に不可欠な「イノベーション」について考えていこうと思います。しかし、「日本経済」などと言うと小難しい話を連想して気分が暗くなる人もいるようですから、まずは食べ物の話題を一つ……。

1　経済的「価値」とは何か？

◆ファストフードvsスローフード――「効用」が高いのはどちら？

人気が続く「スローフード」、テレビや雑誌でもよく特集が組まれていますね。いつでもどこでも安くて手軽に食べられる「ファストフード」に対して、地域の産物や健康によいものをゆっくり味わって食べようという、イタリア生まれの運動です。

では、皆さんはファストフード派ですか、それともスローフード派？　「ランチは手軽に済ませたい」「安いのが一番」という人、「地産地消にこだわりたい」「食べるだけじゃない、時間の過ごし方が大事」という人、もちろん「ケースバイケース」という人もいるでしょう。まさに、それが「主観で価値が決まる」ということです。同じものでも人によって便利に思えたり思えなかったり、また同じ人でも時と場合で満足度が変わります。

経済学では、このように人が感じる満足度や幸福感、便利さなどを総称して効用（utility）と呼びます。そして、人々は市場での取引を通じてより効用の高い商品・サービスを手に入れようとすると考えるのです。

◆効率は社会の悪者？

もう一つ、経済価値を考えるうえで重要な概念が「効率（efficiency）」です。ただし、こちらはどうも評判が悪いようです。日ごろ新聞・テレビのニュースを見ていると、「効率優先で鉄道事故が発生！」「効率化を追求するあまり食品偽装が！」などなど、効率は何か人々を苦しめる悪役のようです。しかし、これは大きな誤解です。

たとえば、皆さんは、「速い」電車が効率的で、「遅い」電車は効率が悪いと考えていませんか。しかし、早いけれども電気を大量に消費する電車と、速度では劣るものの電気消費量がきわめて少ない電車とを比べれば、その費用（電力消費量）と効果（便利さ）の度合いを比較して、遅い電車のほうが「効率がよい」と考えられるかもしれません。

つまり、一口に「効率」と言っても、何を費用と考え、何を効果（効用）と考えるかによって、「効率」の良し悪しも変わってくるということです。鉄道事故の例で言えば、費用を下げようとして安全性という効用まで下がってしまうと、効率は必ずしもよくなりません。やたらと客観的な数字を突きつけてくる「効率」も結局は相対的なもので、人間がその主観に基づいて点数をつけるのです。

◆付加価値を集計する——GDPの仕組み

さて、以上は主に消費者の視点から「価値」を考えたのですが、次に同じことを生産者の側から見てみましょう。ここで重要なのは、「付加価値（value added）」という概念です。人間の生産活動は、原材料を用い、そこに労働・資本が働きかけて変換し、製品を生み出します。その各生産段階の働き

図表7－1　国内総生産（GDP）の考え方

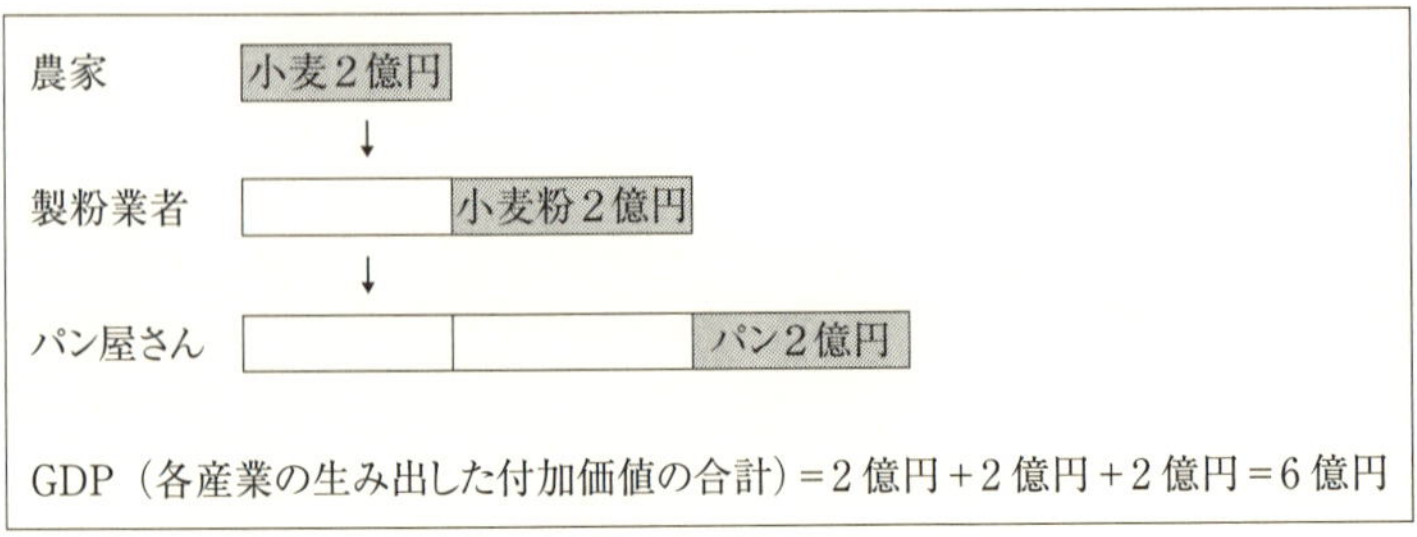

かけによって新しく付け加えられた価値が「付加価値」です。そして、一国内で行われた生産活動の付加価値をすべて足し合わせたものがGDP（国内総生産）となります。

たとえば、農家が小麦を生産し、合計2億円で製粉業者に売ったとします（図表7－1）。次に製粉業者が小麦を原材料にして小麦粉をつくり、合計4億円でパン屋さんに売ったとします。このとき、4億円のうち2億円分は農家が小麦を生産することで生み出した価値ですので、製粉業者が新たに生み出した価値は2億円です。次に、パン屋さんが小麦粉を捏《こ》ねて焼いてパンをつくり、消費者に売った合計額が6億円とすると、このうちパン屋さんが生み出した付加価値は2億円になります。こうして、各々が生み出した付加価値を合計したものがGDPで、この例では6億円になります。

このとき、パンを食べる消費者を「最終消費者」、その最終消費者に売られるパンを「最終生産物」と呼びますが、図からわかるように、各段階の付加価値を足していくというのは、最終生産物だけを計上することと同じになります。このケースで言えば、パンの販売額の中に、小麦・小麦粉を生産した価値が含まれているからです。

◆経済成長の本質は「満足」である

よく新聞やテレビで「日本経済は停滞している」と言われますが、これは多くの場合ＧＤＰの伸び悩みを指しています。そして結局のところ、ＧＤＰは人々の「欲しい」という気持ちを「満足」させた額、つまり効用の合計額です。したがって、人々が高い価値を認めるものを多く提供できれば、経済は成長することになります。しかし、「言うは易く行うは難し」。では、どうすればよいのか？ この難問を解く一つのカギが「イノベーション」なのです。

2 イノベーションと経済成長

◆シュンペーターと日本

「イノベーション」という言葉は、そもそもシュンペーター（Joseph Alois Schumpeter 1883–1950）という20世紀前半の著名な経済学者が使い始めた言葉です。彼はオーストリアの人ですが、第一次大戦後に大学教員となり、その後アメリカのハーバード大学で教鞭を執りました。

実はこのシュンペーター、日本とも縁の深い人物です。彼は１９３１（昭和６）年に来日し、東京大学の経済学部で講演を行っています。

また日本の農業経済学の先駆者であった東畑精一先生は、後に一橋大学の学長をされた中山伊知郎先生と一緒にドイツのボン大学で研究されていた時代、シュンペーターがボン大学の教授を務めていました。彼らはシュンペーターに非常にかわいがられ、シュンペーターの没後には、自身の遺言によって遺稿が東畑・中山両先生のところに送り届けられました。その遺稿は今でも日本にあります。

◆イノベーションの5類型

シュンペーターは、先進国の経済についてイノベーションこそがカギを握ると述べ、次の5つの類型を示しました。

・新しいモノやサービスをつくり出すこと。
・既存のモノのつくり方をドラスティックに変えること。
・エネルギーや原材料の新たな供給源を発見すること。
・新しい組織のあり方をつくり出すこと。
・新たな市場を開拓すること。

簡単に言えば、「これまでとは違う、新しいことをやる」ということです。資本主義経済ではイノベーションの主人公は民間企業の経営者ですが、それだけでなく役人でも、教育者でも、誰でもイノベーションの担い手（イノベーター）になりえますし、ありとあらゆるところでイノベーションは行われます。イノベーションによって経済の中身が常に変わっていき、その変化が先進国の経済成長の原動力なのだと、シュンペーターは力説しました。

図表7－2　産業構造の変化

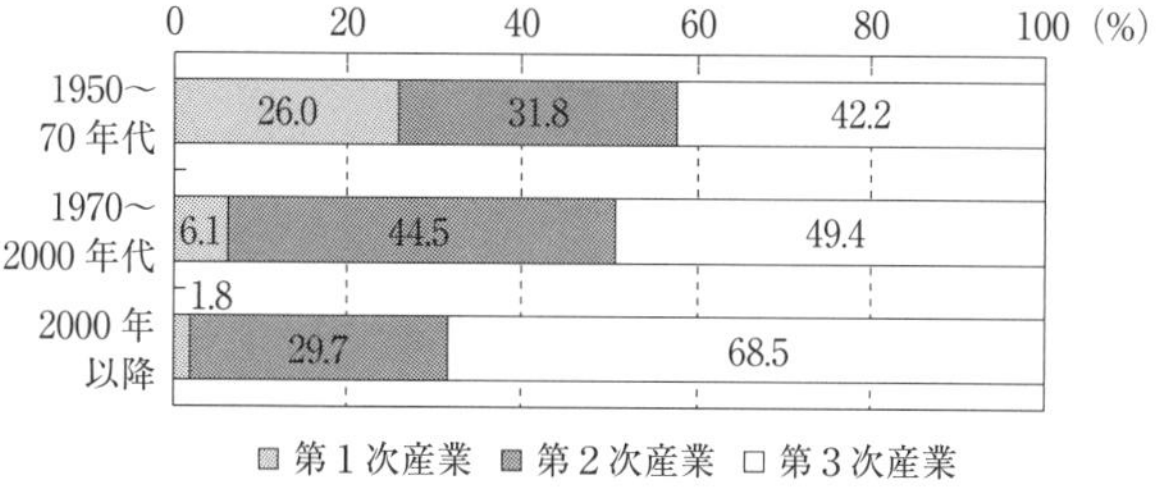

◆経済の中身が変わる？

　しかし、「経済の中身が変わる」とは、どういうことでしょうか？仮に今、日本に100種類のモノ・サービスがあり、モノ1が1単位、モノ2が2単位、モノ3が3単位……モノ100が100単位生産されているとします。ここで経済を2倍に成長させるためにはどうすればよいでしょうか？　すべてのモノの生産量を2倍にして、モノ1を2単位、モノ2を4単位、モノ3を6単位……モノ100を200単位……ということも、数字のうえでは考えられます。しかし、シュンペーターは、そうではないと言います。モノ1は60単位、モノ2は20単位、モノ3は0単位……モノ100は4単位という具合に、モノ・サービスの種類と生産量ががらがらと変わることによって経済は成長すると言うのです。

　図表7－2は日本の産業構造の変化を示しています（GDPベース）。産業には大きく分けて第一次産業（農林水産業）、第二次産業（製造業）、第三次産業（サービス業）がありますが、産業構造が変化するとは、たとえば各産業の生産額の割合が変化することを言います（産業構造は、このほか就業者数で比較することもあります）。

　図からは、1950～70年代においては製造業が、1970～2000年代はサービス業が大きく成長することによって日本経済を牽引していたことがわかります。このように、経済全体を均質なものとは考えず、各要素に分解して相互の結びつき方（つまり、構造）を調べると、経済の成長や停滞の実態をより正確に把握することができます。

同様に、各産業の中をさらに細かく分ければ、その内部でも大きな変化があったことがわかります。たとえば第二次産業を見ると、かつての日本では繊維部門がリーディング産業でしたが、やがて鉄鋼が牽引役となり、1955年の高度成長期を迎えました。当時はまだ、一般機械、電気機械、自動車、精密機械などは国際競争力がない産業と言われていました。ところが、1960年代末期から70年代にかけて、日本の機械産業が世界のトップを走るようになり、日本に成長をもたらします。

◆人口減少社会に明日はない？——大事なのは1人当たりGDP

ここで、人口問題にも触れておかなければなりません。日本経済を語るときの最大の悲観材料として挙げられるのが人口動態だからです。つまり、日本では人口が減っていくのだから、経済成長など無理だと言うのです。

私も、人口減少は大きな問題だと思います。何より、子どもを欲しいと願う人たちが安心して子を産み育てられる社会をつくることは、私たちが共通の目標として追求する価値のある、素晴らしい日本の将来像だと思います。その実現のために、政府は積極的な政策をとるべきですし、税金も投入すべきだと私は考えています。この点をはっきり述べたうえで申しますが、しかし、エビデンスに基づいて言えば、先進国の経済成長と人口動態とは別物なのです。

もちろん、人口減少は一国経済の成長にとってマイナス要因です。ただし、定量的に見ると、日本

図表7－3　日本の人口と経済成長（1870-1994年）

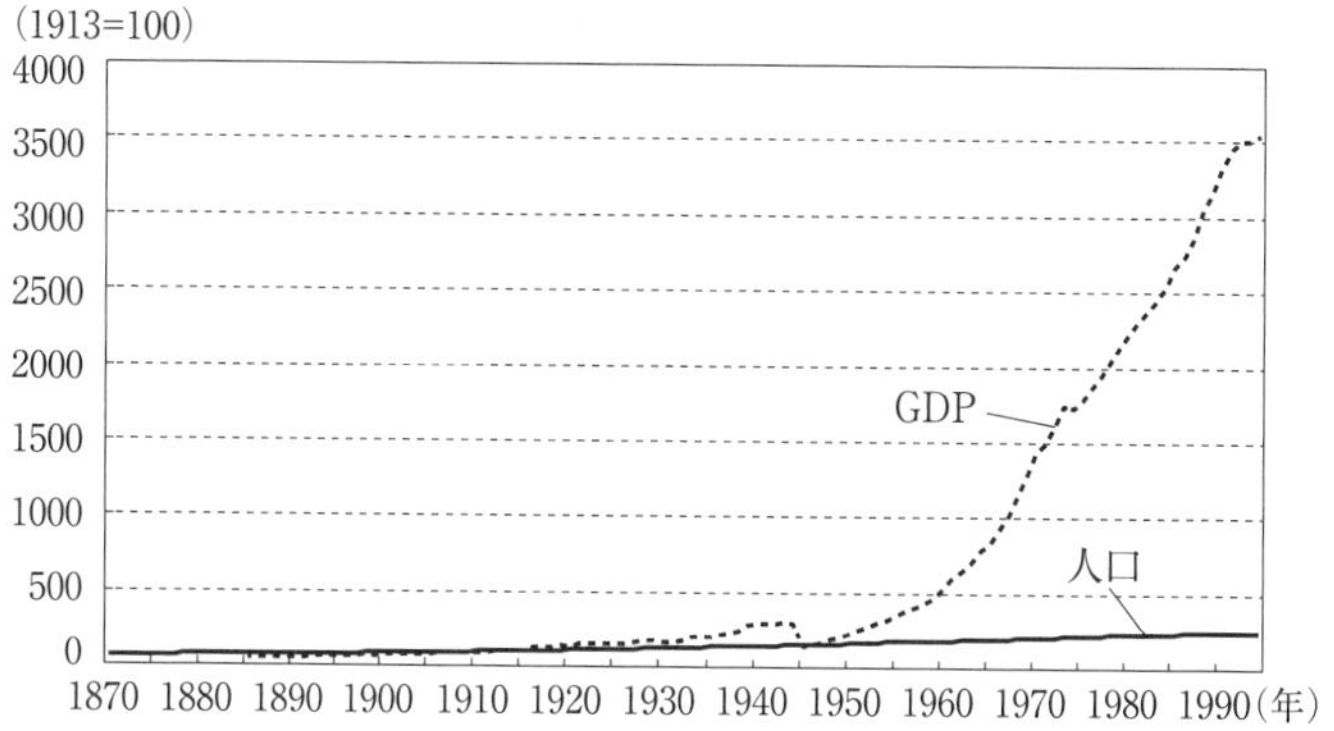

の経済成長に対して人口動態が説明する部分は非常に小さいのです。なぜなら、先進国に限って言えば、一国の経済成長は主として1人当たりの所得の上昇でもたらされるからです。

多くの人は、まずは生産者の側に立って、1人ひとりがシャベルやツルハシを持って道路工事をしているようなイメージで経済を捉えがちです。そして、100人で働いていたところが70人になれば、1人ひとりが少し頑張っても生産高は減るだろうと考えます。しかし、先進国の経済成長とは、そういうものではありません。

シュンペーターの名言に、「馬車を100台つないでも鉄道はできない」という言葉があります。ツルハシとシャベルを増やしたところで、もはや日本経済は成長しません。必要なのは、鉄道に相当するブルドーザーやクレーンなのです。そうした新たな工作機械が導入されれば、100人分の仕事が5人でできるかもしれません。

一つ、エビデンスをお見せしましょう。図表7－3は1870年から約120年間の日本の実質GDPと人口の推移をプロットしたもので、1913年を100として、そこからの変化

図表７－４　労働力人口と経済成長

	労働力人口	実質 GDP
1955 年	4,230（万人）	47.2（兆円）
70 年	5,170（万人）	187.9（兆円）
15 年間の平均成長率	1.0（%）	9.6（%）
1975 年	5,344（万人）	234.2（兆円）
90 年	6,414（万人）	436.1（兆円）
15 年間の平均成長率	1.0（%）	4.6（%）

注：実質 GDP は 1990 年価格。
出所：経済企画庁『国民経済計算年報』

率をとっています。実質ＧＤＰとは、先ほどのＧＤＰ（名目ＧＤＰと言います）から物価変動の影響を除いたもので、こうした歴史的統計では正味の成長率を比較することができます。

図の左側を見ると、人口の推移と経済成長率はほぼ並行していきます。一方、右側を見ると実質ＧＤＰは人口増加をはるかに上回るペースで上昇しています。さて、この２つの曲線のギャップは何か？

さらにもうひとつ、図表７－４を見てください。左側が労働力人口（15歳以上人口のうち、就業者と完全失業者を合わせた人口）、右側が実質ＧＤＰです。１９５６～70年のいわゆる高度成長期、労働力人口は年平均で約１％増加しました。一方、実質ＧＤＰは年率に換算して約10％も成長しています。高度成長が人口増加によるものではないことが、ここからもわかります。

そして、この差の正体が、一つは１人当たり所得の上昇であり、もう一つがイノベーションなのです。

◆資本装備率とイノベーション

１人当たりの所得の上昇を、経済学では「労働生産性」の上昇とも呼びます。では、労働生産性がなぜ上昇したかと言うと、決して

図表7－5　GDP伸び率の要因分解

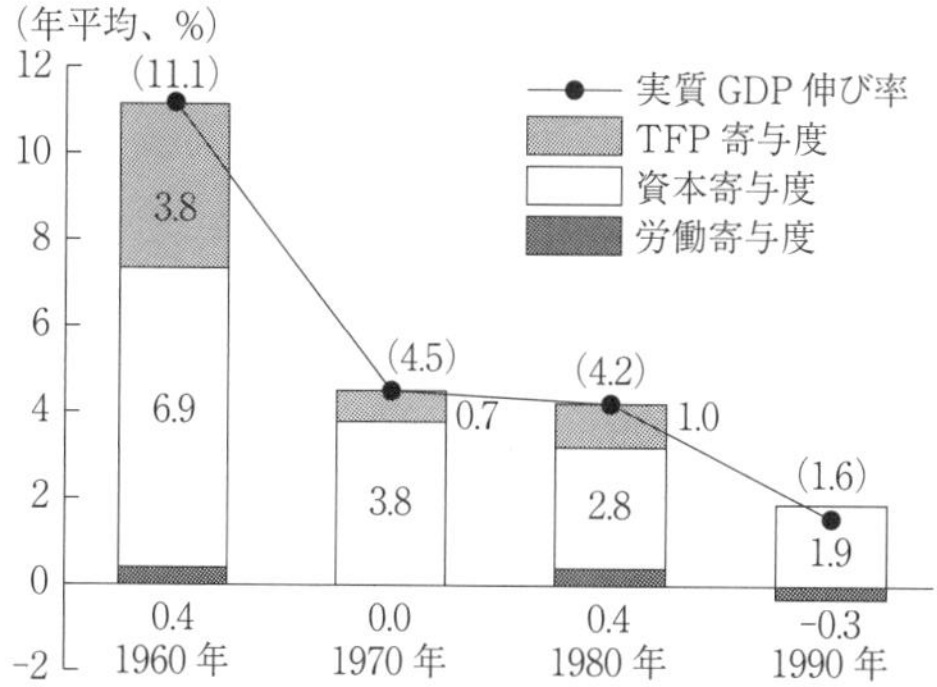

出所：通商産業省「通商白書」(1998年)

労働者がガムシャラに働いたからではありません。労働生産性を左右するのは、一つには1人の労働者がどれだけ資本（機械・設備）を用いているかということです。これを「資本装備率」あるいは「資本労働比率」と呼びます。道路工事の例で言えば、1人が1本ずつシャベルを持っている状況は資本装備率が低く、ブルドーザーやクレーンを導入することで、労働者1人当たりの資本装備率が高くなります。

図表7－5はGDPの増加（減少）分を資本や労働といった生産要素に分解して、各々の寄与（貢献）度を示したものです。TFP（Total Factor Productivity）は全要素生産性と呼ばれ、物量投入に依存しない生産効率の改善——ここでは広い意味でのイノベーションと考えてください——を指します。図の一番左の棒グラフ（1960年代）を見ると、実質GDPは約11%成長していますが、このうち労働の直接的な貢献は0・4%です。労働による貢献は通常考えられているよりはるかに小さいのです。一方、資本装備率の上昇による貢献が約7%と大きく寄与していることがわかります。

そしてもう1つ、TFP（広い意味でのイノベーション）が約4％貢献していることが読み取れます。もちろん、資本装備率とＴＦＰは大いに相関があります。クレーン、ブルドーザーも、それが発明されなくては使えません。結局は、発明が資本装備率を高めるのです。フローで言えば、企業の設備投資を通じて資本装備率を上げるのですが、その背後にはイノベーションがあると言ってよいでしょう。したがって、先進国の経済成長を生み出す根源的な要素はイノベーションと言えます。

ただし、イノベーションを「技術革新」と狭く捉えるのには賛成できません。イノベーションとは、もっと広いコンセプトであって、ハード面の技術革新とともに、ソフト面での革新もあります。その一つが「価値」のイノベーションです。

たとえば、徳島県上勝町の「いろどり」という会社は、山から葉っぱをとってきて日本料亭などに出荷するビジネスを行っています。葉っぱは、山にあるかぎり、ただ散って枯れるだけですが、料亭に届けられれば季節感あふれる装飾品になります。葉っぱを集めるのは、地元のおばあさんやおじいさん。高齢化と過疎化に苦しんでいた町は、こうして活気を取り戻します。葉っぱに新たな「価値」を見出すことで、商機が生まれました。これも立派なイノベーションです。

◆イノベーションで需要を喚起せよ

私が一番大事だと考えているのは、新しい需要を生み出すようなイノベーションです。そして、この点で日本企業も、政府の科学技術政策も、問題があったのではないかと思っています。ハードなエンジニアリングでは強かったのですが、それが市場で新たな需要を生み出せなかったのではないでしょうか。
『日本型モノづくりの敗北――零戦・半導体・テレビ』（文春新書、２０１３年）という本があります。著者は湯之上隆さんで、日立のエンジニアから研究者になられた方です。湯之上さんは、ご自身がかかわった半導体競争での敗北について、「メインフレームの時代にはよかったけれども、ＰＣに時代が変わっても25年保証のＤＲＡＭをつくり続けている点でピントがずれていた」という趣旨のことを書かれています。いわば「売れるモノをつくる」べきなのに、日本の企業は「つくったモノを売ろう」としていたというのです。

本章の最初に、経済の価値は人間が主観的につける点数であるとお話ししました。どれほどエンジニアリングに優れたモノでも、それを消費者が受け入れるとはかぎりません。日本の製品についてしばしば言われる「over spec」という言葉が、そのことを象徴していると思います。

図表７－６は、縦軸に需要を、横軸に時間をとっており、曲線は新たなモノ・サービスが生まれてからの需要の変化をイメージで表したものです。モノ・サービスというのは生まれた時点から需要が高まっていきますが、徐々に需要の伸びが緩やかになり、やがて飽和します。したがって、新しいモノ・サービスを次々に生み出していかないと、経済成長は持続しません。

この曲線の推移を具体的な製品で確かめてみましょう。図表７－７は日本におけるテレビの生産額（出荷ベース）の推移を示しています。グラフの左下が白黒テレビ、真ん中が旧式のカラーテレビ、右上が薄型・液晶です。１９８０年代から90年代にかけて、旧式カラーテレビの需要がほぼ飽和状態になっていたことが読み取れます。90年代後半からの薄型・液晶テレビの登場により、テレビ市場が起

図表7－6　新しい需要と経済成長のパターン

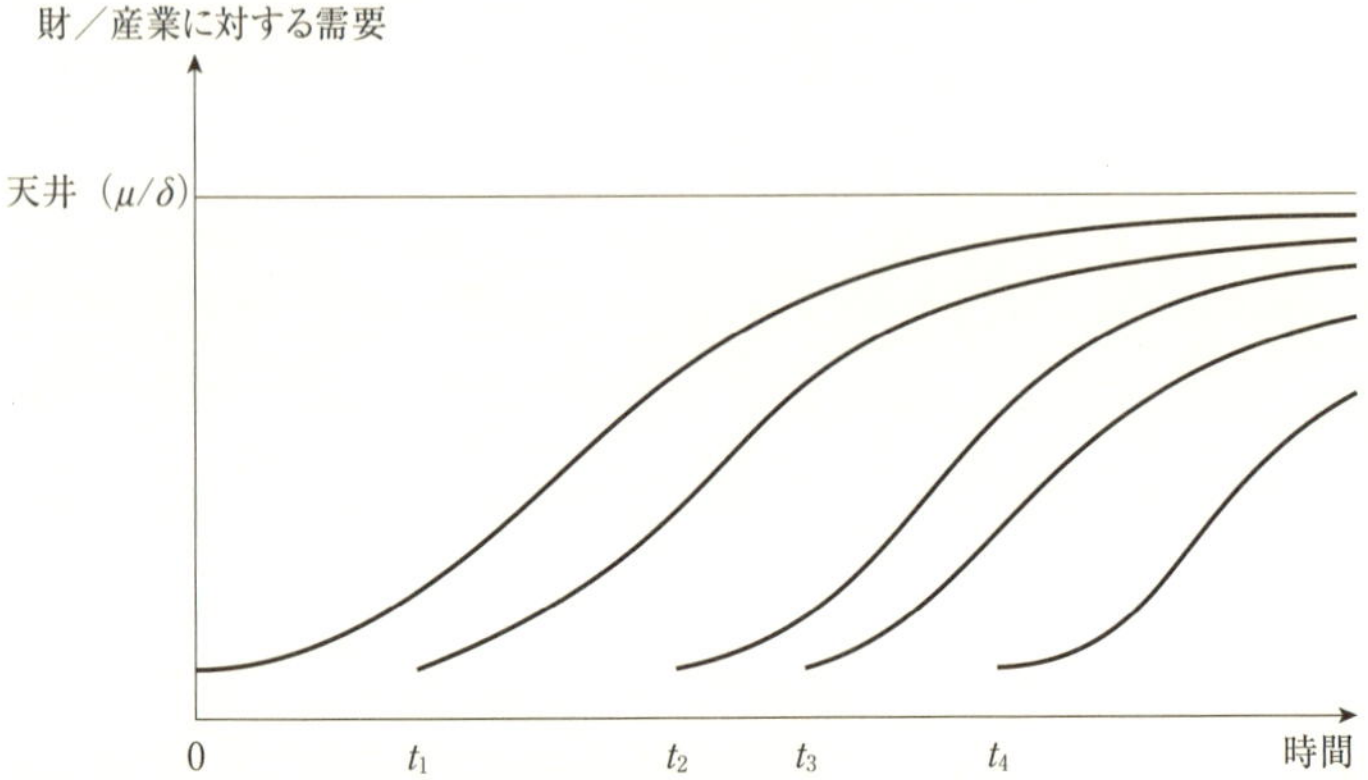

注：t_1, t_2, t_3, t_4,…は新しい財／産業が誕生した時点。

出所：Masanao Aoki and Hiroshi Yoshikawa, Demand Saturation - Creation and Economic Growth, *Journal of Economic Behavior and Organization* 48, 2002.

死回生したと言えるでしょう。

ただし、近年では、テレビ生産の分業・モジュール化が劇的に進んでいるため、自社で高度な技術を抱えていなくても、ネットワークを活用して品質のよいテレビを安価に生産できます。このため、標準タイプのテレビの価格が急落しています。このような市場環境の中で、日本企業は依然として世界最高水準の高画質テレビを開発し続けていますが、これは「over spec」の罠と隣り合わせであることを忘れてはいけません。

なお、日本のテレビづくりが隘路に向かっていたころ、韓国の家電メーカーがインドのテレビ市場で成功を収めます。インド人はクリケットが大好きなのですが、クリケットは試合時間が長いので、他の番組を見ながら試合経過をフォローしたいというニーズがあります。そこで韓国メーカーは、テレビ画面の右上にクリケットゲームの途中経過が表示される機能をつけ、売上を大きく伸ばしました。この機

図表7－7　テレビのプロダクト・イノベーション

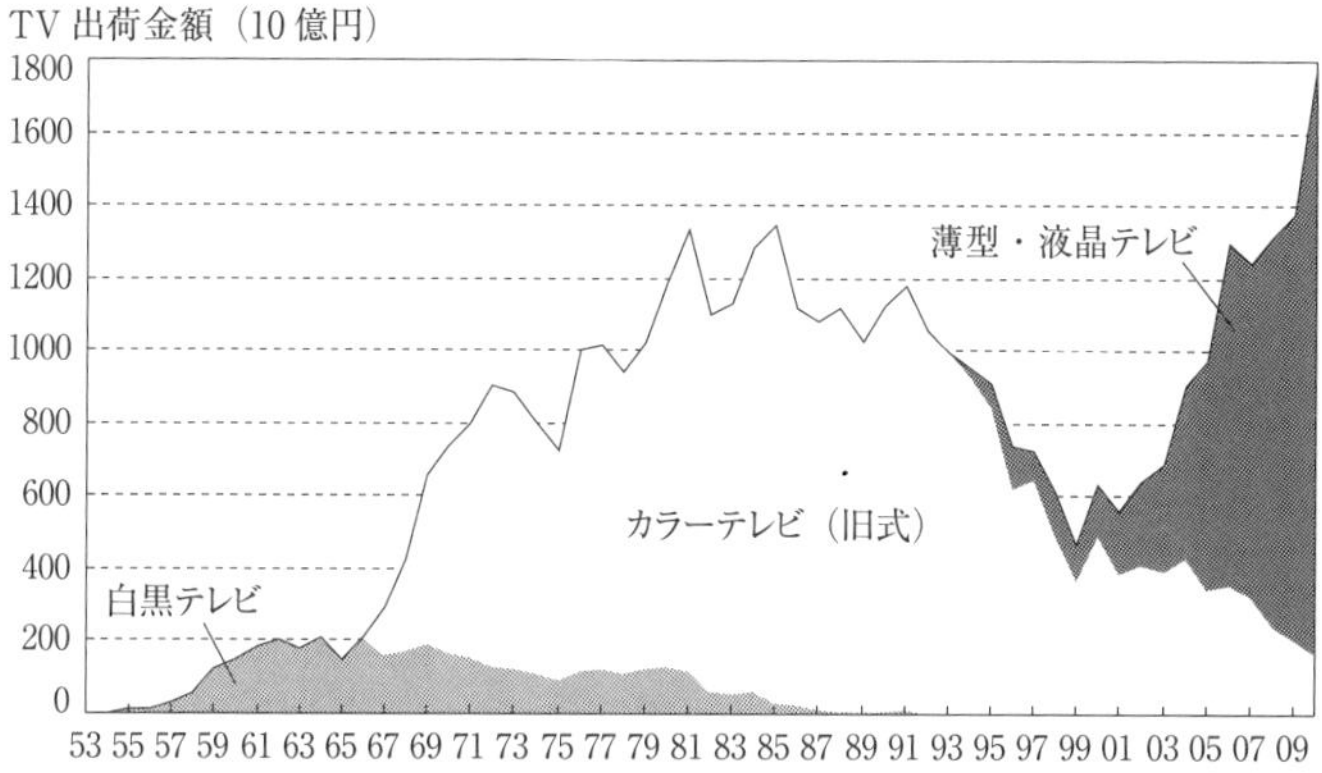

注：カラー TV は 1967 年より 1993 年まで白黒テレビとカラーテレビ 1994 年よりテレビ（液晶式を除く）と液晶テレビ。
出所：経済産業省『工業統計』。

能は、技術的にはさほど高度なものではありません。顧客のニーズに寄り添った技術のほうが、高度な技術開発よりも重要であるということの一例と言えます。

以上、イノベーションと経済成長との関係についてお話ししてきましたが、本節の最後に一つお断りしておきたいと思います。

このような話ばかりしていると、経済学者というのは口を開くと「経済成長」「GDP」とばかり言う連中だと思われそうです。しかし、私たちは、経済成長それ自体が社会の目的だと思っているわけではありません。GDPもまた、人々の「欲しい」と「満足」から成り立っていることを思い出してください。私たちは、あくまでも人間の厚生（welfare）を高めることを目的としており、その結果として経済成長が達成されると考えているのです。

3　日本は新たな価値を生み出せるか?!

さて、本節では日本経済がこれから挑戦すべき課題について考えようと思います。キーワードは新たな「価値」、考える手がかりはシルバー（高齢化）とグリーン（環境問題）です。この2つの問題は、日本のみならず21世紀の人類にとって非常に大きなチャレンジです。経済社会がそうした痛みに応えるように変わらなければいけないことは間違いないと思います。ここでは、シルバーを取り上げてみましょう。

◆技術と制度のコンビネーション

図表7－8は、産業別就業者数の推移を表したものです。これを見ると、たとえば製造業では2002～2007年で37万人が減っています。建設業では66万人の減少。この二つの産業で約100万人の雇用が消えていることになります。一方、医療・福祉分野では100万人も増えています。ただし、福祉の中でも介護分野では依然として賃金が低いなど労働条件が悪く、定着率も低いことが指摘されています。

私たち経済学者の立場からすると、賃金が低いのは労働生産性が低いからです。そこで資本装備率を高めるために考えられるのが、第3章でも登場した介護用ロボットの活用です。ただし、いかにAIの研究が進んでも、技術の革新だけでは介護市場へのロボット導入はうまくいきません。

図表7－8　産業別就業者の推移（2002-07年）

年	情報通信業	医療、福祉	運輸業	製造業	卸売・小売業	飲食店宿泊業	農林業	建設業
2002	159	474	324	1,202	1,145	358	268	618
2003	164	502	332	1,178	1,133	350	266	604
2004	172	531	323	1,150	1,123	347	264	584
2005	176	553	317	1,142	1,122	343	259	568
2006	181	571	324	1,161	1,113	337	250	559
2007	197	579	323	1,165	1,113	342	251	552
対2002伸び数	38	105	-1	-37	-32	-16	-17	-66
対2002伸び(倍)	1.24	1.22	1.00	0.97	0.97	0.96	0.94	0.89

出所：『労働力調査』（総務省統計局）。

ご承知のとおり、介護サービスの価格は介護保険制度に基づく診療報酬によって決められます。つまり、政府が介在し、サービスの供給側と対価の支払い側との交渉によって価格が決まる特殊な市場ですから、民間企業が利益を求めてどんどん設備投資を行うようにはいきません。そのため、政府が介護ロボットの開発・実験を支援するとともに、ロボットの導入に診療報酬をつけて介護現場への普及を促進しなければなりません。この点は非常に重要で、技術だけ開発されても、制度的なインフラが整わなければ、現場への導入は進みません。いわば、政策（ソフト）面でのイノベーションが必要だということです。

◆日本企業のブランド力

図表7－9は、日本の労働生産性の推移を産業別に見たものです。製造業に比べ、サービス部門の生産性が伸びていないことがわかります。確かにサービス業は、製造業に比べて物理的には生産性が伸びにくい面があります。しかし、経済的に意味のある生産性とは、単純な物理的な生産性でなく、価値生産性です。いわば物理的な生産性にサービスの価格を掛けたものが

図表7－9　産業別労働生産性の推移

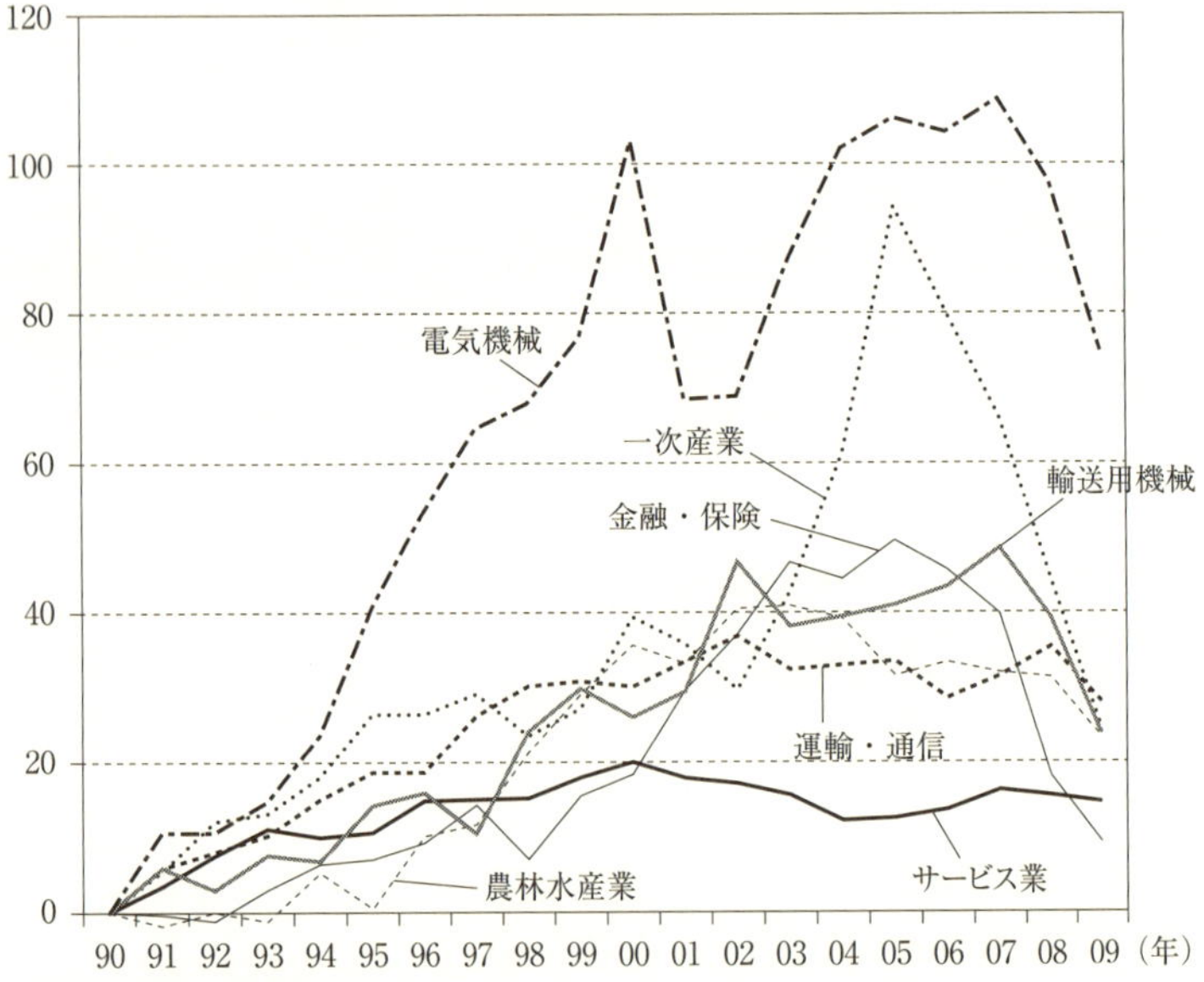

出所：国民経済計算確報。

重要なのです。確かな需要とブランド力があれば、物理的な生産性は高くなくても価値を高め、価格を上げることはできます。

有名な日本旅館などがよい例でしょう。何か目に見え、手で触れられる形でサービスが増加しているわけではありません。しかし、形にできない価値を提供することで、ブランド力を高めていると言えます。実は、これが日本企業の泣きどころなのです。

少し難しい話をしますが、お付き合いください。図表7－10の右側は原油価格、左側は日本とドイツの交易条件の推移をそれぞれ示しています。交易条件とは、輸出財と輸入財の交換比率です。たとえば、日本が石油を輸入して車を輸出しているとしたとき、1バレル何ドルで買う

図表7－10　交易条件の日独比較と原油価格の推移

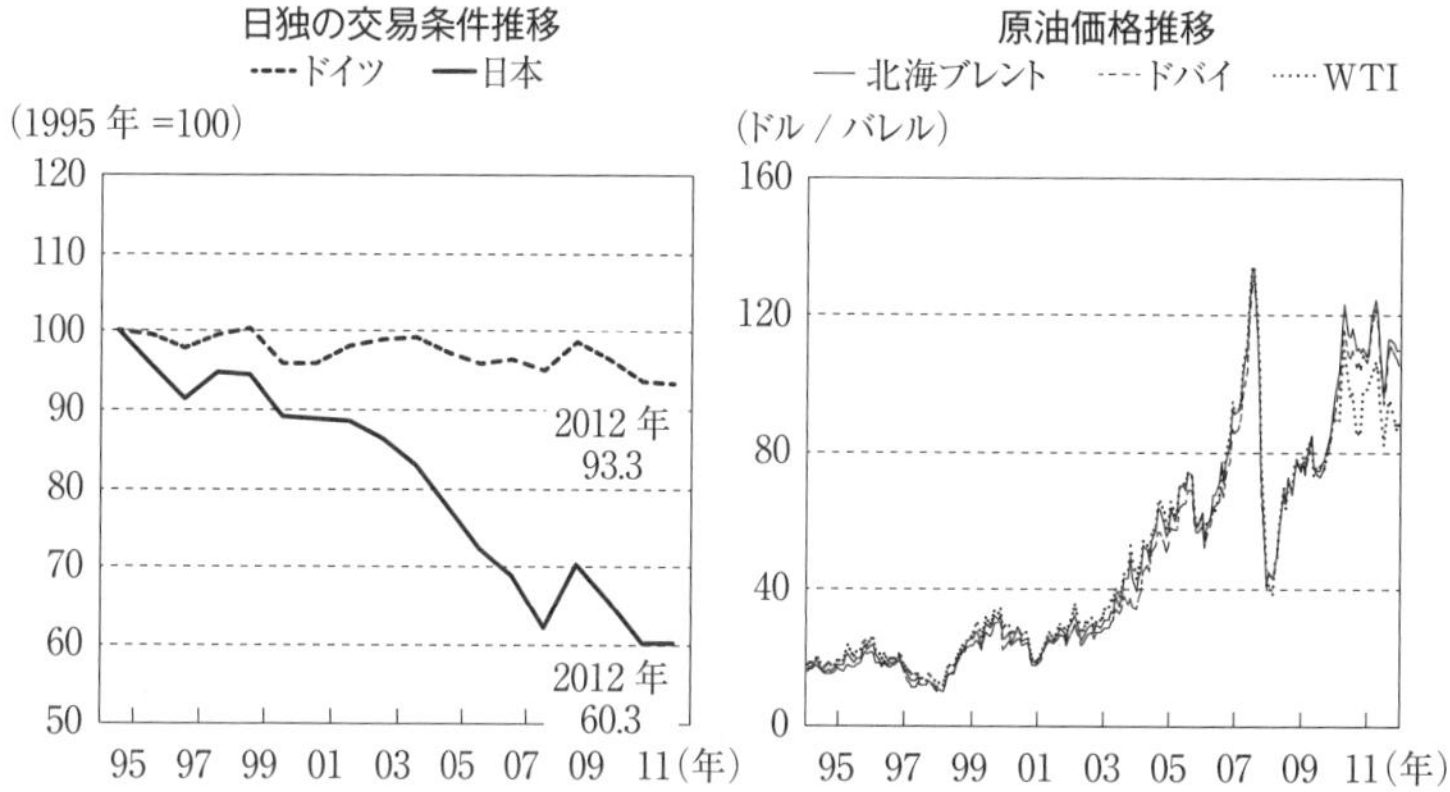

出所：OECD Economic Outlook 2013（左），IMF Primary Commodity Databace（右）

という石油の価格と、1台何ドルで売るという車の価格の交換比率が交易条件となります。

左右のグラフを見比べると、原油価格の上昇に伴い、日本の交易条件は悪化していますが、ドイツの交易条件はほぼ横ばいです。両国とも原油を輸入しているのに、なぜ異なるかと言えば、ドイツは原油価格の上昇によって製品の生産コストが上がった分を価格に転嫁（つまり値上げ）しているのです。では、なぜ転嫁できるのか？それはブランド力があるからです。ブランドは、競争力が高く、価格を支配する力があります。「ぜひその製品を買いたい」という顧客がいるので、価格が上がっても売れるのです。

ところが、日本は生産コストの上昇分を価格に転嫁できていません。日本企業が円高に泣くゆえんはここにあります。つまり、円高になっても輸出品のドル価格を据え置くので、円建ての収入は減ってしまいます。そこで「コストを削減しなくては」となり、下請けにも「頑張れ」、そして賃金カットや正規から非正規労働者への切り替えなどへと進み、労働者の1人当たり所得が下がっていくのです。

◆コモディティ化からの脱出

なぜ、こうなってしまうのでしょうか?　皆さん「コモディティ」という言葉を聞いたことがあると思います。他の製品と差別化できるような価値がなく、いわば誰でもつくれる、どこでも買える商品のことです。製品がコモディティ化してしまうと、消費者はわざわざその商品を買おうとせず、買いやすい場所・買いやすい価格で似た商品を買ってしまいます。かつては高度な技術の結晶だった薄型テレビも、今日ではコモディティ化してしまいました。こうなると、価格で勝負するしかありません。

結局、今日のように技術革新のスピードが速いと、科学技術のイノベーションだけでは、すぐに他に追いつかれてコモディティ化し、また需要も飽和してしまいます。コスト削減をお家芸にして賃金を削っていけば、労働者1人当たりの所得は下がり、経済は縮小するばかりです。大切なのは新しい「価値」を提案し、その価値を実現するための科学技術を組み合わせることなのです。

◆価値は市場から見つける

では、「新たな価値」を見つけるには、どうすればよいのでしょうか?　昨今、「第三次産業革命」ということが言われています。先進国の製造業では、これまで製品がコモディティ化すると生産拠点を海外に移し、安価な労働コストと原材料費を生かして大量生産を行う、という流れが主でした。しかし、最近では自国市場に近い場所で生産を行うことで、市場のニーズの変化に素早く対応して価値を生み出すという趨勢が生まれつつあります。市場の情報をいち早く把握し、需要の変化に細やかに対応することで、高い付加価値を生み出しています。そうすれば、生産コストの増加分も価格の上昇によって吸収されます。市場の情報を迅速につかみ、消費者の需要の変化から新たな価値を見つけることが、ブランド力を手に入れる重要な要素なのです。

おわりに

本章では、経済的な価値は、人間が持つ価値観を基盤とし、人間の主観によって決まるということからスタートして、先進国の経済成長のカギとなるイノベーションについてお話ししました。また、人口減少は経済成長にとって一般的に語られるほど大きなマイナス要因ではなく、むしろ1人当たりの資本装備率を高めることの大切さを強調しました。

イノベーションによって新しい需要を生み出すことが、経済成長にとって最も重要です。そして、需要の創出に結びつくのは物理的な生産性だけでなく、人間の主観によって決定される「価値の生産性」すなわちブランド力が重要であるということを、ぜひ覚えておいてください。

第8章 IT革命はなぜアメリカで起こったか？——イノベーションを生み出す知的土壌

宇野　重規

東京大学社会科学研究所教授

1967年生まれ。1991年東京大学法学部卒業。1996年同大学院法学政治学研究科博士課程修了。博士（法学）。千葉大学法経学部助教授、東京大学社会科学研究所助教授・同准教授を経て2011年4月より現職。2000年8月～02年7月在外研究（フランス、社会科学高等研究院客員研究員、新渡戸フェローシップ）、2010年5月～11年3月在外研究（コーネル大学法科大学院）。主な著書に、『政治哲学へ――現代フランスとの対話』（東京大学出版会、2004年）、『トクヴィル 平等と不平等の理論家』（講談社選書メチエ、2007年、第21回サントリー学芸賞）、『〈私〉時代のデモクラシー』（岩波新書、2010年）、『民主主義のつくり方』（筑摩選書、2013年）。

黒田　続いて、本章と次章では、イノベーションを生み出す思想的・文化的土壌に踏み込んでいきたいと思います。

なぜIT革命はアメリカで起こったのか？「いつでも、どこでも、誰でもつながる社会をつくりたい」という欲求と構想は、どこから生まれてきたのか？　宇野先生は、その理由を19世紀以来のアメリカの歴史と知的伝統から解き明かします。本章を読むと、ジョブズもザッカーバーグも単に技術を追求したのではなく、新たな社会ビジョンを提供したのであり、それは自身がアメリカの歴史から継承した価値観を実現しようとしたものなのだと気づかされます。

ただし、宇野先生は「だからアメリカの真似をしろ」とは言いません。そもそも、アメリカで培われた「土壌」を日本に運び込むことなどできないでしょう。大切なことは、他国を深く理解する視点と方法を身につけることであり、さらにその視線を自分自身に向けることです。折に触れ、自分を、そして日本を意識しながら、読み進めていただきたいと思います。

はじめに

私は政治思想史を研究しており、普段は科学技術やイノベーションにあまり縁がありません。しかし、他流試合こそがイノベーションを起こすと信じていますので、私なりにイノベーションへの着想のヒントを見つけ出したいと思います。

本章では、まずこの100年ほどの思想史上の特徴を簡単に整理した後、「デモクラシー」、「トランセンデンタリズム」、そして「プラグマティズム」へとつながるアメリカの思想的潮流を辿り、「イノベーションはどのような『場』で生まれるか?」というテーマに取り組んでみようと思います。

1　人間は合理的ではない

さて、20世紀の政治思想とは何だったのかと振り返ってみると、私は2つの科学的合理主義に基づく政治体制が発展し、そして挫折した世紀だったと考えています。その挫折した2つの政治体制とは、一つが社会主義で、もう一つが（いわゆる）リベラリズムです。

◆挫折した2つの合理主義

まず、社会主義体制を見てみます。以前、日本共産党の志位和夫さんにインタビューしたとき、彼が強調されていたのが「我々は科学的社会主義である」ということでした。「科学的」というのは、マルクス主義者にとって一つのキーワードです。唯物論に基づいて、歴史の発展や社会のあり方を科学的に把握・理解することができる。その結果、合理的に社会を運営することが可能になる。これに対し、資本主義社会では、それぞれが勝手に行動しており、非合理的である。したがって、科学的社会主義によって、社会のあり方を合理的に設計し運営していくべきである。これが科学的合理主義に基づく社会主義体制の基本的な考え方です。そして、ご存じのとおり、それはベルリンの壁崩壊によって挫折したと言ってよいでしょう。

もう一つの「リベラリズム」は、多義的でややわかりにくい言葉です。もともとは19世紀の「小さな政府」、つまり国家の介入をできるだけ少なくし、中央政府は対外的な安全保障と国内の治安維持などのみを担う「夜警国家」型の国家観を提唱する考え方でした。

しかし今日、とくに日本語の「自由主義」ではなく、あえて「リベラリズム」という場合は、主に20世紀アメリカのリベラリズムを指します。これは、失業や貧困などの社会的問題に対して政府が合理的に取り組み、福祉国家の発展を通じて解決していく、という路線ですので、19世紀とは意味が180度転換し、いわゆる「大きな政府」を志向しています。

アメリカン・リベラリズムの全盛期だった1960年代、ケネディ（John Fitzgerald Kennedy 1917–1963）政権やジョンソン（Lyndon Baines Johnson 1908–1973）政権時代の文書を見ると、社会の発展に対してずいぶん楽観的な展望が描かれています。科学技術が発達することで、貧困や人種差別など多様な社会問題を乗り越えていける、だから中央政府は社会を合理的に設計し、科学的な知見を導入し、諸問題を合理的に解決していけばよいのだと。

ところが、その後リベラリズムは厳しい批判に晒されます。福祉政策の推進や政府の積極的な市場介入は、やがて政府を肥大化させ、非効率的な運営によって財政赤字を累積してしまったからです。

◆ハイエクの合理主義批判

当時のリベラリズム批判の代表格がフリードリヒ・ハイエク（Friedrich August von Hayek 1899–1992）です。いわゆる新自由主義（ネオリベラリズム）の先駆と言われる彼は、オーストリアに生まれ、イギリスやアメリカに渡って活躍した経済学者です。ハイエクは、市場メカニズムを重視し、大きな政府に批判的で、また著書『隷従への道』でソ連の社会主義的計画経済を激しく批判しました。しかし、積極的な財政政策・福祉政策が国際的な潮流となる中で、彼の主張は徐々に忘れられていきます。ところが1970年、70歳を過ぎてノーベル経済学賞を授賞した彼は、新たな時代の思想家として脚光を浴びます。彼自身は19世紀的な自由主義者であり、市場メカニズムと小さな政府を支持し続けたわけですが、結果として20世紀リベラリズムを批判し、いわゆるネオリベラルとして復活したのでした。

ただし、ハイエクは必ずしも市場が万能だとは言っていません。よく読むと、大きな政府も一面では評価しており、世の中で言われるほど単純な思想家ではないのです。ハイエクの思想の一番重要なポイントは、「人間の知はローカルである」ということです。「ローカル」とは、人が有限な知性しか持たず、社会全体を知ることは不可能であること、それぞれの人がそれぞれの場所でそれぞれに固有の知識を持つだけであるということです。したがって、いかに優れた指導者でも社会全体を把握するような巨大な知を持つのは不可能ということになります。では、どうすれば社会をうまく運営していくことができるのか、というのが彼の基本的な問題意識なのです。

彼がソ連の計画経済を批判したのは、中央計画経済のもとで需要と供給をすべて把握し、社会全体の発展を合理的に計画できるという発想が間違っていると考えたからです。つまり、それぞれの人がローカルにしか持っていないはずの知を集約し、その全貌を合理的に把握して、それに基づいて社会を変えていくという、その前提自身が間違っていると考えたのです。

彼が言う「市場」とは、端的には人々の需要と供給を貨幣という媒介によって調整する市場メカニズムを指しますが、より広く言えば、特定のエリートや指導者の意思に基づかない、いわば非人格的な仕組みによって人間のローカルな知を結びつけていくシステムのことです。人間のローカルな知をつなぎ合わせることで社会を変革していくことは必要だし、可能であるというイメージをハイエクは提示したのです。

私は、これが20世紀後半のイノベーションに対する考え方の大きなポイントになったのではないかと考えています。つまり、中央で情報を集約し、それに基づいて社会を合理的に改革していくという中央集権的なイノベーションモデルが挫折し、有限で分散した知をつなぎ合わせて社会の問題に取り組むという発想が復活したのが20世紀後半ではないでしょうか。

◆ピア・プログレッシブの時代

では、21世紀はどのような時代なのでしょうか？　ここで紹介したいのが、スティーブン・ジョンソンという人物です。彼は著書『創発――蟻・脳・都市・ソフトウェアの自己組織化ネットワーク』（邦訳：ソフトバンククリエイティブ、２００４年）、『*Future Perfect: The Case for Progress in a Networked Age*』（Riverhead Books, 2012）などで注目される評論家です。

彼は『創発』のなかで、知的な大変革は一人の天才がはっと思いつくものではなく、ローカルな場所での相互作用が結びついていくことで大きな集合的知性が生まれると主張します。創発（emergence）はメインコンピュータのような場所ではなく、ローカルな場所から生まれてくるというのです。

また彼は『*Future Perfect*』の冒頭文で次のようなことを書いています。すなわち、20世紀のアメリカはリベラルの時代だ、いや、コンサバティブだと大騒ぎをしたけれども、結局どちらも勝っていない。リベラル派は挫折し、コンサバティブも次代の社会的な展望を描けていないと。そして、彼の掲げるキーワードが「ピア・プログレッシブ（peer progressive）」なのです。

◆プログレッシブとは何か？

アメリカでは、20世紀冒頭にプログレッシビズム（進歩主義運動）という政治運動がありました。アメリカ人にとって「プログレッシブ」という言葉はリベラルでもコンサバティブでもない、少しずつ漸進的に社会を変えていくというある種の社会的革新のイメージです。ジョンソンは、この言葉を復活させるのです。

彼は、現在のアメリカ政治はコンサバティブとリベラルが衝突し、政治的に硬直して何も変わらないと言われるが、それは一面的な物の見方だと言います。たとえば、商業用航空機の事故数を見ると、年々確実に減少しており、２００７年から08年には死亡者ゼロという年もありました。しかし、これは報道されません。オバマ政権の政策が難航しているという話はニュースになっても、高校中退率や若年者の犯罪率が低下していることは誰も報道しません。

つまり、華々しい大改革とその失敗は人々の関心を呼びますが、日々少しずつ変化し、10年をかけて大きく変わるような漸進的（プログレッシブ）な進歩は注目されません。しかし、明らかにそれは社会を動かしています。目には見えにくいけれども、日々の社会的革新を重ねていくことが重要ではないか。これを彼はプログレッシブの立場と呼んでいます。

◆ピア・ネットワークによるイノベーション

その中でも彼は「ピア・プログレッシブ」という言い方をします。「ピア」とは、なかなか含みのある言葉です。もともとは貴族が自分の仲間を指すときに使われました。中世のヨーロッパでは、国王も大勢の貴族の中の一人、リーダーにすぎないので、ピアの一員と呼ばれたわけです。現在では、同僚、同輩、仲間というニュアンスです。ジョンソンは、これを社会的意味に拡張します。

たとえば私の専門であるフランスは、中央政府が試験をして社会的資格を付与することが大好きな国です。ワインから始まって人の能力や技術を国家が一元的に認定・管理するのです。これに対し、学術論文におけるピアレビューなどのように、同じ専門家仲間にチェックしてもらうという方法もあります。彼はこれをピア・ネットワークと呼んでいます。

つまり、大きな政府・組織によってではなく、社会のあちこちにいる同等の仲間たちが知恵や情報を持ち寄って社会的な改革をしていくというイメージです。これはもちろんＩＴ化と密接に関連しており、地理的には分散している仲間たちがＩＴでつながっているからこそ、ピア・ネットワークによって社会を変革することができます。私にとって、イノベーションと聞くと、まず思い浮かぶのはこれです。

2　アメリカの知的土壌に着目せよ

◆ジョブズを生んだ知的伝統

私は、このジョンソンのような思想がアメリカから出てきたことは、決して偶然ではないと考えています。私たちは、スティーブ・ジョブズ（Steven Paul Jobs 1955-2011）のような人物についてもロマンティックな天才神話をつくりたがりますが、彼は明らかにアメリカの思想的伝統、とくに西海岸の知的伝統を継承しています。そしてIT革命もまた、単に技術的な革新ではなく、人間社会をどう変革するかということに関する一定の社会的・政治的思想を前提にしています。ですから、アメリカで起こったIT革命を日本に移植しても、社会が同じように変わるわけではありません。『ウェブ進化論――本当の大変化はこれから始まる』（ちくま新書、2006年）の著者・梅田望夫氏がよく「シリコンバレーで可能だったものが、日本に持ってくると、日本的土壌で変わってしまう」とおっしゃっていました。同じ技術でも、それが適用される社会的背景が異なると意味も変わってしまいます。やはり、アメリカにはアメリカの、こうしたものを生み出す思想的背景があるに違いありません。

◆「ソーシャル」とは何か？

とくに強調したいのが「ソーシャル（social）」という概念です。近年、ソーシャル・ウェブにソーシャル・ネットワーク、ソーシャル・アントレプレナーなどなどソーシャル流行りですが、ソーシャルとは、いったい何なのでしょうか。

たとえば、フランス語のソシアール（social）やドイツ語でゾチアール（sozial）は、社会主義や社会政策、あるいは労働運動や社会運動のニュアンスが強くなります。それに対し、現在の日本で流行っている「ソーシャル」にはそうしたニュアンスはなく、むしろアメリカの特定の思想的文脈から出てきた「ソーシャル」を受け継いでいます。したがって、アメリカの思想を理解しないと、この「ソーシャル」の意味もわからないのです。これについては、後ほどお話ししたいと思います。

◆リバタリアンとコミュニタリアン

もう一つ、注目してほしい言葉が「リバタリアン」です。自由至上主義とも訳されますが、典型的には、政府の存在を否定し、「自分のものは自分のものであって、政府による不当な侵害は許さない」と個人の所有権を徹底的に重視する究極の個人主義者を指します。これに対置される言葉が「コミュニタリアン」ですが、これは、コミュニティ（共同体）の重要性を説き、社会のつながりや人々の交流——日本的に言えば「絆」でしょうか——を重視する立場の人々を指します。

このように書くと、一方は究極の個人主義、他方はベタベタの共同体主義のようですが、アメリカではこの二つが両立します。たとえば西海岸で起こったヒッピーやカウンターカルチャーは、社会のメインカルチャーに背いて自分たちの自由なライフスタイルにこだわり、新たなコミュニティをつくろうという社会的実験だったと言えます。要するに、コミュニティは自由につくりかえるものなので、リバタリアン的志向を持った人たち同士で共同体をつくることに違和感はないわけです。ヒッピーの時代には都市から離れた場所にコミュニティをつくりましたが、今日ではインターネット上で簡単につくることができます。

◆知的源流への旅

これらを見ても、アメリカのイノベーターたちの知的・精神的背景が、一般的日本人のそれとはずいぶん異なることが想像できます。しかし、これとてまだ表層でしかありません。そのさらなる背後には、アメリカ思想の底流があります。その流れを遡って初めて、アメリカ発の数々の技術的・社会的イノベーションがいかなる知的源流から流れ出てきたものかを理解することができます。さらに言えば、同様の考察を日本にも向け、私たちの知的・精神的土壌を深く理解して初めて、彼我の違いを比較し、私たちに合ったイノベーションのあり方を見つけられるのだと思います。逆に、そうした作業を経ずして単にアメリカの制度や組織、科学技術などを持ち込んでみても、「なぜ同じことが起こらないのか」と首をかしげるだけに終わるでしょう。

3 アメリカン・デモクラシー

◆トクヴィル、アメリカへ行く

さて、ようやく私のホームグラウンドに辿り着きました。実は、私の専門は『アメリカのデモクラシー』の著者として有名なフランスの思想家アレクシ・ド・トクヴィル（Alexis-Charles-Henri Clérel de Tocqueville 1805–1859）の研究です。

トクヴィルは貴族出身であり、フランス革命ではずいぶんひどい目に遭いましたので、もともとデモクラシーには懐疑的でした。その彼がアメリカへ行き、考えを変えていきます。その理由は何だったのでしょうか？

彼が渡米したのは1830年、もうジェファーソンやワシントンといった建国の父たちは退場し、当時のジャクソン大統領は西部出身の元軍人で、自分の名前以上には字も書けないと言われたほどでした。ワシントンの議会を覗いてみても、ろくな政治家がいない。では、ニューヨークはと言うと、商人たちが金儲けばかり考えている。やはり駄目かと思う一方、しかし、ではなぜアメリカは持ち堪えているのかと新たな疑問が湧いてきます。すると、しばらく見ているうちに、アメリカの中産階級は金儲けに熱心で、どれだけ社会的に成功したかによって評価されていることには間違いないが、しかし、彼らには厳しい自己規律の精神があり、社会的に貢献するという発想を強く持っていることに気づきます。

◆アソシエーションの発見

彼のアメリカに対するイメージが根底から変わったのは、ボストンはじめニューイングランド地方のコミュニティを調査した結果に驚いたことからです。彼はタウンシップというアメリカの一番基礎的な自治体に入っていくのですが、アメリカのタウンシップは学校でも橋でも道路でも、自分たちでお金を集めてつくります。今日の日本だったら、どうでしょうか？　社会的に必要となると、すぐに自治体・政府に陳情・請願するということになるでしょう。では、なぜアメリカでこんなことが可能かというと、タウンシップの自治があるからです。

人々は自分たちのことを自分たちで決定し、自分たちのお金で賄っている。しかも、タウンに住む市民に町のことや社会のことを聞いてみるとよく知っており、「なかなか見識があるじゃないか」とトクヴィルは驚くわけです。これが実は、アメリカの強みなのではないか。大統領や政治家を見ているとはなはだ心許ないが、タウンの一般市民には高度な社会的知性がある。

トクヴィルはまた、彼らが何か行動を起こす際に「アソシエーション（association）」を使っていることを発見します。アソシエーションを訳すと「結社」ですが、人と人がある種の社会的目的を実現するために共同して一つの事業を起こす、その時々の結びつきをアソシエーションと言います。アメリカにはアソシエーションの年鑑まであり、そこには数多くのアソシエーションが記載されています。他の国だったら政府にやってもらうようなことも、すべて各種アソシエーションで対応してしまう。これが秘密だと、トクヴィルは気づくわけです。トクヴィルは、この発見に基づいて『アメリカのデモクラシー』の第1巻を書き、さらに第2巻でこの議論を深めていきます。

◆民主主義の危険性

反面、トクヴィルは、デモクラシー社会の危険性をも見抜いています。

トクヴィルは「個人主義」という言葉を最初に使った一人ですが、おもしろい定義をしています。

彼によれば、個人主義は自分の利益だけを考えるというエゴイズムではなく、他人との関係が希薄化し、自分の中に閉じこもってしまうことを言います。昔の伝統的な社会は、身分制によって社会的なつながりがあったけれども、そこから切り離された民主的社会の個人は自分の中にこもって、社会的なつながりを失ってしまう。昨今の日本でも家に閉じこもってインターネットばかり見ているような若者が問題視されていますが、社会的なつながりを失うとかえって外部の動きに神経質になり、与えられる情報や刺激に圧倒的に影響されるようになります。皮肉なことに、民主的な社会になり、皆が「平等な個人」として自立を求められると、かえって「みんながこう言っている」といった社会の多数意見に影響されやすくなるのです。トクヴィルはこれを「多数の暴政」と呼びました。

もう一つ、トクヴィルが指摘したのは、「民主的専制」についてです。専制は専制でも、専制君主ではなく民主的な権力による専制であれば人々は文句を言えません。人民主権のもと、自分たちの意思によって代表を選んだ以上、中央政府が決めたことには文句を言えなくなるからです。すると、自らのことを自らの意思で決定したいと思うにもかかわらず、多数派の意見に従わざるをえなくなり、やがて政府の力に依存するようになっていきます。さらに、身分制社会にはある意味で人間の多様性があったのですが、民主的社会になればなるほど世論が同質化していくこともトクヴィルは指摘しています。

これらの矛盾は、どうして起こるのか？　考え抜いたトクヴィルは、ついに結論を出します。すなわち、伝統的な社会には密接な人と人のつながりがあり、人々はその束縛から逃げたいと思っていた。しかし、個人が砂粒のようにばらばらになった社会は弱くて不安定であり、個人は孤立する。孤立した個人は、社会の流れや政府に依存するようになっていく。こうした社会において問題を解決するにはアソシエーション、つまり個人と個人の結びつきを意図的につくっていかなければいけない。これが1830年代にアメリカを観察したトクヴィルの感想でした。

4 己を信じ、実験せよ

◆トランセンデンタリズムとは？

アメリカの精神的源流へと、さらに分け入っていきたいと思います。次に紹介するのは19世紀前半に生まれた「トランセンデンタリズム（transcendentalism）」という思想です。「超越主義」あるいは「超絶主義」などと訳されており、私たち日本人にはわかりにくい思想ですが、アメリカを理解するうえで重要だと思います。

トランセンデンタリズムを代表する人物を挙げると、まずヨーロッパからの知的独立を提唱し、「トランセンデンタリズム（超絶主義哲学）」を打ち出した思想家・哲学者のエマソン（Ralph Waldo Emerson 1803–1882）、次に森での実生活を基に『ウォールデン　森の生活』を著し「市民的不服従」を貫いた作家ソロー（Henry David Thoreau 1817–1862）、そして『草の葉』で知られる詩人・ジャーナリストのホイットマン（Walter Whitman 1819–1892）がとくに有名です。彼らは、それぞれの作品を通じてアメリカ人に知的な影響を与えます。あえてキーワードを言えば、自己信頼と市民的不服従の精神でしょうか。

◆自己信頼

まず、自己信頼（self-reliance）とは、「徹底的に自己を信頼せよ」という発想です。たとえば、西部開拓では、誰も助けてくれませんので、まさに自分を信じ、自分の力で生きていくしかありません。その意味で、自己信頼はアメリカ思想の根幹と言えます。さらに、エマソンもソローもホイットマンも「大自然と向き合う個人」を強調しており、自己を掘り下げていくと大自然につながる、という感覚を持っています。まさに荒野で一人、壮麗な山々を見ながら、ちっぽけな存在である自分を深く掘り下げていく中で、大自然の精神と結びつくという発想です。

スティーブ・ジョブズもスピリチュアルなものを求めてインドに行きましたが、西海岸で起業するような人たちは禅などの精神修養が大好きですね。これらのベースにあるのがトランセンデンタリズムです。このようなアメリカ西海岸の知的風土は、このエマソンあたりから来ているのです。

◆市民的不服従

では、なぜこのような思想が必要なのでしょうか？

たとえば、ソローを見てみましょう。ソローは、町を否定して森の中に一人で暮らします。また、「税金を払え」と言われ、こう答えます。「俺は今の政府が気に入らない。だから払わない。なぜなら、アメリカ政府は今、黒人差別を放置している。さらにメキシコ戦争なんてやろうとしている。俺はどっちも反対だ。俺は反対している政府に一セントたりとも払うつもりはない」。

このために彼は逮捕されそうになるのですが、社会が何と言おうと自分が信じて違うと思ったら徹底的に抵抗する。この発想からガンジーの非暴力主義や、20世紀のマルチン・ルーサー・キングの公民権運動の考え方が出てきます。

◆プラグマティズムへ

トランセンデンタリストたちを1800年代前半のアメリカ社会で活躍した人たちとすると、その息子世代がプラグマティストと呼ばれる思想家たちです。実際に個人的にもつながりがあり、トランセンデンタリストの多くはボストン郊外のコンコードという町に住んだのですが、プラグマティストたちはボストン、ハーバード大学の周辺に集まった若き知識人で、お互いに知的交流もありました。

プラグマティズム（pragmatism）は、アメリカ思想を理解する一番のカギであり、アメリカ固有の哲学とも言われます。しかし、このプラグマティズムほど日本人にとってわかりにくい思想はないと思います。

日本語で「彼はプラグマティックな人だ」と言うときは、道理にかまわず「結果オーライ」で実際的・現実的に結果だけを求める実用主義者というイメージが強いと思います。しかし、それは一面的な理解にすぎません。

プラグマティズムは南北戦争後の1870年代に生まれました。南北戦争は60万人以上が死んだアメリカ史上最大の内戦です。南北戦争がアメリカに残した傷跡は深く、その戦争に参加した若い兵士や、戦争に行かなかった若者たちが集まってつくった思想がプラグマティズムです。

彼らは「メタフィジカル（形而上学）クラブ」というクラブをつくるのですが、これはもちろん皮肉です。つまり、人々は社会正義についての自身の主張を正当化しようとして、哲学的・神学的、あるいは形而上的な議論を山のように積み上げてきた。しかし、それで何かが正しいとわかったとしても、現実の問題が解決するのだろうか。むしろ、そうした形而上的な自己正当化論争の結果、南北戦争が起きたのではなかったか。自分たちは、この社会に関する物事の決め方を、決定的に間違えているのではないか。大切なのはむしろ「行為（古代ギリシア語でプラグマ）」ではないか。彼らは、そう問いかけたわけです。

この現実世界は常に不確定で偶然性があり、完全に把握することはできない。それを否定しようとすれば、形而上学的独断の世界に閉じ込められてしまう。唯一の真理を知った哲人王に統治を委ねることなどできない以上、すべての個人は自らの生をもって多様な実験を行う権利がある。それを許す社会こそが、まさに民主主義社会ではないか。これがプラグマティストたちの考え方です。

5　プラグマティズムの伝道師たち

最後に、こうしたアメリカ的思想の伝道師とも言うべき人々を紹介しましょう。

◆パースの不確実な多元宇宙

数学者であり自然科学者でもあったチャールズ・サンダース・パース（Charles Sanders Peirce 1839-1914）は、いわば早すぎた天才で、存命中はほとんど評価されませんでした。性格的にも問題があり、離婚問題もあり、大学からつまはじきにされ、測量や物書きに生涯を費やした人物です。

しかし、彼が作り出したアルゴリズムは、まさにＩＴ・ネットワーク社会の哲学的思想を提供したとも言われています。また彼の宇宙論、すなわち宇宙は一個ではなくて多元的な宇宙――パラレルワールド――があるという宇宙論も後世では高く評価されるのですが、当時は「よくわからない」と言われて終わってしまいました。

ニュートンの世界がすべてを因果関係によって説明できる社会であるとすれば、パースの宇宙は偶然性を根底に置きます。この世界は偶然から生まれている。しかし、その偶然性の海の中から法則が生まれてくる。世界を構成する第一なるものは偶然性、第二なるものは法則性です。では、偶然性の海から法則性が現れるのはなぜか。パースが第三なるものとして示したのが「習慣」でした。彼はこの三つによって、自然界から人間界を貫く巨大な世界観を示したのです。

この「習慣」はパースの思想を象徴するキーワードです。個別にはすべてがランダムに動いているとしても、全体として見れば、それがいくつかのパターンを作り出すということがあります。パースはこのパターンを習慣と呼び、自然界の物理運動すべてに習慣を見出して、それが法則化していくと言います。彼はこれを確率論と統計学を用いて説明しようとしました。

パースに言わせると、ランダムなこの世界においては、人間の知もまた常に可謬性を孕み、絶対ということはありえない。では、社会の知はどのように発見されるのか。パースは答えます。可謬性を含んだ単独の知はそれ自体で価値を持ちえず、ほかの知・情報と結びつくことで初めて意味・価値を持つと。つまり、人間の知は「ソーシャル」であることによってのみ意味を持つという、まさに現在の情報論の起源のような主張を展開したわけです。

今日、ソーシャル・ウェブと言うときの「ソーシャル」は、こうしたパースの言葉に影響されているのではないでしょうか。個人の知も情報も単独では意味を持ちえず、常に社会的な結びつきの中で意味を生み出すのです。

◆ジェイムズの自由意思と習慣

次に登場するのは、心理学者のウィリアム・ジェイムズ（William James 1842–1910）です。

皆さんは、こんな言葉を聞いたことはないでしょうか。「行動すれば習慣が変わる。習慣が変われば人格が変わる。人格が変われば運命が変わる」。元メジャーリーガーの松井秀喜さんの伝記を読んでいたら、この言葉が自分のモットーであると書いてありました。実は、これを言い出したのがジェイムズです。彼は、「信じようとする権利」に基づいて行動すれば、それが「習慣」となり、やがて自己を変革しうると主張しました。

彼は、「人間には自由意思があるのか」という問題に悩み、次のような結論に達します。すなわち、人間が自由意思を持っているかどうかは不明であったとしても、持っていると信じることはできる。そう信じて行動し、結果として変化を生み出せれば、それでよいではないかと。結局のところ、人間は習慣の束である。自らの意思を信じ、繰り返し行動し、やがて習慣をつくっていけば、自身の人格ひいては人生が大きく変わる。もし変わったならば、もともとの信念が正しかったか、形而上学的に正当化できるかといったことには、大して意味がないではないか。

こうした考えを、彼が『プラグマティズム』という著書で発表すると、これがアメリカ中で大ヒットし、このジェイムズ的なプラグマティズムが世の中に広まりました。したがって、今日プラグマティズムと言うと、まずジェイムズの思想がイメージされていると言ってよいでしょう。

◆デューイの実験と寛容

さて、パースとジェイムズは思想家としてともに重要ですが、社会的な影響の面ではジョン・デューイ（John Dewey 1859–1952）が圧倒的です。

ジョン・デューイは教育学者として非常に有名です。正規の学校教育からドロップアウトした子どもたちに受け皿を提供し、その個性を伸ばそうというチャータースクールの運動がアメリカでも盛んですが、その元祖になったのがデューイです。

彼は言います。学校とは知識を埋め込む場所ではなく、いろいろな経験をし、かつ、その経験を共有する場である。人間は経験を共有することで成長していくのであり、そのための場になるよう、学校を改革していこうと。

彼はまた、政治に関しても発言しています。民主主義とは、みんなで投票して、その結果で社会を変えることではない。民主主義とは、「一人一人の個人が何か自分の信ずることに基づいて生きていき、そこから新たな社会的な習慣を作り出す。その習慣が徐々に広まって社会を変えていく。そうした社会的イノベーションを個々人が自分のいる場所で始めることができる。これを許す社会こそが民主的社会である。すべての個人に実験を許す寛容性と平等を保障する、これこそが民主主義社会の象徴である」と。

おわりに

以上、アメリカの思想的潮流を辿ってきました。耳慣れない言葉が次々に飛び出してきて、戸惑われた方も多いのではないかと思いますが、もしも皆さんの頭の中にいくつかのイメージが残っていれば、私の役目は果たせたのではないかと思います。

たとえば、人間の知とは、決して唯一の真理が中央で統御されるのではなく、誤りを含んだ知がローカルに分散していること。

それらの分散した知は、中央に抵抗できるほど強く自立している一方、個々バラバラでは価値を持ちえず、相互につながることで初めて「ソーシャル」な存在となり、意味を生み出すということ。

それら個々の知を結びつけるのは、個人の自由な意思に基づく行動と、その反復によって形成された習慣、そして志を同じくするものが作り上げたアソシエーションであること。

おそらく、アメリカン・イノベーターたちの思考の根底には、こうした社会イメージや価値観が共有されているのであり、また彼らはそうした社会を実現するためにこそ新たな価値を提案し、イノベーションを引き起こしてきたのだと思います。「こんなシステムをつくりたい」「あんな技術を発明したい」という欲求を生み出す何かが、そこにはあります。

では、私たちの根底にあるものは何でしょうか？　ＩＴ革命はアメリカから生まれるべくして生まれました。日本からは、何が生まれるでしょうか？　私たちがめざすべき社会、実現すべき価値とは何でしょうか？　きっと、私たちなりの何かがあるのだと思います。日本におけるプラグマティズム的な契機を見出すことが重要ではないでしょうか。

第9章

日本型イノベーション・システムの再発見
――フランス人は日本文化に何を見つけたか？

竹内佐和子

国際交流基金パリ日本文化会館館長（現・文部科学省顧問）

1952年生まれ。1975年早稲田大学法学部卒。工学博士（東京大学）、経済学博士。フランス応用数理経済研究所客員研究員、フランス国立ポンゼショセ工科大学国際経営大学院副所長、日本に帰国後、東京大学大学院工学系研究科助教授、東洋大学経済学部教授、世界銀行アジア太平洋地域都市部門アドバイザー、外務省参与・大使（対外戦略立案担当）、京都大学工学研究科客員教授を歴任。主著に、『都市政策』（日本経済評論社、2006年）、『都市デザイン』（NTT出版、2003年）、『公共経営の制度設計』（NTT出版、2002年）、『21世紀型社会資本の選択――ヨーロッパの挑戦』（山海堂、1999年）、『ヨーロッパ的発想とは何か――統合ECを支える多元性と普遍主義』（PHP研究所、1992年）。フランス政府より、文化芸術勲章、国家功労賞を授与されている。

黒田　前章のアメリカに続いて、本章では日仏の文化比較から、日本の思想的・文化的土壌にあったイノベーションのあり方を探ってみたいと思います。

メディアでもお馴染みの竹内先生は、その幅広いキャリアを生かして、現在はパリで日本文化の発信・普及に尽力されています。当然、そこでは常に他者の視線に晒されながら「日本文化とは何か」「日本的思想・哲学とは何か」という問いと向き合い、その価値を訴える必要に迫られます。

そんな竹内先生は、日本がまさに日本的文化に根差したイノベーション・システムを持っていること、しかしそれを理論化して提示する力に欠けていること、そしてその背後にもやはり私たちの文化的特性があることを指摘されます。

では、どうすればよいのでしょうか？　IT革命がアメリカから生まれるべくして生まれたように、日本からは何が生まれるでしょうか？　私たちが提案すべき価値とは何でしょうか？

本章には、この問いに答えるためのヒントが、きっとちりばめられているはずです。

はじめに

現在、私はパリ日本文化会館の館長を務めています。会館はフランスのパリ15区にあり、延べ面積は約7500平米、大小のホールに図書館も備えた総合施設です。ここでの私の一番重要な仕事は、日本文化や日本社会の特徴を、国際社会に向けて説明するための方法論を考えることです。日本人は日本を説明するとき、どうしても「紹介する」というスタンスになり、客観的に解説することがあまり得意ではないと思います。外国のことは悠長に語っても、日本のことになると単なる遠慮気味の自己紹介になってしまうのです。

そこで本章では、パリ日本文化会館での仕事も紹介しながら、日本文化の特徴を客観的に抽出してみようと思います。そうした日本人の基層的特徴がこれからの科学技術の発展とどのように結びつきうるのか、小さな着眼点なりとも見つけられたらと願っています。

1 東西文明の中で日本を眺める

◆フランス人は日本文化がお好き?

かつては「ジャパン・アズ・ナンバーワン」とまで称された日本経済ですが、長びく停滞の中ですっかり影が薄くなり、もはや日本には「経済大国」という代名詞は似合いません。

ところが、フランスで私の周囲を見渡すと、日本文化への関心はむしろ高まっているように感じます。もちろん、その素地には1世紀前のフランスを中心としたジャポニスム(Japonisme)の記憶があり、浮世絵、漆、焼物、音楽などの日本文化を受容する基盤があるのだと思いますが、それにしても今、なぜ日本文化なのでしょうか。その魅力は何か?

先日、あるフランス人に聞いてみたところ、「グローバリゼーションが進む中で、日本は独自性を発揮しているではないか」と言われました。にわかには頷けない方も多いでしょうが、これにはフランス独自の文脈や問題意識があるようです。グローバリゼーションの名のもとでアメリカナイゼーションが世界的に進行する中で、価値観の多様性とフランスの独自性を保つことは、彼らにとって重要な課題です。一方、移民の大量流入は、文化の多様化と社会統合との間でフランスをジレンマに追い込んでいます。

こうした立場から見ると、日本は、アメリカの強い影響を受けながらも独自性を保つことに成功しているように見えるのです。日本人は欧米から「特殊だ」と言われるのを嫌いますが、「自分たちのアイデンティティは何か」という議論が繰り返されるフランスでは、日本が輝いているように見えるのかもしれません。

◆蕎麦屋には「構造」がある？

フランスの文化政策は、オランド大統領のアドバイザーや文化顧問と呼ばれる人たちが練ります。フランスの文化をどうやって世界に広げるかを考え、そのために、フランス語普及にも、日本政府の日本語普及政策の何倍もの予算を投入しています。なぜフランスが文化政策を大切にするかと言うと、外交におけるソフトパワーの威力を明確に認識しているからであり、文化を大事にしないとフランスの存在価値や影響力まで低下してしまうことをよく認識しているのです。

「文化はその国の歴史を知るための最良のレフェレンス」とは、かつて大統領の文化顧問を務めたクリストフ・ジラール（Christophe Girard）氏の言葉です。彼は学生時代にイナルコという国立東洋語学校で日本語を選択し、日本にも2年ほど滞在しました。彼も日本を評価してくれる一人ですが、日本文化の長所は何かと聞くと、「構造化（ストラクチュラシオン）する力を持っている」ことと語ってくれました。

文化の「構造化」とはずいぶん難しい言葉ですが、フランスのお蕎麦屋さんを例にとって説明します。暖簾をくぐると独特の空間が広がり、そこには江戸の「粋」というスタイルがあります。注文するのはたいてい、かけ蕎麦かもり蕎麦で、具は入れないのがまっとうで、庶民の実生活に根差しながらも所作振る舞いの細部に至るまで洗練された「型」があります。これが、フランス人の言う「構造化」する力なのです。

これは素晴らしい魅力なのですが、問題は日本人がそれに気づいていないことで、自国文化の持つ構造を認識し、理論化して客観的に説明する努力をしないので、他者に伝えることができません。この点、国策として文化政策を推進しているフランスと比べ、日本ははるかに遅れています。

もっとも、自国文化を語ることは、誰にとっても容易ではありません。かつてレヴィ＝ストロースは「僕は日本の専門家ではないが、日本人に何かを気づかせることはできる」と語っていました。文化は、他者の目によって初めて形を持てるというのが彼の考えであり、そのあたりに文化人類学者の目が生きていると思います。

日本では文化人類学という学問があまり発展しなかったのですが、世界的に影響を及ぼした民俗学の領域では、柳田國男や梅原猛、丸山眞男、田辺元といった方々が書いた著作が、フランスでよく読まれています。そう考えると、日本も自国の文化を伝える道具を持っているはずだと思います。

◆日本とフランスの相対位置

では、どうすれば日本文化の特徴を客観的に把握することができるでしょうか。その一つの方法は、世界文明の流れの中に自らを置いて、他者との相対的な位置関係を知ることだと思います。

たとえば、東西文明の視点から日仏の位置を考えると、日本はペルシャ文明がシルクロードなどを伝わって東に向かう流れの先にあります。象嵌技術や彫金など仏教芸術で使われている高度なテクノロジーは、ペルシャ時代に開発され、アジアを通って日本に届きました。その意味では、日本の技術の源泉をペルシャに求めることもできるでしょう。

一方、アーリア人の文明が西へ向かったものがギリシャ・ローマ文明であり、それがフランスに受け継がれていると認識されています。これは一般的なフランスの教科書の1ページ目に書いてあることです。すると、日本とフランスはペルシャを起点に、ちょうど東西の対称的な位置にあることになります。

対称な位置にあるということは、共通点と相違点を持ち合わせているということです。とくにモノづくりの考え方においては、日本とフランスは違ったルートを辿っており、それがイノベーションの問題にもかかわっていると思われます。

ただし、一方ではこの違いをもう一度収斂させようという動きがフランスで起こっており、それが日本の工芸デザインなどを見直す動きにもつながっているように思います。

◆モノづくりの違いは哲学の違い

日仏の相違点の源泉にあるものを、もう少し探ってみましょう。

まず、フランスはデカルト以来の合理主義が発展している国で、体系的な批判能力があって初めて人間は存在している、という発想をします。理性・合理性によって成り立つ世界と現実世界との間の距離が比較的近いとも言えます。「頭でっかち」と言っては語弊もあるでしょうが、考えることによってモノは存在するという発想なので、考える行為がまず先にあるのです。

一方の日本は、外部から影響力のある文明がたくさん流れ込んでくるため、自分たちのキャパシティに合うものと合わないものを選別していく必要がありました。レヴィ＝ストロースはこれを「フィルター効果」と呼んでいます。日本は多くのものを並列的に並べ、そこから自分たちに合うものを取り出して配合し、組み合わせるのが得意です。この作業を常に行っているので、帰納的な発想法を持ち、経験知を重視した意思決定をする傾向が強いように見えます。半面、真理は世界に一つしかないという発想がないので、「何でもあり」という融通無碍な面もあります。

この背景には、宗教観の違いもあるでしょう。よく指摘されることですが、日本は太陽神である天照大神をはじめ、八百万《やおよろず》の神々が植物、動物、鉱物などすべての自然に宿っていると考える多神教の文化です。一神教のように全能なる神が人間を善に導くという発想がありません。では、日本には哲学がないのかというと、これがまさに哲学であって、すべてが自然の連鎖の中で動いていくという発想法を持っているのだと思います。

前章では、アメリカ西海岸のイノベーターたちが日本の禅をはじめ東洋文化を積極的に吸収しているという話がありました。そう考えると、日本の宗教観や文化的基盤の中にも彼らの言う「自律分散」的要素が含まれていて、それがフランス人からも評価されていると言えるのではないでしょうか。

2 日本文化のアヴァンギャルドたち

さて、ここまで抽象的な話が続きましたので、今度は具体的にフランス人が認める日本のアヴァンギャルドたちを紹介しながら、「他者の目を通した」日本文化の特徴を再確認していきましょう。

◆浮世絵の空間構造

最初に登場するのは、やはり葛飾北斎です。2014年には、日本をはじめ世界各地に所蔵される北斎の作品をパリに集め、「北斎展」を開催しました。パリ万博の際に建てられたグランパレという大会場で行いましたが、フランスの企業が「北斎をやるなら」と国際交流基金のパートナーになり、多額の資金を出してくれました。

よく知られることですが、フランス人が浮世絵に驚愕したのは、何と言ってもその構図と線の描写の素晴らしさでした。非対称的な構図で自然を描いているのですが、波しぶきの形など、一瞬の空間構造を捉えて、また対象物をイメージ化して描くという、明確な視点を持っています。

また、版画ですから一枚一枚重ねて色をつけるので、色数には限界があります。ただ、浮世絵は線が命ですので、線で多くの対象物をダイナミックに描く能力が高いのだということに、フランス人は気づきました。北斎漫画はその典型で、二次元的に描きながら、ほぼすべての顔の表情を描いています。北斎漫画は今日のマンガブームにもつながっているのですが、マンガは（彼らとは異なる）日本人のリアリスティックな「物の捉え方」の特徴を表しているのです。

さらに、物事を単純化し、余計なものを描かないのも大きな特徴です。19世紀以前のヨーロッパの自然主義は、綿密にすべて描かないと絵ではないという発想がありました。対する浮世絵は主観的に認識したものを表現する芸術ですので、19世紀後半からの印象派や象徴主義などの芸術家たちと共鳴し、自然主義からの転換を促すきっかけとなりました。

象徴主義とは、一つひとつの現象を分析的に見るのではなく、全体を総合的に見ようという芸術運動です。一瞬の自然の動きや雰囲気を頭の中で再構成して、言葉や色彩、音楽で表現しようとします。音楽の分野ではドビュッシー、ストラビンスキー、ラベルなどが象徴主義の流れです。ベートーベンのように旋律がきれいに並んでよどみなく流れる音楽から、東洋の5音階を入れたりして、認識の中に絵が入ってくるような音楽をつくったのです。これは、浮世絵が西洋文化との「新たな結びつき」を得て、イノベーションを起こした例と言えるでしょう。

私は、これを2014年の文化会館のテーマにして、「北斎とドビュッシー」という企画を立てました。舞台上でピアニストにドビュッシーの「海」を弾いてもらい、北斎の浮世絵を巨大スクリーンに拡大して見せながら、音楽を聞いてみると音と映像が共鳴して、立体的になり、また北斎の富嶽三十六景の「神奈川沖浪裏」の大きな波しぶきが動いているように見えました。3Dのような別の効果を生むわけです。こうした取り組みが、異文化相互の新たな結びつきを生み出す触媒になればと期待しています。

図表9－1　黒楽焼茶碗

◆緻密な不完全性の美学

フランスでは楽焼（楽茶碗）もたいへん人気があり、「楽狂い」と言われるほどの人もいます（図表9－1）。ある意味では、フランス人が捉える日本的な美がここに集約されていると言えるかもしれません。たとえば、楽焼は「手《て》捏《づく》ね」といって手で捏《こ》ねて作られているので、形状も完全な円筒ではありませんし、厚みも微妙に不均一です。それでも、そこに確かな美しさをまとわせているのは、素材を生かし、自然な流れに従おうとする職人たちの洗練された技術があるからです。細部まで緻密につくられていながら、全体として不完全な形を残し、その中に美を見出だすわけです。

こうした伝統工芸の技は、現代の日本の精密機械技術にも受け継がれているようで、たとえば松下電器産業（現パナソニック）の創業者・松下幸之助氏（1894–1989）は「製品は工芸品のようにつくれ」という名言を遺しています。あの方は茶人でもあり伝統文化に造詣が深かったので、先端機械技術と伝統工芸技術とを同じ目線で捉えていたのでしょう。

◆伝統こそ革新、文化の中に隠れた論理

そんな松下幸之助氏が好きだった作品の一つが、友禅作家・森口邦彦氏の着物です（図表9－2）。

図表9－2　森口華弘・邦彦氏の友禅

森口華弘「駒織縮緬訪問着早流」
写真提供：公益社団法人日本工芸会

森口邦彦「位相重ね鱗花文」

松下氏は「物に惚れているのではない、つくっている人間に惚れているのだ」と言ったそうですが、邦彦氏は父・華弘氏に続いて親子2代で人間国宝（重要無形文化財保持者）に認定されています。

ちなみに、私はフランスで「人間国宝という制度は、世界に冠たるよいシステムだ」と褒められたことがあります。人間国宝は技術が人間の体の中に入り込んで体化している状態ですので、それこそが最高の技術だと見なしているのでしょう。

華弘氏と邦彦氏の友禅を比較すると、前者は抽象化しながらもまだ友禅らしい意匠が残っていますが、後者になると幾何学模様のように変形していきます。邦彦氏は、フランスの装飾技術学校に3年ほど留学し、そこで学んだ西洋的デザイン手法と、友禅の古典的な技術を融合させるという画期的な仕事に取り組みました。もし、彼がずっと京都にいたなら、このようなイノベーションは生まれなかったでしょう。

友禅の着物は、まず幅38センチ、長さ約12メートルの反物を裁断して仮仕立てをし、下絵を施して反物に戻し、その後でさまざまな工程を経て模様が完成すると、縫製されて立体的な形になります。ポイントは、友禅の動きの中にある動きと、着物の上から下までに流れる動きの中に隠れた数学的比率や秩序を保ちつつ、それを幾何学的な模様に展開するという点です。これこそ日本のプロセス・イノベーションです。

私は、邦彦氏の着物を最初に見たときに、これこそ、文化とテクノロジーを結びつけるカギだと思いました。つまり、伝統の中に内在する秩序を、あえて西欧の論理で外在化し、なおかつ、元の秩序を失わないという手法です。このプロセスこそ、西洋と東洋を結びつけ、文化とサイエンスの間をつなぐものだと確信しました。邦彦氏の展覧会は、私が邦彦氏を直接説得して、2016年にパリで実現にこぎつけました。

邦彦氏は、フランス語も流暢で、日仏の二つの文化を相互に結びつけることができる知識人であり、フランス人監督がつくった、邦彦氏の日常生活を題材としたドキュメンタリー映画は感動を呼びました。撮影は邦彦氏の住む京都の町家で行われ、朝から晩まで、友禅制作、食事の献立や買い物の様子、夫婦の会話までを克明に記録し、「こうした環境と京都での生活のリズムからこんな人と作品ができる」というストーリーに仕上がっています。

邦彦氏にお目にかかった折、彼は「伝統として残っているものが最も革新的である」と語ってくれました。伝統は「過去にあったもの」ではなく、一定の制約のうえで、常に革新を重ねているからこそ現代に残っているのだと。

さらに、着物のデザインは、三越のショッパーのデザインにも採用され、工業デザインへと転換し

図表9－3　森口邦彦氏の友禅と57年ぶりに刷新した三越のショッパー

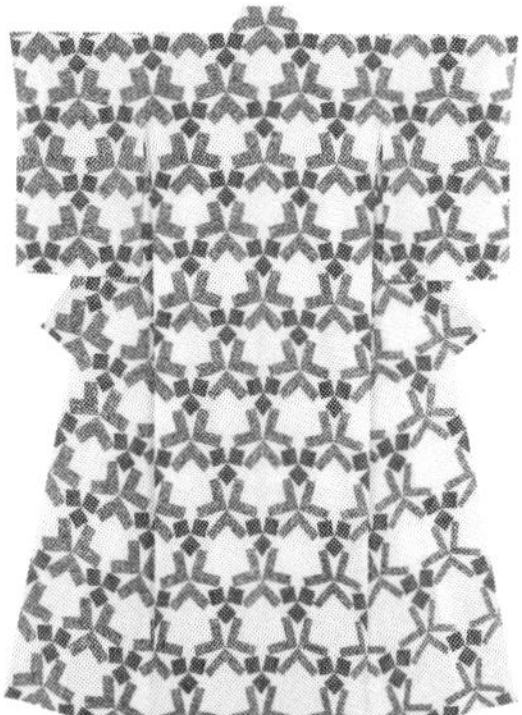

森口邦彦「白地位相割付文 実り」
写真提供：公益社団法人日本工芸会

写真提供：株式会社三越伊勢丹ホールディングス

ました。これもイノベーションの例です。図表9－3は皆さんも見覚えがあるのではないでしょうか。2014年、三越がパッケージを57年ぶりに刷新し、このデザインを採用しました。伝統工芸が新しいデザインをつくり出した一つの成功例ですが、私はこの適応の仕方に日本人の発想の柔らかさと強みを感じます。

◆時間を色彩で表現する

もう一人、志村ふくみ氏を紹介しましょう。志村氏も人間国宝に認定されており、2014年には稲盛財団の京都賞を受賞されました。私たちは、2014年11月から15年1月にかけて、志村ふくみ氏・洋子氏親子の作品展覧会をパリ日本文化会館で開催し、大変な好評を博しました。

ふくみ氏は、時間の推移を自然の情景における色彩の変化として捉えます。それを頭の中で再構成して、そのイメージを基に糸を染め、織っていくのですが、ゆっくりと流れている時間を色の変化によって表現するので、とても細かい糸の使い方をします。北斎が一瞬を切り取って見せたのに対し、ふくみ氏は自然をじっくりと眺め、その緩やかな時間の流れ——消えていった色の残像と、立ち現れた眼前の情景、そしてこれから浮き出ようとしている色の気配——を一枚の着物の上に構築して見せるのです。

またふくみ氏は、自身の色彩感覚や思想を客観的に「論」として語ることのできる数少ない日本人アーティストの一人だと思います。彼女は自らの色彩論を次のように語ります。すなわち、私たちの見ている自然界の色は、物理的には存在していない。光によって私たちの目に入るときに緑や赤に見えるだけで、その植物を煮て色だけ取り出そうとしても出てこない。むしろ無色に近い光に、人間が鉱物（触媒）を加えることによって、緑や藍などの色に変化させるのである。つまり、植物の色を人間の手によって復活させる作業が染色なのだと。

そのことを、ふくみ氏はゲーテの光の理論で納得したそうです。光には、色はないという。それなら、なぜ色になるのか？　夕焼けの赤色は、太陽の光が地球上に入ってきてさまざまなものにぶつかり、いろいろな要素を組み込むことによって出来上がります。その色を再生するには、植物、動物、鉱物すべてが必要なのです。

残念ながら、本書ではその色合いを伝えられませんので、ぜひ志村ふくみ氏・洋子氏のホームページをご覧ください（https://shimuranoiro.com/）。

3　文化的基盤から科学技術への展開

以上、フランスという他者の目を通して日本文化の特徴を客観的に捉え直そうとしてきました。ここで、彼らの指摘する日仏の顕著な相違点を簡単に整理すると、次のようになります。

まず、日本人は、直感、経験、実践を重んじ、帰納的に思考する傾向があると言われます。これは、一つの真理・普遍的前提から演繹的思考によって正しさを追求していく西欧の伝統とは対照的に捉えられます。

次に、自らを中心に置かず、複数の価値を並列的に捉える姿勢は、自然と人間の関係を対立構造では捉えず、中立的に接する傾向につながっていると言われます。

そして、日本人には「不完全なものをこそ敬う心」があります。これは、岡倉天心の『茶の本』に出てくる言葉でもあります。もっとも、私に言わせればフランス哲学にも同様の思想・人間観があって、だから共感するのではないかとも思っていますが。

では、こうした特徴がどのように科学技術の発展へと結びつきうるのか、あるいは、こうした文化的基盤を持った日本にはどのようなイノベーションのあり方や方向がありうるのか、（かなり難しいテーマですが）私なりの考えをまとめてみたいと思います。

◆破壊せずに創造する——イノベーション・イメージを変える

直感・経験・実践によって体得したものを使いながら一歩一歩前進するという発想を、生産の現場、たとえば工場に持ち込むとどうなるでしょうか？　まさに皆さんお馴染みの「ボトムアップ」型「カイゼン」運動になりませんか？　質が高く当事者意識の強い現場の労働者が「カンバン」によって情報を共有し、組織的に動いていくイメージです。

もっとも、先日トヨタの執行役員の方にお話を伺ったところ、トヨタではイノベーションという言葉を使わないのだそうです。イノベーションは意図してできるものではなく、またある日突然起こるものでもなく、毎日のあらゆるマージナルな対応を積み重ねて到達した「とある地点」のことだからです。小さな実践を積み重ねる途上の一地点が、あるとき社会的に大きなインパクトのある価値を生み出し、それがイノベーションと呼ばれるようになる……どこか、先ほどの日本文化の特徴にしっくり馴染むような気がしませんか？

イノベーションとは何かを考えたとき、私たちは当然のようにシュンペーターの「創造的破壊」を思い浮かべるのですが、歴史的文脈も文化的基盤もこれだけ違うのですから、私たちの「イノベーション」観があってもよいのではないかと思うのです。つまり、「破壊せずに創造する」イノベーションです。

しかも、これを表現するよい言葉が日本にはちゃんとあります。それが「守破離」、すなわち引き継ぐものは正しく引き継ぐ（守）、自分を理解し、受け継いだものをよりよい形へと改善・改良する（破）、そして新たな知を啓いていく（離）。こうした「守破離」型イノベーション・イメージを、私たちは馴染み深い発想として自然に共有することができると思いますし、世界に向けて発信することもできるでしょう。

◆工房の復権――多様な教育と継承・開発の場を支援する

それでは、伝統工芸技術に見られるような制作スタイルを先端技術にうまく適用することはできないでしょうか?

実は、これもすでに実践例があります。たとえば新幹線の先端、すっと伸びた「顔」部分は、職人の手作業でつくられているのだそうです。車両の形状が車種によって異なるうえ、車種ごとの生産量が少ないため、大量生産に向かないという事情もありますが、金型を用いずに正確な曲線を描き出す「打ち出し工法」が継承されていればこそ、こうした方法も可能になります。しかも、資材は鉄板からアルミニウム、さらにジュラルミンへと変化してきているそうで、それに伴い技術も改良・開発されてきました。まさに「守破離」が実践されているのです。

このように日本の町工場の優秀さを示す例はたくさんありますが、これは伝統工芸の現場で言えば「工房」という制作スタイルに当たります。私は、こうした工房の存続をもっと公的に支援していくべきだと考えています。それと言うのも、工房は単なる制作の現場であるだけでなく、人材教育と技術継承・開発の場でもあるからです。とくに地方の工房は工芸技術の宝庫ですので、科学技術振興を図るうえで地方に残っている工芸・工業技術の再評価・再利用はぜひとも取り組むべき課題だと思います。

しかも現在、工房も町工場もどんどん消滅しつつあります。現場の高齢化が進み、継承者が不足しているのです。地方都市では、さらに深刻です。私は、学生が工房めぐりをし、そこで訓練を受ける制度をつくってはどうかと提案しています。工学部の学生などが研究室で実験するだけではなく、工房で土の使い方、鋳物の使い方、熱の加え方や止めるタイミングなどを身につけるような、手で触れ勘を磨く人材育成を行うべきだと思います。

人材教育に関連して、海外留学についても一つ言わせてください。海外経験を積むことは大変重要なのですが、日本人が海外へ出ると、「追いつけ追い越せ」的に西洋を学ぶことを留学だと思ってしまう傾向があります。しかし、「西洋にならえ」という発想で帰国するのでは意味がありません。大切なことは他国を仰ぎ見るのではなく、彼我を相対化して眺めることで、自己をより客観的かつ深く理解する視点を身につけることです。そのためには、日本の歴史や伝統文化・技術をきちんと勉強し、アイデンティティの基礎を育んだうえで留学するほうがよいでしょう。これは、学生本人もさることながら、彼らを送り出す大学側も考えるべき課題だと思います。

◆ミドルアップ・システムの構築――日本型システムをモデル化する

やや「現場」と「経験」を強調した提案をしましたが、この発想には弱点もあります。そこに内在する「システム」が自覚されにくくなってしまい、普遍化・モデル化して説明・普及することができないのです。概念化できなければ、改良・更新も難しくなってしまいます。

しかし、これについてもトヨタに一つの答えがありました。トヨタの経営は、ボトムアップでもトップダウンでもなく、「ミドルアップ」なのだそうです。トップダウンの面もありますが、通常はまずボトムアップで上がってきたものがミドルでいったん止まります。そして、ミドル・レベルで水平方向の総合化と選択が起こり、それがトップに上がるというのです。

つまり、ただ上からの指示に従うのでもなく、また下から来たものがバラバラと上がっていくのでもなく、ミドル層が選択・整理して方向を与えるという考え方です。トヨタの場合は大規模な組織での運用になりますが、少人数の工房でも、個人の成長プロセスとしても適応できると思います。先ほどの「守破離」プロセスを具体化する際にも、参考になりそうです。日本のイノベーション・システムを概念化するものの一つとして、ぜひ理論化して発信すべきだと思います。

おわりに——ヒューマニティという価値

さて、このように日本の文化的土壌を捉え直したうえで、私たちは今後どのような課題に取り組むべきでしょうか？　喫緊の社会的課題は多々ありますが、それらに向き合うときの姿勢として、私は「ヒューマニティ」という問題意識を提起したいと思います。より科学技術開発に沿った言葉を使うなら、「人間工学」を日本の強みにすべきではないか、という表現になります。

たとえば、新幹線を見てください。300キロの速度で移動するのですから、人間の体には大きな負担がかかっているはずですが、グリーン席はもちろん普通席でも快適性が保たれています。フランスの新幹線であるTGV（テジェヴェ）の座席は、リクライニングの研究が不十分なのか、正直なところ疲れます。英仏海峡をつなぐユーロスターも、ファーストクラスでさえ背もたれの角度が小さくて、ほとんど直角状態で乗っていなければいけません。些末なことのように聞こえるでしょうが、人間とのかかわりで考えると、そうした細かい工夫の絶えざる積み重ねが新幹線の快適さを実現しているのだと思います。

こうした日本の突出した技術は、しばしば「ガラパゴス化」と自虐的に言われたりもします。その中には確かに、社会のニーズを丁寧に探ることなく、ひたすら性能の向上に突き進んでしまった例もあるでしょう。しかし、社会に受け入れられなかったのは、その製品が持っている価値を提案する努力と工夫が足りなかったからという面も、ずいぶんあるのではないでしょうか？

そして、うまく提案できない背景には、自己を客観的に把握し、理論的に説明するのが苦手という、私たちの文化的傾向も関係しているように思えます。安易に「日本特殊論」という名の孤立化を選ぶのではなく、「これが新たなスタンダードだ」と訴える努力をすべきでしょう。その際に、「ヒューマニティ」というキーワードは、人間とのかかわりを細部まで徹底的に研究する日本の強みを生かせると同時に、国際社会に共有されるだけの価値をも持っていると思います。

もしも私たちが自身の培ってきた方法論を理論化して共有できれば、失われつつある日本型イノベーション・プロセスを回復し強化することができるでしょう。また、もしも私たちが自らの強みをしっかり生かして新たな価値を国際社会に提案できれば、日本経済もまだまだ成長できると思います。

皆さんは、どのように考えるでしょうか？

第10章 イノベーションは誰のものか？
——科学の資金調達と日本の知識戦略

上山 隆大

慶應義塾大学総合政策学部教授（現・総合科学技術・イノベーション会議常勤議員）
1958年生まれ。大阪大学経済学部卒業、大阪大学大学院経済学研究科博士前期課程修了、同博士後期課程修了。スタンフォード大学大学院歴史学部博士課程修了（Ph.D.）。2013年3月まで上智大学経済学部教授、2013年4月より現職。政策研究大学院大学客員教授。
主な著書に、*Health in the Marketplace: Professionalism, Therapeutic Desires and Medical Commodification in Late-Victorian London*, SPOSS（2010）、『アカデミック・キャピタリズムを超えて——アメリカの大学と科学研究の現在』（NTT出版、2010年）。

黒田　第Ⅲ部の最後は、イノベーションに関する生産と分配の問題を取り上げます。皆さんは本書で「科学とは何か、技術とは何か」という本質的な問題を数百年の歴史のなかで捉え直してきましたが、上山先生によれば、それが20世紀後半に大転換したというのです。

上山先生は、今日のアカデミアの国際的潮流を生み出したアメリカに注目し、政府の関与が科学と技術、大学と産業との関係を変え、知識の私有化と市場化をもたらした過程を独自の調査・研究に基づいて描き出します。そこから浮かび上がるのは、長期的な戦略のもとで大胆かつしたたかに戦う大学の姿と、そうした競争的な科学技術市場を創り出したアメリカ政府の知識戦略です。

では、日本はどうすればよいのでしょうか？　このあたりで、個人の目線から大学さらには日本を見渡すところまで視点を高め、社会全体の課題を戦略的に考えてみてください。グローバルに活躍するには、そうした思考もまた必ず役に立つはずです。

はじめに

本章の切り口は、「科学のファイナンス」です。皆さんの中には、これから大学院で勉強し、やがて大学や企業で研究・開発に携わる方々もたくさんいると思います。では、皆さんの研究費はどこから出るのか、考えたことがありますか？　学部の実験で使うシャーレくらいなら授業料で賄えるかもしれませんが、研究で使われる高額な機械や貴重な試料、皆さんが受け取る奨学金は、何らかの資金を調達しなければ手に入れられません。その「資金を手当てすること」を「ファイナンス」と言います。

実は、このファイナンスの方法が科学技術研究のあり方を強く規定します。そして１９７０～80年代に伝統的な科学観を大きく転換させてしまうのです。それは、ファイナンス問題を通して、科学と国家、科学と市場とが深くかかわるようになり、それが大学を変え、ひいては知識・情報のあり方まで変化させたからでした。私たちは現在、そうした歴史的な奔流の中にいます。

本章では、科学技術研究に必要な資金がどこから生まれ、その成果がどのように社会に伝えられ、経済価値に転換されるのか、またそれが知識や情報、科学や技術のあり方にどのような影響を与えたのかを辿っていきます。そして最後に、これからの日本の知識戦略について考えてみたいと思います。

1　科学の成果は公共財か、私有財か？

◆かつて、科学は公共財であった

19世紀から20世紀前半までの伝統的な科学の世界は、図表10－1のような4つの特徴を持っていました。

これはマートン（Robert K. Merton）のCUDOSモデルと呼ばれる科学の伝統的な捉え方ですが、戦後アメリカを中心とした科学認識については、より詳しく特徴を挙げることができると思います。

第1に、科学者は真理の探究という公益（public benefit）を追求しています。

第2に、科学知識は人類共通のものであり、科学研究は科学者の個人的な利益のために行っているものではありません（unselfish）。

第3に、科学の成果は、科学者に対し「authorship」としてのみ付与されます。これは、科学の成果はその人個人のものではなく、当人に与えられるのは「ニュートンの○○」、「アインシュタインの

図表10－1　科学のCUDOSモデル

- 科学的真理は共有される（Communalism）
- 科学的真理は社会の力から自由である（Universalism）
- 科学的真理は私的利害を超越する（Disinterestedness）
- 科学的真理は専門家の組織的懐疑主義に基づき見出される（Organized skepticism）

○○」といった具合に発見者・発明者としての名前のみであるということです。第4に、科学の知識は世界中で共有されます（international）。第5に、科学知識の生産には高い不確実性が伴います（uncertainty）。いったい、どれだけの資金を投入すると、どんな科学知識を生み出せるのかは、誰にもわかりません。

しかも第6に、1940年代以降のアメリカでは巨額の資金を必要とする科学的活動（big science）が盛んになります。すると、民間では資金を賄えないので、公益に資する活動への支出として国がファイナンスするしかありません。したがって第7に、国民の税金が投入される以上、不特定多数の人々の資金が投入されていることになり、分け前を個々人に分割することが難しくなります（indivisibility）。

結果、第8に、それを個人の所有物とすることができなくなります。

こうした大きなコンセンサスが、戦後の社会にはあったのだと思います。しかし、冒頭に述べたように、それが1970年代以降、劇的に変わっていくのです。

◆かつて、科学と技術は別物であった

また、こうした変化は知識や情報のあり方まで変えていきます。1970年

代まで、「科学」と「技術」は異なるものだという当然の前提がありました。いわば、「科学技術」ではなく「科学・技術」だったのです。

まず、科学知識とは、基本的に自然に対する知識であり、科学者は自然の法則についての情報を生み出します。また、これは公共性の高い情報ですから、他者へ容易に伝えることができます。誰でも論文を読んだり、セミナーで聞いたりすることができ、それを理解して他者に伝えることもできるわけです。

一方、技術とは、その科学知識から具体的なものに転化された知識・情報であって、それは一定のプロセスを経て産業界へ波及することができると期待されました。科学―技術―産業応用が一直線に結ばれ、つまり科学が生み出す情報は、目に見え、手で触れられる技術となって産業界での開発を生み出し、その結果が経済波及効果を生み出して社会に還元されます。だから、基礎的な科学研究にお金を投入することは有益なのだ、という論理です。これは科学研究をファイナンスするための説明責任（アカウンタビリティ）を果たす論理として、強い役割を果たしました。

実は、戦後のアメリカは「科学技術はやがて産業に活かされ、アメリカ経済を潤す」という論理を打ち立てられたからこそ、世界中のどの国よりも基礎研究に大きな財政的支援をすることができたのです。この点を踏まえなければ、アメリカの科学技術の発展を正確に理解することはできないと思います。

◆科学と経済学の二人三脚

そして、その論理を支えたのが近代経済学でした。経済学の理論が、科学技術開発への公的財政支援を正当化する根拠を与えたのです。

その第1のキーワードは、「公共財」という考え方です。経済学では、公共財を二つの特徴から定義します。それが「非競合性」と「非排除性」です。非競合性とは、その財・サービスを利用する人が増えても、利用者の享受する便益が減らないことです。たとえば、海と山を一望できる美しい景観があったとしましょう。あなたがその景色を鑑賞しているところへ私が見に来ても、景観（から受ける便益）が減るわけではありません。一方、ラーメンのような一般的な財（私的財と言います）は、私が食べてしまえば、その分はなくなってしまいます。

もう一つの非排除性とは、対価を払わずにその財・サービスを利用しようとする人を排除できないという性質です。たとえば、先ほどの美しい景観は、あなた方が税金を支払っている地元の自治体によって保全されているとしましょう。しかし、私は税金を納めていないにもかかわらず、景色を堪能することができます。

では、なぜこうした性質が問題になるのでしょうか？　それは、対価を払わずに誰でもいくらでも享受できるなら、誰も費用を負担しようとはしないからです。そして、誰も費用を負担しなければ、その財・サービスを供給することもできないでしょう。

一般に、市場で扱う財・サービスは競合性・排除性を備えているからこそ、消費者は対価を払い、生産者はその対価を受け取って財・サービスを供給することができます。しかし、公共財は対価を受け取ることができないため、市場ではうまく取引できないのです。これが第2のキーワード「市場の失敗」です。

科学技術が広く公開され、誰もが利用できるなら、誰が費用を負担してくれるでしょうか？　それができるのは、公益増進を目的とする政府など公的機関だけです。こうして、科学技術開発への税金の投入が、経済学によって正当化できるようになったのです。

この他にも、科学技術開発には市場の失敗を引き起こす特徴があります。たとえば、研究に巨額の資金が必要で、民間では調達できない場合。資金を投入しても成果が出るかどうか不確実性が高く、民間企業ではリスクを引き受けられない場合がそれです。開発に成功した企業だけが報酬を享受し、後れを取った企業が何も得られないような場合も、やはりリスクが大きすぎます。また、個々の科学者は探究心に駆られて研究に打ち込むので、報酬（価格）を釣り上げたところで、より優れた研究成果が出るかどうかはわからないといった点も、市場メカニズムがうまく働かない原因になります。

こうした特殊な財・サービスの特徴は、経済学の中の「公共選択論」という分野で詳しく研究されました。科学技術研究は、経済学者たちによって市場の失敗の典型例だとみなされ、その学説を科学者たちは利用したのだと思います。

2 「科学の共和国」アメリカの誕生

◆反知性主義の伝統と「基礎科学」の創出

では、なぜそもそもアメリカではそのような論理が必要だったのでしょうか？　これには、アメリカの特殊な歴史が関係しています。

まず踏まえておくべきことは、アメリカは1920年代まで科学の二流国だったということです。ヨーロッパに留学をしてPh.D.を取得した人がアメリカに戻ってきて、アメリカの科学界をつくっていったのです。

また、アメリカはもともと西部開拓の精神を尊ぶような、強い反知性主義の伝統があります。大学の先生がアームチェアに座って深く思考し論文を書くような、いわばヨーロッパ的な知性に対する反発があったのです。

そのような逆風の中で、産業にすぐ役立たないような科学研究をどのように成立させればよいのか？　そこへ登場したのがバネバー・ブッシュ（Vannevar Bush 1890–1974）という科学者です。彼は、科学を基礎科学（Basic science）と応用科学（Applied science）に分け、基礎から応用、開発、製造へと結びつくモデルを作り上げます。そして、この「神話」的物語を生み出したことによって、アメリカは、先ほど述べた基礎研究への巨額な資金投入を可能としたのでした。「基礎科学」とは、軽んじられがちだった基礎的研究をファイナンスするために生まれた言葉だったのです。

図表10－2　大学における基礎研究、応用研究、製品開発の予算獲得比率

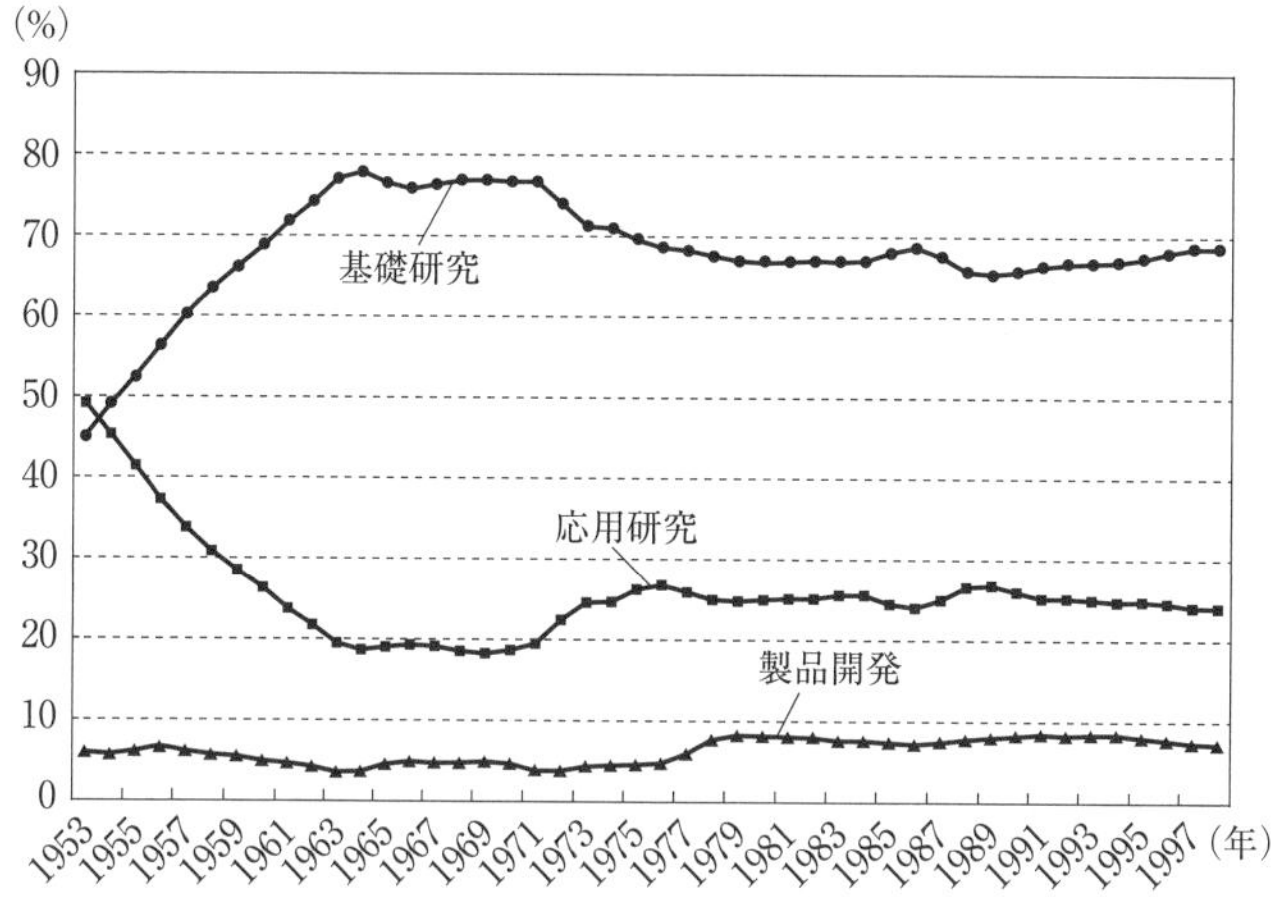

図表10－2は、大学における基礎研究、応用研究、製品開発の予算獲得比率を示しています。50年代に基礎科学と応用科学の比率が逆転し、以降、基礎科学が高い水準を維持していることがわかります。そして、科学研究資金の50％以上（60年代後半には70％以上）が連邦政府から供給されていることも覚えておいてよいでしょう。

ちなみに、この（神話的）物語の創出は、日本にとっても非常に示唆に富むエピソードです。自然科学であれ人文・社会科学であれ、なぜこのような学術活動に社会が生み出した富を投入することが正当化されるのか？　神話という表現は語弊があるかもしれませんが、社会に対する説明責任を果たすには、国民が納得のいく物語を提供することが必要だと考えています。

◆軍はパトロンにして上得意

アメリカにおける科学研究の特殊な歴史を語るう

図表10－3　アメリカの科学技術研究に対する資金供給者別比率

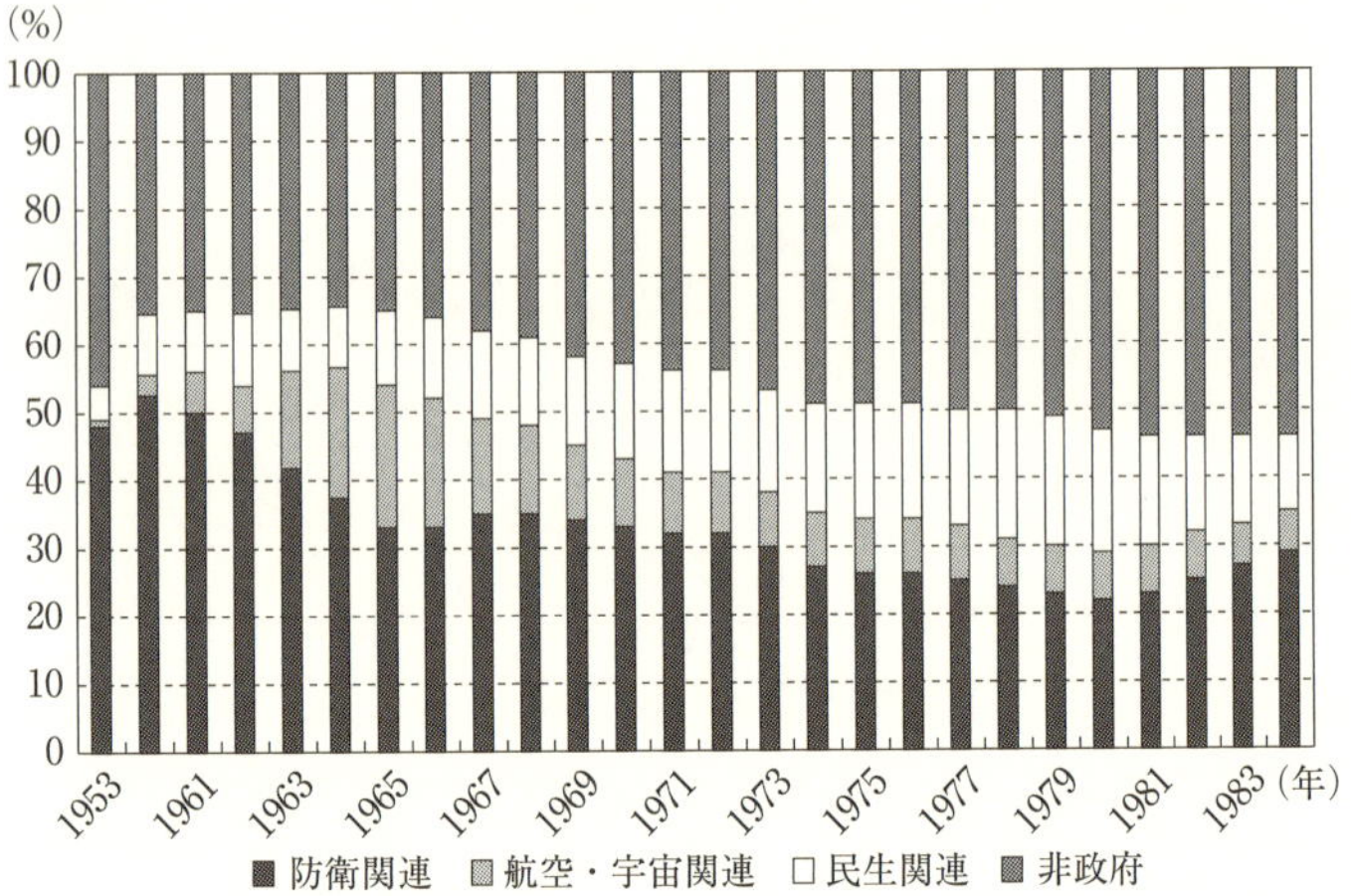

えで、国防総省（ＤＯＤ）の存在も欠かせません。図表10－3は、アメリカの科学技術研究に対する資金供給者別比率を見たものです。戦後間もなくはほぼ50％、その後70年代前半まで30％以上を軍事関係の資金が占めています。もちろん東西冷戦が背景にあるわけですが、この相当部分が基礎研究に投入されていることは注目に値します。その中でも戦中・戦後にかけてのマサチューセッツ工科大学（ＭＩＴ）に対するＤＯＤの資金投入はよく知られています。

また、ＤＯＤは単に研究資金を供給しただけでなく、そこから生まれた先端技術を使った製品の購入者であったことも忘れてはいけません。初期の半導体（ＩＣ）産業にとって、最終製品の大口購入元はＤＯＤやアメリカ航空宇宙局（ＮＡＳＡ）だったのです。つまり、政府の軍事部門が資金供給と製品需要の双方から基礎科学研究と関連産業を支えたのでした。これを「隠された産業政策」と呼ぶ論者もいます。

3　アカデミアの研究開発戦略

◆スタンフォード大学のR&D戦略

それでは、こうした政府の政策に対し、各大学はどのように対応したのでしょうか？　本節では、主にスタンフォード大学の例を取り上げながら、「大学のR&D戦略」を見ていきたいと思います。

1950年代、スタンフォード大学は西部の小さな大学にすぎませんでした。この大学が生き残りのために考えたのが、どのようにして政府関係の外部資金を手に入れるかという戦略でした。そのときのモデルはMITです。MITが戦中から戦後しばらく獲得していたDOD関係の研究助成金（Grants）と研究契約（Contracts）を、スタンフォードも狙いました。

図表10－4は、スタンフォード大学が獲得した外部資金の内訳です。戦後初期には、まず国防省関係、次いで原子力委員会（AEC）の資金を獲得しています。しかし、1970年前後からライフサイエンス系（国立衛生研究所：NIH）が顕著に伸びていることが窺えます。では、この時期に何が起こっていたのでしょうか？　スタンフォード大学の戦略転換を追ってみましょう。

◆医科大学院の大改革

図表10－5は、部局ごとの運営予算（Operational Budget）に占める外部資金割合の変遷です。やはり生化学と遺伝学の両部局が高水準を保っています。実は、スタンフォードの医科大学院の中に生化

図表10－4　スタンフォード大学の外部資金の内訳変遷

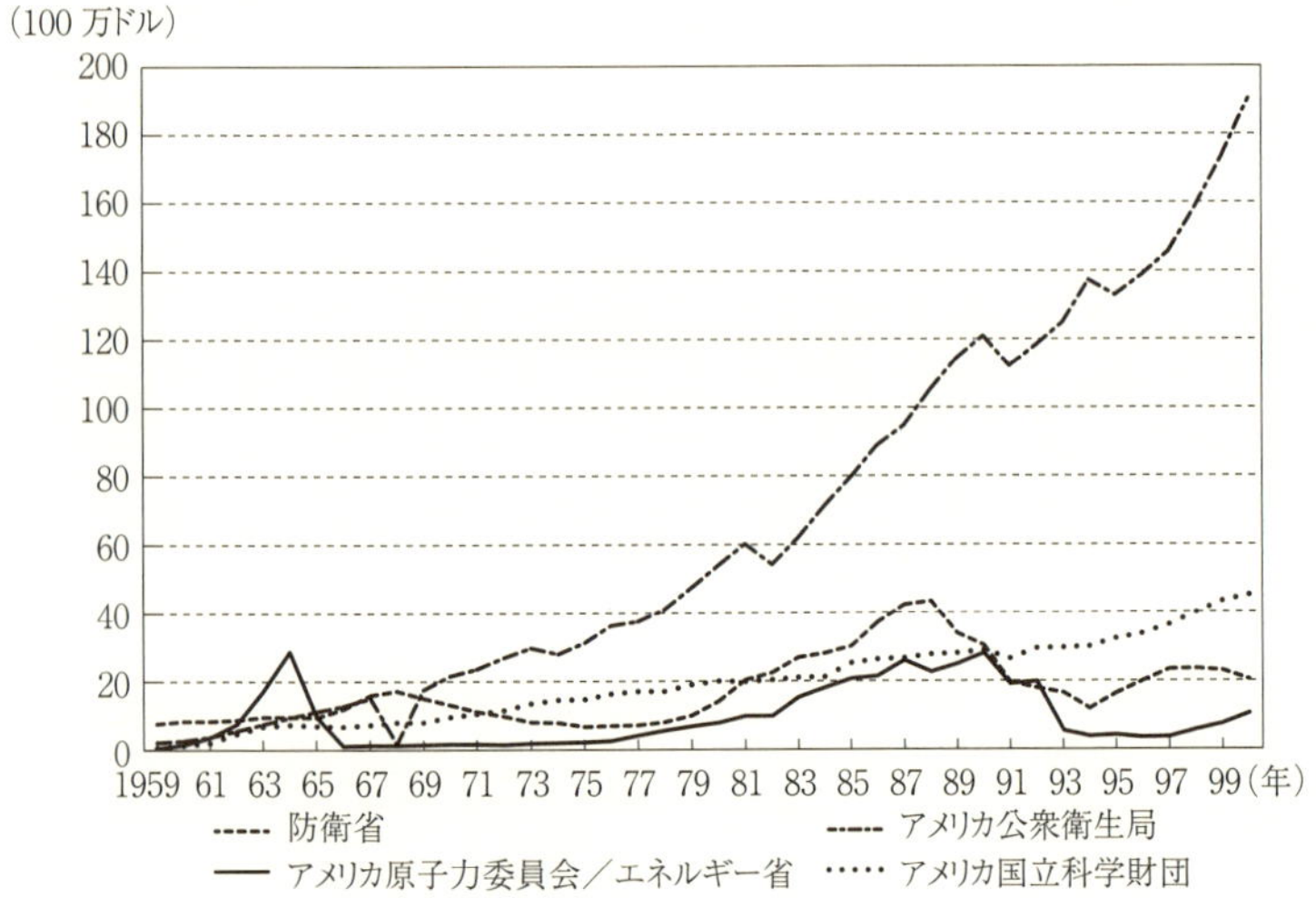

学と遺伝学の部局ができるのは1958年、59年です。それまでスタンフォードの医科大学院は臨床が中心で、これら科学系の部局はなかったのです。つまり、医科大学院の大改革を行って科学的研究を担う部局ができたことにより、急速に外部資金が入ったのでした。

その改革の中心人物が、当時の学長スターリング（Wallace Sterling）と学術担当副学長（プロボスト）のターマン（Frederick Terman）です。スタンフォードはそれまでサンフランシスコに医科大学院と大学病院を持っていたのですが、57年にそれらを現在のパロ・アルトに移します。

移設の理由は、「これからは臨床的な医学研究や教育ではだめだ。科学的な医学をやらなければいけない。そのためには、科学者が集まっているパロ・アルトのキャンパスに医科大学院を移さなければいけない」と考えたからです。臨床を中心に考えるなら、患者が多いサンフランシスコに大

図表10－5　スタンフォード大学の運営予算に占める部局ごとの外部資金の割合

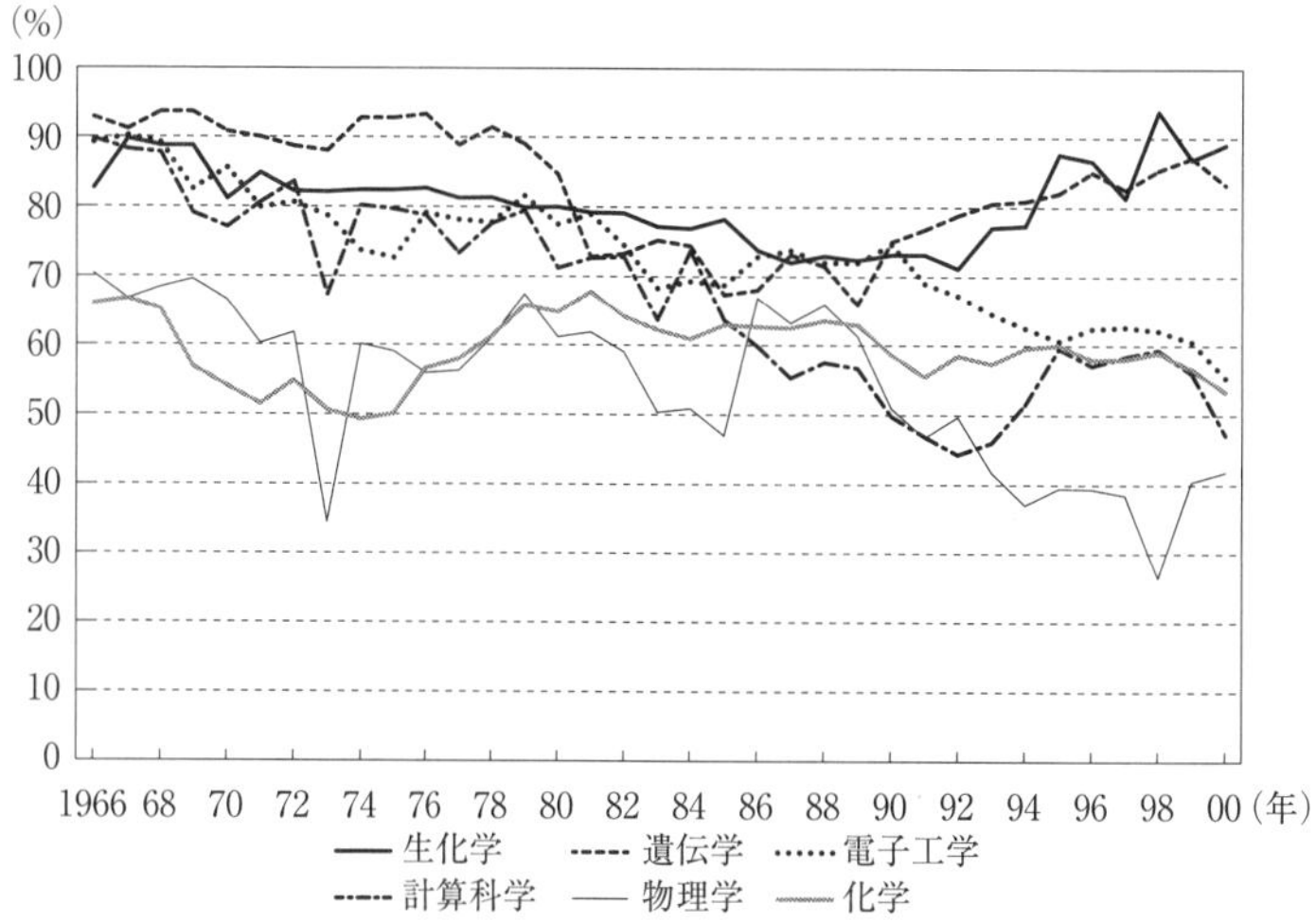

学病院を置くことには大きなメリットがあります。しかし、科学的な研究に軸足を移すためには、かえって足かせになってしまいます。彼らは57年に当時の医科大学院教授たちをいったん解雇して、新たに医科大学院を発足させました。

このとき彼らがモデルとしていたのは、工学研究科や物理学科がDODやAECとの関係から獲得していた資金でした。彼らは医学の研究を科学志向にシフトさせることでNIHやAECから研究資金を獲得し、大学の財務環境を一変させようと考えたのです。医科大学院改革は、スタンフォードにとって新しい流れに乗るための一つの戦略だったと言えます。

◆大学は長期経営戦略を

では、この大改革の結果を確認しておきましょう。図表10－6は、医科大学院の外部資金比率の推移を各学科および学部全体で見たもので

図表10－6　スタンフォード大学医科大学院の外部資金比率の推移

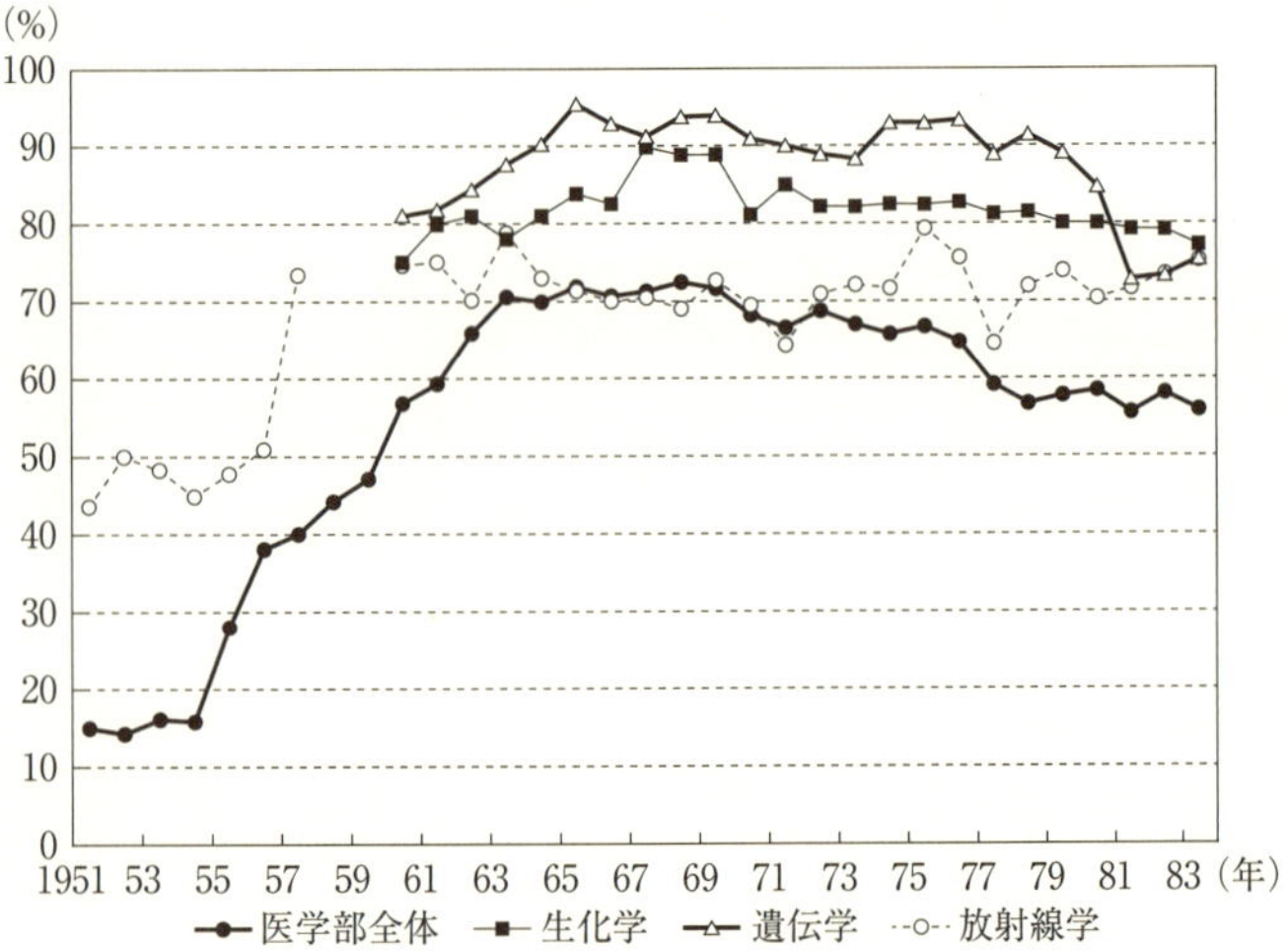

す。1950年代は放射線医学のみが資金を獲得しています。これは民間企業と物理学者との産学共同研究で、放射線治療技術の開発を行ったものです。そして50年代末に生化学・遺伝学の部局をつくった途端に、潤沢な外部資金を手に入れるわけです。

ここで強調すべきは、スタンフォードがこうした改革をきわめて戦略的に狙いを定めて行ったということです。この頃から、大学が高度かつ長期的な戦略を持って科学研究と組織経営を行わなければならない時代へと入っていくのです。

4　科学知識の大転換

さて、いよいよ1970年代後半から今日へと続く、科学知識の大転換期へ入っていきましょう。私たちは現在、いかなる時代のただ中にいるのでしょうか？

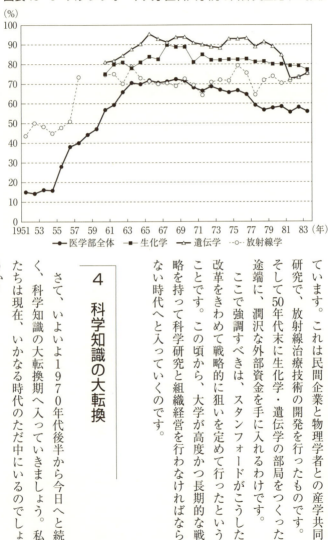

図表10－7　大学の研究開発への政府系機関による資金

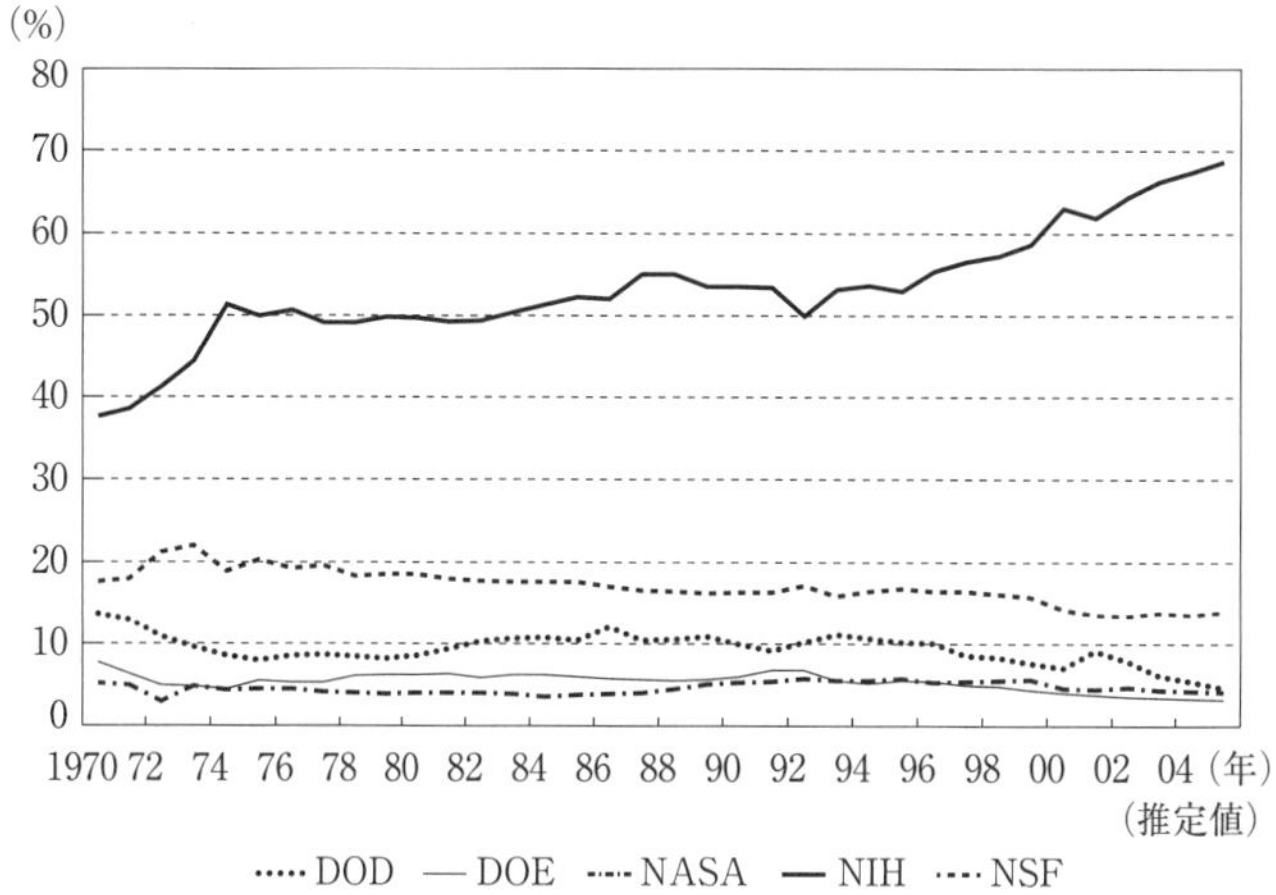

◆ライフサイエンスという知の特徴

この時期の大きな特徴として、まずアメリカ政府の資金供給源の主力が物理・工学系（DODやNASA、AECなど）からライフサイエンス系（NIHなど）へと推移していきます。1970年にはニクソン大統領が議会でがん撲滅宣言をしますが、この背景には国民の関心が医療・健康問題へと移り、「国益」に適う分野として予算を投入しやすかったこともあるでしょう。また、ライフサイエンスが新産業として将来を有望視されたこともあるでしょう。図表10－7は、政府系の各機関からアカデミアに流入した資金を示しています。1970年以降ですが、ライフサイエンス系資金の規模が突出していることが見て取れます。

ここで注意すべきは、ライフサイエンスという知の特徴です。遺伝子解析などに代表されるように、ライフサイエンス系は基礎科学の発見がそのまま製薬企業などの応用・実用プロセスに入っていくという意味で、科学と技術がきわめて密接に連動しうる分野です。したがって、工学など従来型の基礎科学と応用科学、大学と産業との関係では見られなかった現象が起こりうるのであり、それこそが新しい産業化の基盤として注目されていたと考えられます。科学研究は、基礎／応用の二元型から、科学と技術が互いにフィードバックし合う連鎖（ネットワーク）型へとモデルチェンジしていったとも言えるでしょう。

このような変化を見るにつけ、大学は何に狙いを定めて研究活動を行うべきなのか、将来を見据えた戦略立案能力が求められていることを痛感します。

◆知識は「情報」から発見のプロセスへ

少し難しい話をします。かつての科学知識は論文に発表された「〇〇の法則」などのように明示的で誰でもアクセスできる公共性の高い情報でした。しかし70年代以降、科学者と産業界とが結びつくことで、その発見の背後にある無数の暗黙知を掘り出し、新たな知識を生み出していく連続的なプロセスが重視されるようになっていきました。つまり、知識とはある一時点で明示された情報ではなく、より幅広く根源的な発見へと至るプロセスだと考えるようになったのです。

こうなると、自身がその知識を相手に伝えることも、誰かがその知識にアクセスすることも難しくなります。スタンフォード大学のローゼンバーグ（Nathan Rosenbeg）らは、これを「経路依存性（Path Dependency）」と呼びました。すなわち、通り道（path）がいったんできると知識が伝わりやすくなるけれども、道ができないところにはなかなか伝わりません。科学知識の公共性という理念では捉えきれない現象が起こってきたとも言えるでしょう。

◆科学知識の私有化

こうした流れの中で、科学知識の公共性にも疑問が突きつけられます。冒頭に述べたように、かつて科学者は「真理という公益を追求」する存在と見なされました。しかし、科学が断片化され、容易に産業上の成果と結びつくようになると、その所有者を特定することも可能になってきます。その結果、「科学知識は、個人の感情や関心から生まれるのだから、その成果も私的なものとみなしてよいのではないか」という主張が出てきたのです。

私はこれを、発見された法則などに付される名称（authorship）から成果を排他的に利用できる所有権（ownership）への変化と呼んでいます。こうして、「科学知識の私有化」への流れが出来上がっていきます。そして、それを象徴するのが１９８０年バイ・ドール法（the Bayh-Dole Act）の成立です。

バイ・ドール法は、大学が政府資金で実施した研究の成果から特許を取り、それを大学の資産にしてもよいこと、その排他的なライセンスを特定の企業に与えてもよいこと、さらに中小・個人企業（Small Business）にできるだけ供与すべきことなどを定めた法律です。この法律の興味深いところは、アメリカの主だった研究大学が政府にロビー活動をし、政府主導で提出・成立させた法律であったという点です。つまり、政府の科学技術振興および産業育成政策に、大学が積極的にかかわったということも、アメリカの大きな変化を読み解く重要なカギだと思うのです。

◆大学の経営戦略と技術移転

こうした科学技術政策の流れは、大学にも否応なく戦略的経営を要求します。具体的には、技術移転（technology transfer）を経営戦略の一部として考えなければならなくなったということです。その中には、大学内で埋もれている新しい技術を発見し、民間企業へ情報提供していくことも含まれます。つまり、大学の抱える知的財産を戦略的にマネジメントする必要が出てきたということです。

こうした背景から、大学に技術移転局（Office of Technology Licensing: OTL）が生まれました。1968年、スタンフォード大学のライマース（Niels Reimers）がOTLを大学本部に提案します。ただし、大学側はほとんど相手にせず、わずかな予算しか認めていませんでした。68年の時点では、スタンフォードの大学本部もこれがやがて新たなモデルとなるとは認識していなかったのです。

翌69年、スタンフォードでOTLが発足しますが、当初は赤字続きでした。当然ながら、どの企業がどの技術を必要としているか、シーズがわからなかったのです。ただし、この頃にロイヤリティの分配に関する3分の1ルールが確立します。つまり、特許のライセンス収入を大学本部と研究者の所属部門および研究者本人とで3分割するというものです。この方式がやがて一般化され、どの大学でも採用されるようになりました。

◆特許の真の意味とは

なお、OTLの収入には、ロイヤリティ以外に商標権、著作権、さらに株式があります。株式は、特許の使用権を認める際に、その対価を現金ではなく技術提供した企業の株式で受け取るという方法です。これは、80年代初期に大きな論議を呼びました。公的な組織である大学が、ベンチャーやスタートアップ企業から株式を受け取ってよいのかと。しかし、起業家にとって資金力の弱い設立初期に現金支払いを免れられるのは大きな利点ですし、大学側もそのベンチャー企業が株式公開した際に株価が大きく上昇することが期待できます。スタンフォードやハーバードは、早くからこの方法を採用しました。

その後、スタンフォードのOTLは、遺伝子組み換え技術やヒト成長ホルモン、さらにヤマハと共同研究した音源のデジタル化技術などメガヒットに恵まれ、1980年前後から収支が改善します。ただし、現在でもロイヤリティ収入は年間40億-50億円程度です。スタンフォード全体の予算が約4000億円、研究関連費だけでも1000億円ほどありますから、実は特許収入はさほど大きなものではありません。

しかし、そもそもOTLで金儲けをすることは副次的なことでしかないのです。むしろ、大学内の技術を埋もれさせる危険を低減できること、民間企業から情報を得られるということが、非常に大きな利点だと思います。ある科学者へのインタビューで「私たちが一番恐れるのは、自分の作り出した知識や技術が誰にも発見されることなく消えていくことだ」と語っていました。特許をとるということは、知識や技術の価値を測り、取引できる財として市場にのせるということです。すると市場メカニズムが働き出し、多くの人が自由に探し回るので、それを必要とする人々、上手に活用して社会を豊かにできる人々のもとへと届けられる確率が格段に高くなります。この「見つける力」「届ける力」こそ市場の真の力なのです。

日本も技術移転法を含めアメリカの制度をそっくり真似しましたが、その制度の意味を正しく理解している科学者が、はたしてどれだけいるでしょうか。

おわりに――日本の知識戦略を考える

ここに一冊の興味深い本があります。文部科学省で長く科学技術政策を担った國谷実氏の著書『日米科学技術摩擦をめぐって』（科学技術国際交流センター編集、実業公報社、2014年）です。

1980年代の「ジャパン・アズ・ナンバーワン」と言われた頃のこと、日本は基幹産業の自動車はもちろん、半導体やスーパーコンピュータなど新しい産業でも大きな利益を得ていました。これに対してアメリカから「日本は世界の基礎科学研究に貢献せず、応用研究で経済的利益だけを享受している」と批判され、いわゆる「基礎研究ただ乗り論」が喧伝されます。

こうした中、日米間で科学技術に関する外交交渉が行われたのですが、その際に日本は、「国際公共財としての科学知識のあり方を追求する」という論点を全面に出します。さらに、「ヒューマン・フロンティア・プログラム」を立ち上げ、外国人を含めた研究者を対象として基礎研究資金を提供すると提案しました。

しかし、科学知識をめぐる世界的動向はすでに「公共財」思考から離れ、本章で説明したように次の局面へと入っていました。それにもかかわらず、日本は古い思考を武器にして戦おうとしたのです。

同書を読んで、この事実についてあらためて考えさせられました。科学技術問題を考えるときには、その時代に科学知識がつくられる背景的要因をきちんと理解しなければ、相手がどのような国益を追求して科学知識を支援しているのかという知識戦略を読み間違えるということです。

20世紀の科学知識は、アメリカの特殊な知的環境の中で大きく変化してきました。現在のアメリカは、政府と民間（市場）からの資金を巧みに組み合わせながら、各大学が激しく競争し合う制度環境を政策的・戦略的に作り上げています。今後、科学知識の世界がどのように変貌していくのかを同時代の中で正しく認識することが、日本の知識戦略を考える際に決定的に重要ではないかと考えています。

第Ⅳ部　設計せよ

第11章　科学を生かすも殺すも人である
――イノベーションと労働・組織・社会制度

猪木　武徳

青山学院大学特任教授、大阪大学名誉教授
1945年生まれ。1968年京都大学経済学部卒。1974年マサチューセッツ工科大学大学院博士課程修了。大阪大学経済学部教授、同学部長、国際日本文化研究センター教授、同所長を歴任。2007～08年日本経済学会会長。『経済思想』（岩波書店、1987年）で日経経済図書文化賞、サントリー学芸賞。『自由と秩序――競争社会の二つの顔』（中公叢書、2001年）で読売・吉野作造賞、『文芸にあらわれた日本の近代――社会科学と文学のあいだ』（有斐閣、2004年）で桑原武夫学芸賞を受賞。『日本の現代（11）大学の反省』（NTT出版、2009年）、『戦後世界経済史――自由と平等の視点から』（中公新書、2009年）、『公智と実学』（慶應義塾大学出版会、2012年）ほか著書多数。

黒田　第Ⅳ部は、いよいよ科学技術知識を用いた社会への貢献について考えます。とくに強調すべき問題意識は、「どのような社会制度・政策のもとで、イノベーションが誘発されやすくなるのか？」ということです。

その一番手となる本章の猪木先生には、第Ⅲ部と第Ⅳ部との橋渡し役をお願いしたいと思います。すなわち、イノベーションの性質や科学技術との関係について新たな視点から考えつつ、イノベーションを支え、促す制度・政策的要因についてお話しいただきます。個人は、企業は、そして政府は、それぞれ何をすべきなのか？　とりわけ「仕組み」の設計を意識しながら読んでいただきたいと思います。

はじめに

私はこれまで、人間の労働にかかわる問題を経済学の観点から研究してきました。たとえば、労働者の生産性を高める企業組織のあり方や、国全体を見たときの労働力の配分などの問題です。その一環として、１９８０年代から国内外の製造業を中心に生産現場の調査も続けてきました。

現在、先進各国はこぞって科学技術振興政策に巨額の資金を投入し、イノベーションを促し、経済を成長させようとしています。しかし、その道筋は必ずしも明らかになっていませんし、どのような制度や条件を備えればイノベーションが促進されるのかもわかっていません。この問題は確かに大変難しいのですが、私はここでも人間の労働に着目して、その意欲と能力をうまく引き出すにはどうすればよいか、と考えることが重要だと思っています。このとき、経済学というのは、なかなか役に立つ分析視角を与えてくれます。

そこで本章では、イノベーションの持つ経済活動としての側面について、「人間の労働」をキーワードに、発明、生産性、権利（特許）、組織に関する四つの疑問について考えてみたいと思います。

1　科学知識はイノベーションをもたらすのか？

最初の疑問は、「新たな科学技術の知識が得られれば、イノベーションが起こるのか」という疑問です。私たちは、イノベーションを起こそうとして科学技術研究に巨額の税金を投入しているわけですが、はたしてそれは正当なのでしょうか？

◆発見、発明、イノベーション

まず、言葉の問題から考えます。新たな科学技術が生み出されることを、私たちは「発明」あるいは「技術革新」と呼んでいますが、この言葉が何を指すのかは、実は曖昧な点が多く残されています。

産業技術史家のネイサン・ローゼンバーグ（Nathan Rosenberg）は、イノベーションに至る過程を三つのフェーズに分けています。すなわち、ある科学的原理の「発見（discovery）」、その原理を用いた技術の「発明」（実現可能性（feasibility）の確立）、そして機械設備による商業ベースでの生産（innovation）です。商業ベースということは、費用対効果を踏まえて採算がとれる仕組みまでつくらなければイノベーションとは言えないということですね。

実用レベルの高輝度青色発光ダイオード（ＬＥＤ）を開発し、２０１４年にノーベル物理学賞を受賞した中村修二氏も、マーケティングと営業、つまり商業ベースに乗せることを強調しておられました。

◆知識は誰のものか?

その中村氏はＬＥＤの特許対価をめぐり、かつて勤務していた日亜化学工業に対し訴訟を起こしました。この有名な特許論争のポイントは、「特許技術からの利益は企業に属するのか、その企業の技術者に帰属するのか」ということです。この訴訟で中村氏は、「発明によってもたらされた利益は技術者に帰属する」と主張しました。

しかし私は、この主張は経済学的な観点からは道理に合わないと考えました。もちろん、『起業工学――新規事業を生み出す経営力』（加納剛太著／福田國彌・水野博之監修、幻冬舎ルネッサンス、２０１２年）に登場する中村氏の「青色発光デバイス開発ストーリー」を読むと、彼がいかに苦労してあのアイデアに到達したのか、また彼がなぜ訴訟を争ったのかがよくわかります。私は大いに共感し、また同情もしました。しかし、経済学的には二つの疑問点があります。

一つは、企業がその発明に至る研究開発に多額の投資をしている場合、成功の果実はすべて技術者が獲得し、成功しなかった研究開発費用は企業がすべて負担する、というのは公平さに欠けるという点です。

たとえば製薬会社では、一つの新薬開発プロジェクトに数十億円単位で投資し、そうしたプロジェクトを並行して20〜30ほども走らせています。しかし、イノベーションの段階まで辿り着くのはそのうち一つか二つです。新薬開発はそれほど不確実性が高く、アイデアの段階ではどれが成功するかわかりませんし、巨額の費用がかかるのです。それにもかかわらず、もし成功したチームがその果実を独占してしまったら、失敗したチームはどうなるでしょうか。また企業は開発を続けられるでしょうか。つまり、成功した研究の成果は、それを担当した科学者だけでなく、失敗したチームや将来の投資にも分配されなければならないということです。

このことを経済学の視点から見ると、企業は費用負担とリスクを引き受けており、科学者は労働を提供しているので、その両者の間で利益をどのように分配するのが最適か、という問題になります。

そしてもう一つは、歴史的な視点から考えた科学知識の公共性にかかわる問題です。つまり、一つの発明に辿り着くためには、それまでに多くの先達による努力の積み重ねがあります。その流れのある一時点で、たまたま運のよい人物が経済的に有用な技術の誕生現場に立ち会ったにすぎません。多くの人々がタスキをつないで走り続けてきたのに、幸運にもアンカーになった人だけが成果を独り占めするのは、おかしくないでしょうか。

私はこのような見解を『日本経済新聞』（２０１２年10月１日）で発表したのですが、弁理士の増田竹夫氏が後日『特許』（67巻1号、２０１４年）という雑誌で引用し、技術知識（特許）管理者の立場から意見を述べられていました。特許については、後ほど取り上げたいと思います。

◆印刷技術はグーテンベルクの発明?

イノベーションへの長い道のりについては、歴史上にいくつもの例があります。

たとえば、一般的な教科書では、印刷技術はグーテンベルクが発明したことになっています。しかし、印刷技術そのものは、すでに紀元前１７００年頃、クレタ島のミノア文明の職人たちが生み出していましたし、中国でも7世紀頃には木版印刷が行われていました。しかし、中国の場合は何万もの漢字があります。一方のアルファベットは26（グーテンベルクの時代はuとv、iとjが同じなので24）です。活字が少ないという文化的特徴に支えられ、24のムーバブルユニットを組み合わせたりばらしたりして使うというアイデアを機械化・実用化したところが、グーテンベルクをして活版印刷の創始者たらしめた理由だと思います。

そして、彼の名を広く知らしめたのは、言うまでもなく、あの美しい聖書です。当時、すでに学校で教科書が使われ始めていますから、大量の印刷物に対する社会的需要がありました。紙やインクの生産能力も高まっており、そうした社会環境があったからこそ、「聖書を印刷すれば、多くの人が読むのではないか」と需要を予測することもできたのです。イノベーションは、多くの技術と社会的な需要・価値が結びついて初めて生まれるのです。

◆古代人が蒸気機関車をつくらなかったワケ

もう一つ、経済史でしばしば取り上げられる例に蒸気の原理と蒸気機関車の関係があります。実は、紀元前1世紀頃、アレキサンドリアのヘロンが蒸気の圧力で球体を回転させる「アイオロスの球」というものをつくったと言われています。彼は蒸気タービンなどもつくったのですが、しかし古代ローマに産業革命は起こりませんでした。その理由は、頑健な鋼鉄をつくり加工するための金属加工・冶金技術が発達していなかったなど多々ありますが、最大の理由はローマには奴隷がいて労働力が基本的に無料だったということです。資本に比べて賃金が非常に安く、機械化によって大量生産する必要がなかったのです。

蒸気機関ができるのは18世紀初めです。19世紀になってボーリングミルの技術の精度が高くなり、内燃機関ができました。しかし、自動車はまだできていません。アイデアが具体化するまでには数十年の間隔があります。アイデアと設備と需要が結びつき、費用対効果が釣り合って市場で採算がとれるようになるまでには、長い年月がかかるのです。

◆発明は必要の母?

ただし、発明と需要との関係は、単純ではないようです。よく「必要は発明の母」と言われますが、生物学者のジャレド・ダイヤモンド（Jared Diamond）は「発明は必要の母（Invention is the mother of necessity）」と主張します。あるものを偶然発見・発明してしまい、「これを何かに使えないか」と考え、たまたまその使い道を見つけた人が経済的に成功する例が多いのだと。

たとえば、トーマス・エジソン（Thomas Alva Edison 1847–1931）は蓄音機の発明者として有名ですが、彼は何も「自宅でオーケストラの演奏を聴きたい！」といったニーズを持っていたわけではありません。ただ、音を固定化するにはどうすればよいか、という知的探究心に駆られて蓄音技術を発明し、それが後々レコードの普及とともに産業的な成功をおさめたわけです。

皆さんは、セレンディピティ（serendipity）という言葉を知っていますか？　偶然に何かを見つけることです。フランシス・ベーコン（Francis Bacon 1561–1626）は『学問の進歩』（岩波文庫、1974年）の中で、偶然に見つけた草が病気に効いたり毒になったりするという経験の積み重ねで薬物が発見される、という例を挙げていますが、一番有名な例は錬金術でしょう。錬金術師たちは金をつくり出そうと怪しげな実験を繰り返すのですが、その過程で発見されたさまざまな成果から化学が生まれます。錬金術は、「金をつくる」という本来の目的こそ果たせませんでしたが、人類に大きく役に立ったわけです。

2　科学技術は経済を成長させるのか？

次に、「新たな科学技術を用いたら経済生産性が上がるのか」という問題を考えてみたいと思います。経済を成長させ、社会を豊かにするために科学技術を開発しようというわけですが、そのメカニズムもやはり明らかではありません。

◆技術を生かすも殺すも人間なのだ

生産という営みは、経済学的に言うと、資本と労働を結合することです。資本と労働が結合して初めて生産物が生まれるわけです。その結合の仕方が技術によって違うのですが、実は生産物が生まれる過程で、人間の労働が生産性自体を規定してしまうことは意外に忘れがちです。

装置産業や機械加工、組み立て産業で使われている機械は、戦後日本の経済成長を支えた非常に重要な産業ですが、そこで労働者がどのように教育・訓練を受けているか、どのように組織化されているかということが、実は生産性を決める大きな要素になっています。技術を生かすも殺すも人間の労働であり、それが経済競争の帰趨を決めることが非常に多いのです。

◆設備で負けて人で勝つ

そのことで強く印象に残っているのは、セメント産業についての調査です。セメント産業は途上国にも先進国にもあります。それというのも、セメントは非常に重いので輸送コストが高くつきます。そのため、せっかく人件費の安い途上国で生産しても、日本に運ぶ輸送費がかさみ、国内産のセメントより高くなってしまいます。ですから、どんな先進国でも自国でセメントを生産する利点があるのです。とはいえ、あまりに人件費が高ければ輸送費を上回ってしまいますから、先進国でのセメント生産は相当に合理化を進めなければなりません。ところが、私たちが調査した1980年代半ば、日本のセメント産業はアジアの国々と比べ、必ずしも生産設備の性能がよくなかったのです。

当時、タイ、マレーシア、日本の3国の中でオートメーションの度合いが一番進んでいたのはマレーシアでした。イギリスの技術指導があり、機械はデンマーク製の最新鋭でした。ここでは、年間120万トンのポルトランドセメントをつくるのに747人を要していました。

一方、ある高知県の工場では、設備は他の2国に劣っていたのですが、同じく年間120万トンのポルトランドセメントをつくるのに、工場全体の正規従業員は何と187人。これには私も驚きました。

マレーシアの工場で、「なぜこれほど人が多いのか」と観察したり話を聞いたりしているうちに、原因が見えてきました。一言で言うと、現場にやる気がないのです。では、なぜやる気がないかと言うと、労働者と管理者の意思疎通がうまくいっていないからでした。最上位の管理者は、別の部署から横滑りで来た高学歴者で、労働者たちの言うことなど聞かずに自分だけで物事を決めようとします。一方の労働者たちは、現場のことを何も知らない管理者たちをバカにしています。労働が上手に組織されていないので、せっかくの最新鋭機械とうまく結びついていなかったのでした。

高知県の工場では、中卒で会社に入り、工業高校の夜間部を出られた方が、現場のトップを務めていました。おそらくは、戦争直後の混乱期に経済的理由で勉強を続けられなかった人だと思います。頭脳明晰で、立派な方でした。おまけに、一番下の仕事からすべて経験しているので現場をよく知っており、労働者たちからも信頼されていました。こうした労働者の配置、昇進・評価システムがこれほど生産性を大きく変えてしまうのか、と大変驚いたことを覚えています。

◆ホーンダール効果

もう一つ、「ホーンダール効果」として知られるスウェーデンの鉄工所の話を紹介しましょう。この鉄工所では15年間同じ機械設備を使っていて技術変化がまったくなかったにもかかわらず、生産量が4割増えたというのです。先ほどのように、いかに資本設備がよくても生産性が上がらない場合がある一方、設備が変わらなくとも労働者の学習効果（learning by doing）によって生産性が上がる場合もあるということです。

もちろん、「古い機械をそのまま使い続けても競争に勝てる」と言いたいわけではありません。ただ、新たな科学技術を導入しても生産性が上がるとは限らず、また機械が古いから生産性が上がらないとも限らないことに注意してほしいのです。

これは、エンジニアの派遣とも関係しています。企業が海外に工場を移転して現地の労働者を雇う場合、よくエンジニアを技術指導員として派遣します。この方式は古今東西で変わらないらしく、産業革命期にイギリスがハンガリーに鉄道の技術を伝えた際にも、エンジニアが大挙してハンガリーに派遣されました。技術には、紙に書かれた言葉や数式や記号などで伝わる部分もありますが、結局それだけでは使いものにはならず、現場で学習しなければいけません。産業技術の先進国がその技術を移植する場合には、必ず人が行って機械の前でそれを教えるのです。だから人が動くわけで、そうして初めて新しい技術が根づくのです。

◆特殊知識こそ競争力の源泉

このことを、より大きな問題に敷衍してみます。本書に何度か登場しているハイエクという経済学者は、社会主義、とくに社会主義計画経済がやがて行き詰まることを早くから予言していました。彼の主張の重要なポイントは、人間の知識を学校の座学で学べるような一般的知識（general knowledge）と、特定の場・時間・人の中でのみ共有される特殊知識（particular knowledge）とに分け、生産活動に必要な特殊知識は、その最前線にいる人間が言葉ではなかなか表現できないものが多く、しかしそれが生産性に強い影響を及ぼすということでした。

そのため、経済活動で重要なのは、いかにして現場の特殊知識を収集し、全体に伝達し、共有するかです。したがって、工場長が特殊知識を持っていないと、人員配置など生産体制をつくるためのべストプラクティスを見つけられません。社会主義経済では、中央の経済当局のエリートが生産計画を立て、資源配分を決定するのですが、彼らが国内の各最前線から特殊情報を収集することは不可能だと、ハイエクは見抜いていたのです。

組織であれ、国家であれ、一般的知識だけに頼って特殊知識を軽んじていると、経済競争に敗れるほかないということです。

◆経済競争は雪だるま

なお、経済競争をよくスポーツのゲームに喩えますが、これは少々誤解を招くように思います。基本的に、スポーツで勝敗が決まると、次の試合はゼロから始めますよね。野球でもサッカーでも、一つの試合が終われば、次はまた0対0から始められます。いわば、御破算できるのです。

しかし、経済競争に御破算はききません。一度優勢になると、次のラウンドでは優勢な状態からスタートしますので、有利なほうはますます有利になります。先行したほうが「雪だるま式」に利益を膨らませていくのです。

これもまた、企業にも国家にも通じる事実です。そして、経済競争の帰趨を決する最も重要な要素が人間の労働である以上、労働者の能力を高める教育・育成、人々の意欲を引き出す企業の組織設計、その優れた労働力を適所に配置する市場の制度整備などを急いで進めなければなりません。もしも、その点でひとたび後れをとってしまえば、どれほど技術革新を進めても、経済競争で追いつくのはきわめて難しいと言わざるをえないのです。

3　特許は科学技術開発を促進するか？

さて、三つ目の疑問に移りましょう。特許、すなわち科学技術の発見・発明者に何らかの優先的あるいは排他的権利を与えることは、科学技術開発を促進するか、という問題です。

特許についての私の基本的な考え方は冒頭で述べましたし、科学知識の公共性とその変遷については第Ⅲ部でみっちり議論していますので、ここでは特許制度の設計・運用の観点から補足的な論点をいくつか紹介したいと思います。

◆新規性と有用性

特許は、長い歴史的論争と制度面での紆余曲折を経て、今日ではほとんどの国で制度が確立していますが、「紆余曲折」の原因の一つは、その特許性を認めるかどうかの判断基準が難しいからだと思います。一般に、特許が認められる要件として、その発明の新規性と有用性が求められます。しかし、その判断が非常に難しいのです。

まず新規性ですが、どの程度の新規性や独自性が求められるのか？　シュンペーターは既知の技術であっても新たな組み合わせを考案すれば、それがイノベーション（新結合）だと主張しました。では、特許の場合はどうなるのか？　さらに、すでに特許が認められている技術二つを組み合わせて新たな技術を生み出した場合、そこにはどれだけの権利が認められるべきなのか？

また有用性も、技術が開発された時点では、どれだけ有用なのかを判断できないことが多々あります。冒頭で述べたように、発見、発明、イノベーションの間には、数十年あるいは数百年の歳月がかかることさえあるのです。

特許を認めるとした場合でも、権利の保護期間を何年にするかという問題もあります。発明者は、その内容を公にするかわりに、一定期間は他者に使わせない、もしくは対価をとって使わせることができます。公的な権力で所有権を保護し、その侵害を防ぐというわけです。しかし、どのような発明に対して、どれだけの期間を保護するのか、その決定根拠は何か。これも判断の難しい問題です。

このように特許には実際的な運用において制度上の難しい問題があるのですが、社会とのかかわりや科学技術開発との関係においても、より本質的な問題を孕んでいます。ここで、科学技術知識を私的に所有するということに関する、二つの興味深い論争を紹介しましょう。

◆エイズをめぐる倫理と権利

先述のように、製薬会社は莫大な投資をして新薬開発に取り組みますが、そのうち成功するものはわずかなので、その費用を回収するために一定の期間は知識の私的所有を認めています。しかし、それが社会的に大きな批判を呼んだ例があります。

20世紀末、エイズ（ＨＩＶ）が世界的に猛威を振るい、とくに発展途上国では年間数十万人が死亡するという事態になっていました。ところがグラクソ・スミスクライン社が開発したエイズ薬は非常に高く、また特許で保護されているためジェネリック薬をつくることもできず、大勢の人々が治療を受けられないまま死亡していきました。こうした事態を受け、南アフリカやインド、ブラジルなどでは政府が緊急避難的に無許可でジェネリック薬を大量生産し、国内に配布しました。

当然、グラクソ・スミスクラインは特許侵害を訴えます。しかし、この対応に世界各国で猛烈な抗議行動が起こりました。とくに、同社の株主が裁判所を取り巻いて講義し、「自分たちは人の命を犠牲にして利益を得たくない」と訴えました。このときの株主の行動が、はたして人道的な心情から発したのか、それとも同社の企業イメージが悪化することで株価が低下することを恐れたからなのかはわかりません。いずれにせよ、グラクソ・スミスクラインは訴訟を取り下げ、各国と和解しました。開発者の権利を守ることよりも、倫理的な対応を社会が要求したという例です。

◆知的財産権は創作者の意欲を促進するか？

次は著作権の問題を取り上げつつ、特許制度の有用性に対して根本的な疑問を呈した本を紹介します。ボルドリンとレヴァインによる『〈反〉知的独占――特許と著作権の経済学』（山形浩生・守岡桜訳、NTT出版、2010年）です。彼らは、過去、知的財産権がなくても発明や創作はずっと行われてきたこと、知的財産権の保護は二番手がトップランナーに追いつくことを阻止するシステムであること、そのため、制度自体はイノベーションに対してマイナスに働いていること、を主張しています。

著作権であれ、特許であれ、金銭的なインセンティブをまるっきり否定することはできませんし、するべきではないとも思います。しかし、知的好奇心や探究心、名誉欲が誘因になっている場合が多いのも事実であって、多額の報酬を与えられるから研究を頑張るとか、報酬が少ないから研究の手を抜くといった行動には、必ずしもつながりません。つまり、成功者に一定の金銭的報酬を確保することは科学技術研究の継続を支えるうえで必要だとしても、それが研究開発を促進する誘因となるかどうかは疑問である、という意味だと思います。

なお、この本は著者らが著作権を主張しておらず、インターネットから無料で読むことができます（翻訳版は翻訳者の個人サイトから無料で入手可能 http://cruel.org/books/monopoly/monopolyjdraft.pdf）。

◆追求すべきは最適なバランス

私は、特許によって発明者の権利を一定期間保護することは大事だと思います。もしも発見・発明をただちに公共の財産にしてしまうなら、一時的に消費者の利益は大きくなるでしょうが、生産者（発明者）に利益が与えられないので生産（研究）活動が続けられなくなります。一方、あまりに権利を保護し続けると、生産者の利益は大きくなりますが、消費者の利益が小さくなります。結局、どちらに偏っても社会的余剰、すなわち生産者と消費者がそれぞれ享受する利益の合計が減ってしまうので、大切なことは両者の最適なバランスを追求することとなります。

これはもちろん、「言うは易く、行うは難し」で、すべての技術に当てはまる統一ルールなどはできないと思います。これらの判断はおそらくケースバイケースで、先端技術を競っている科学者やエンジニアが、諸外国の例も参考にしつつ、また経済学者や経営学者と協力しながら市場の情勢に対応していくことが必要だろうと思います。

一方、その時代、その社会によって追求すべき目標や克服すべき課題は異なるでしょうから、政府が社会情勢や世論の動向を踏まえつつ、一定の方向性や戦略を持って、特定の科学技術を手厚く保護したり、あるいは公開を促進したりすることはありうると思います。

4 イノベーションを起こすのは大組織か、小組織か?

最後に、組織に関する疑問を取り上げます。すなわち、「大組織と小組織とでは、どちらがイノベーションを起こしやすいか?」というテーマです。

◆イノベーションはベンチャーのもの?

もう一度、中村修二氏に登場してもらいます。彼の文章を読むと、日亜化学時代に大変な苦労をされたのがよく伝わってきます。彼は徳島大学の工学部を卒業した後、地元にいなければならない事情があって、日亜化学に就職します。当時、同社は従業員200人くらいの中小企業でした。彼は会社から研究テーマを与えられ、やがて有名な高輝度青色発光ダイオード（LED）の開発に至るのですが、その過程で「企業がどういう材料で、どういう工程で、何をつくって、マーケットで何をしようとしているか」ということを、小さな企業であったがゆえに、すべて学ぶことができたと言います。

そうした彼の主張が、「イノベーションは、個人あるいはベンチャー企業のものだ」ということです。何しろ、入社後7、8年は何でも一人でやらなければなりませんでした。機械をつくり、改良する仕事から、原料の手配、製造方法の検討など、すべて自分で手がけてきました。彼は、それが重要な発見に到達できた最大の原因だったというのです。もし分業の徹底した大企業に入っていたら、自分はあのような結果に到達することはできなかっただろうということを強調されています。

◆小さな組織の利点

経済学では、イノベーションが起こるのは大きな組織か、小さな組織かということも一つの重要テーマになっています。よく知られる例を一つ挙げると、マイクロソフト社の創業間もなくの頃、ＩＢＭから買収したいという申し出があったらしいのですが、これをビル・ゲイツ氏は断っています。もしＩＢＭの一部になってしまったら、おそらくあれほどの拡張と膨大な利益を生み出すような生産体制はできなかっただろうと思います。というのも、もしもゲイツ氏がＩＢＭの中にいて、素晴らしい発明によってＩＢＭに何百億ドルの利潤をもたらしても、その利潤のほとんどはＩＢＭに吸収され、ゲイツ氏はごく限られた報酬しか得られなかっただろうと思われるからです。小さな組織であればこそ、彼は成功の果実をそのまま享受することができ、自らの望む方向に再投資できたのです。

この説明は金銭的面だけに限って議論していますが、小さな組織のほうがイノベーションを生み出しやすいということが一般に指摘されています。

一方、近年では、グーグルなどＩＴ産業の動向から、規模の大きさを生かしたサービスの開発の利点を強調する主張も見受けられます。またアメリカなどでは、一つの技術でベンチャーを立ち上げて事業化に成功すると、株式公開もしくは大企業への売却で利益を得て、その資金でまた新たな技術開発・ベンチャーの立ち上げを行うような例も多数見受けられます。その意味で、大組織と小組織とのどちらが優位かを一般化するのは難しく、むしろ多様なタイプのイノベーションが並行して起こるような状態が望ましいとも言えます。

おわりに

以上、イノベーションを触発する経済的条件・制度について考えてきました。

科学技術振興と経済成長との関係について私が強く感じるのは、政策的なリスク分散の必要性です。一方では、「集中と選択」的発想から、特定の大学に大きな研究費を出すことも必要でしょう。また、カミオカンデのように設備に莫大な投資を必要とする研究もありますから、研究テーマと手法に合わせて資金配分が調整されることも当然だと思います。

しかし他方、中村さんの体験のように中小企業から重要なアイデアやインベンションが生まれる可能性を、大学が封じてしまうことには問題があると思います。発明や技術革新にはさまざまなケースがあって、それを一般化して抽象的に議論をしてしまうと、意外に重要なポイントを見逃してしまうようなことがあります。過度の一般化を避け、個別の案件を取り囲むそれぞれの事情を丁寧に吸収していくことが必要だと思います。

第12章 科学は市場で社会と対話する
——技術を活かす「高質な市場」のつくり方

矢野　誠

京都大学経済研究所教授（現・独立行政法人経済産業研究所所長）

１９５２年生まれ。東京大学経済学部卒業、ロチェスター大学大学院経済学研究科修士課程修了、同博士課程修了、ロチェスター大学経済学部博士（Ph.D.）。コーネル大学助教授、ラトガーズ大学助教授、横浜国立大学助教授・教授、慶應義塾大学経済学部教授などを経て、２００７年より現職。２０１０年より12年まで京都大学経済研究所所長。２０１６年より独立行政法人経済産業研究所所長（兼務）。主な著書に、『ミクロ経済学の基礎』（岩波書店、２００１年）、『ミクロ経済学の応用』（岩波書店、２００１年）、『「質の時代」のシステム改革——良い市場とは何か？』（岩波書店、２００５年）、『法と経済学——市場の質と日本経済』（東京大学出版会、２００７年）など。

黒田　第Ⅳ部の二番手は、矢野誠先生です。矢野先生は、日本を代表する理論経済学者の一人であり、「市場の質」理論という独自の経済理論を日本から世界に発信し、国際的に活躍されています。

本章では、まず「市場の質」理論を紹介し、日本の市場システムの問題点を明らかにしたうえで、市場の「高質化」に向けた処方箋を提示します。どうぞ皆さん、市場を支える制度インフラのイメージ図を目に焼きつけてください。そして、その設計の基盤となる情報インフラの重要性を「エビデンス・ベース・ポリシー」という言葉とともに、よく覚えておいていただきたいと思います。

はじめに

私は、理論経済学を専門としており、この20年ほどは「市場の質」という観点から市場の制度設計に関する研究を行っています。日本経済を回復させるには、市場の質を高めるための制度改革が必要で、それなくして大規模な財政政策や大胆な金融政策、さらに科学技術振興政策を行っても、人々の豊かさにはつながらないというのが私の主張です。

本章では、市場の高質化と制度設計の観点から、科学技術が市場にどのような影響を与えるのか、また市場が科学技術に対していかなる役割を果たすのかを説明します。そして最後に「科学技術を暮らしの豊かさにつなげるためには、市場をどのように使えばよいのか」という問題を考えてみたいと思います。

1 市場の「質」とは何か？

◆市場とはパイプである

まずは「市場の質」について説明しましょう。皆さん、耳慣れない言葉だと思いますが、基本的な考え方はきわめて単純です。市場の質理論の基本には「経済社会の健全な発展・成長には高質な市場が不可欠だ」という認識があり、これを理論的・実証的に証明しようというのが私の研究です。しかし、そもそも市場に「質」などというものがあるのでしょうか？

図表12－1は、市場の役割と質の問題について、イメージをつかんでもらうためにつくったものです。一言で言えば、市場は科学技術を暮らしの豊かさにつなげるパイプのような役割を果たしています。

科学技術は、市場というパイプを通って何らかの価値を持つもの（財・サービス）に変換され、人々の元に届きます。このとき、図の上側のように太くて丈夫で通りのよいパイプをつくれば、人々の暮らしはより豊かになります。一方、下側の細くて穴が開いたり詰まったりしているパイプでは、いくら優れた科学や技術があっても人々の暮らしはよくなりません。したがって、同じ科学技術を持っていても、市場の質が低ければ経済は停滞してしまい、反対に高質な市場がうまく形成されれば豊かになるというのが、私の考えです。

これは電力と似ています。超電導体が開発されたのは、電気を運ぶケーブルの質を高めたいからで

図表12－1　市場＝科学技術を豊かさにつなぐパイプ

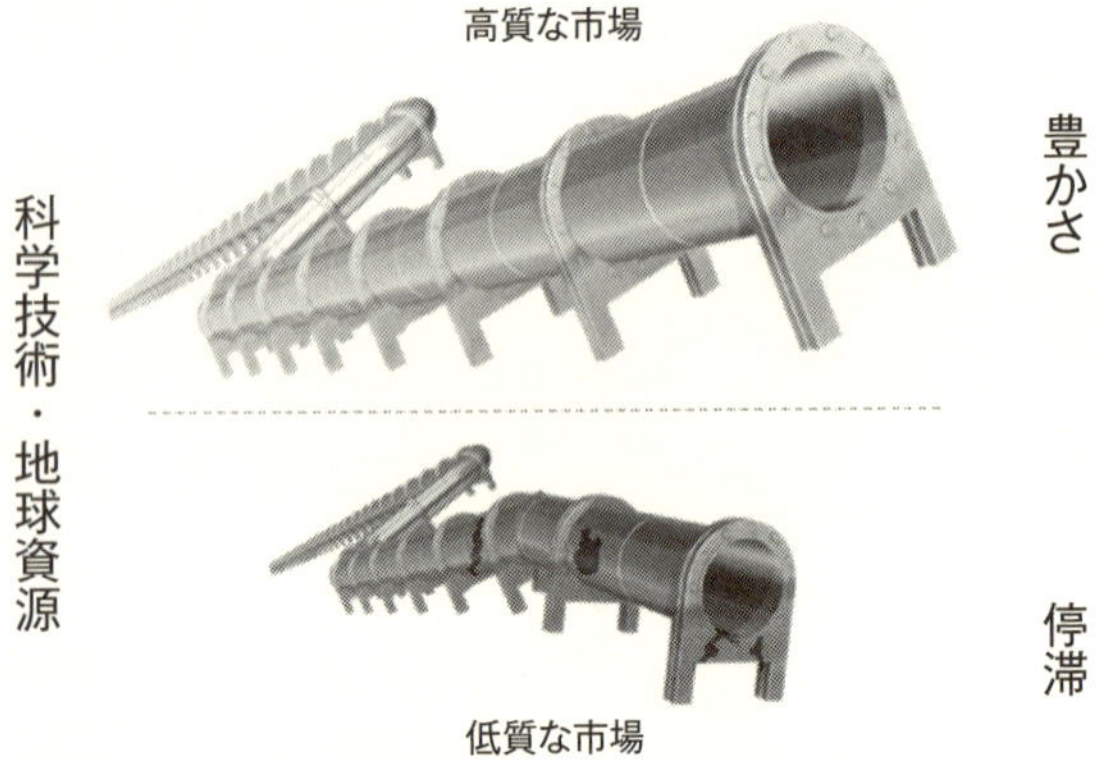

した。せっかく発電しても、途中のケーブルが発熱したり減耗したりしては、家庭までうまく電気が届きません。市場も、社会の中で同じような働きをしているのです。

◆パイプは修理を繰り返してきた

どうして私がこんなことを考え始めたかということも、お話ししておきましょう。

私は近代以降の歴史を眺めていて、なぜ市場メカニズムに基づく資本主義経済が深刻な搾取や失業、貧困を生み出してきたのか、またなぜその後に回復したのか、という疑問を感じていました。そしてあるとき、この経済の停滞と成長の繰り返しを、市場の質の低下と回復・向上として説明できるのではないかと思いついたのです――ちょうど、パイプが壊れるたびに修理してきたように。

図表12－2は、産業革命と市場の質との関係を示したものです。皆さんはすでに、生産とは資本と労働の組み合わせであること、労働者は自らの労働力を提供して生産にかかわることで賃金（所得）を得ていることを学んでいます

図表12－2　産業革命と市場の質の相互関係

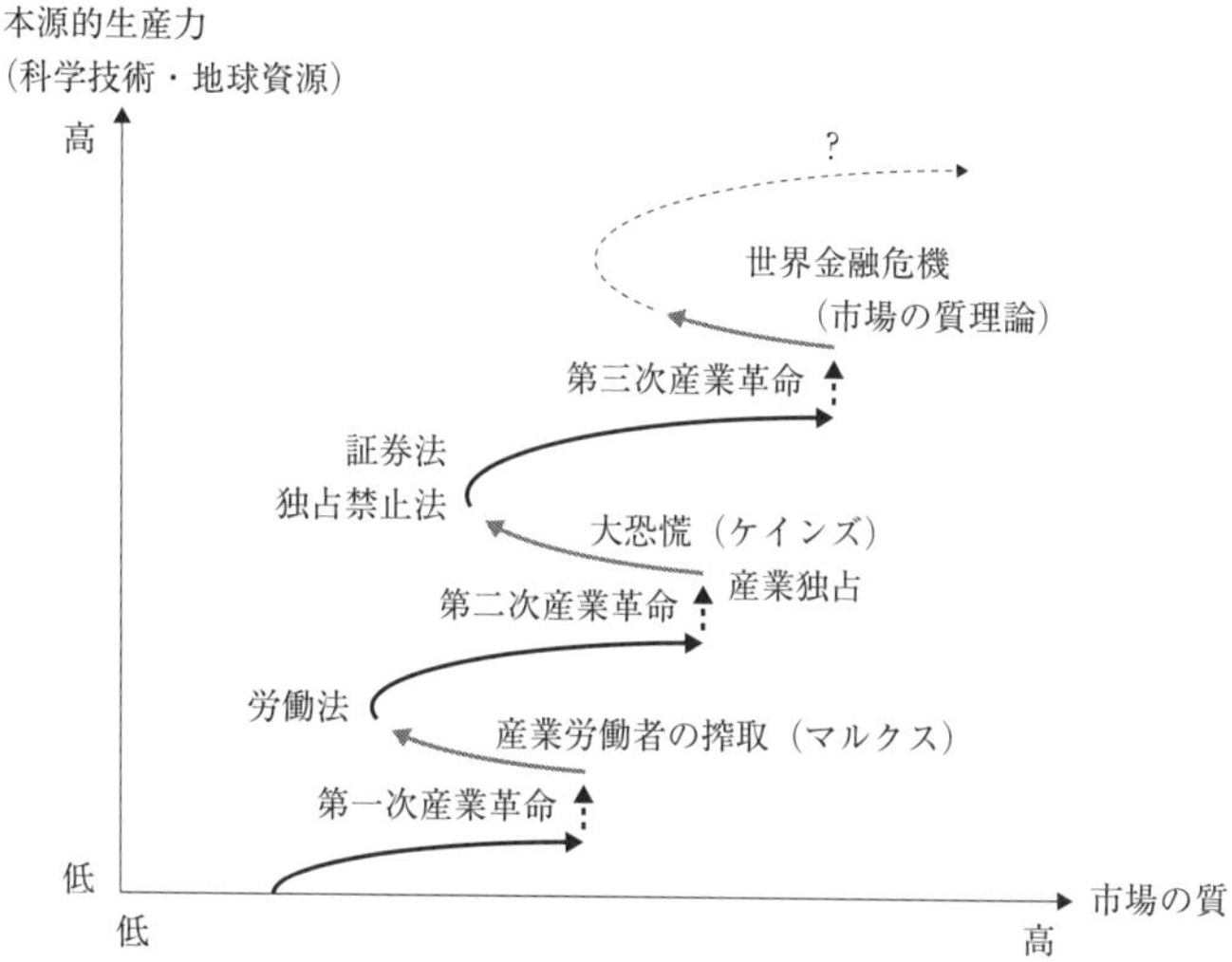

ね。第一次産業革命では、蒸気機関などの技術革新により本源的な生産力が急激に増加したのですが、これに伴い資本（機械・設備）と労働の組み合わせ方が大きく変わります。そして、生産によって得られた利益の分配が投資家や経営者の側へ極端に偏ったため、多くの労働者が貧困にあえぐこととなりました。

19世紀の経済学者カール・マルクス（Karl Heinrich Marx 1818–1883）はこの現象を「産業資本家による労働者の搾取」と呼びましたが、パイプの喩えを使えば、それまでとは違うもの（新たな科学技術）が入ってきたためにパイプが詰まってしまったと考えることができます。その後、労働法などの市場制度が整備（パイプが修理）されたことにより労働環境や賃金水準が改善され、技術革新の恩恵がようやく社会に行きわたるようになりました。

次の第二次産業革命は二つの発明に代表されま

す。一つは、1850年代にベッセマー転炉が発明され、70年代頃から安価で良質な鋼鉄が大量生産できるようになったことです。もう一つは、1900年頃から電力が実用化されたことです。この二つの発明により生産性は急上昇しましたが、一方で巨大資本を必要とするこれらの産業で市場の独占が生じ、自由な競争が阻害されるようになりました。さらに証券市場が急拡大し、ついに1929年のアメリカ株式市場の大暴落を受けて、世界的な大恐慌の時代が到来します。ちなみに、この時代に活躍した経済学者がケインズ（John Maynard Keynes 1883-1946）です。

こうした流れに対してアメリカは、独占禁止法（1890年）や証券法（1933年）を整備して、新しい技術に適した市場の使い方を編み出し、その後の経済成長につなげていきました。

そして今日、いわゆるICT（情報通信技術）の目覚ましい進歩により私たちの暮らしもビジネスも大きく変わりました。その一方、金融危機が繰り返されるなどリスクの高い不安定な時代に突入しており、その処方箋はいまだ見えていないようです。

◆技術革新が市場を陳腐化させる

このように近代以降の歴史を通観すると、急速な技術革新の後に大きな経済危機が起こり、しかし時間を経て乗り越えられていることがわかります。それは、なぜでしょうか？　私は、急激な技術革新によって市場のインフラストラクチャー（制度的基盤）が陳腐化してしまうのだと考えています。ちょうど、パイプが新たな技術をうまく変換できないために、詰まったり壊れたりするようなものです。そして、そのたびに市場がうまく機能するよう法制度・政策をつくり替えてきたのです。

今日の社会は、優れた情報通信技術を人々の豊かさへと上手に変換できるパイプ、すなわち新たな市場インフラをまだ編み出せていないようです。私たちは、新しい市場の使い方を発見し、そこから新しい経済成長のプロセスを生み出し、次の技術革新につなげていかなければならないのだと思います。

◆大切なのはルールづくり

ここで市場のインフラ（制度的基盤）という言葉を使いました。制度的基盤とは、簡単に言えばルールの束です。ルールの中には法律などのように明示されているものもあれば、文化や倫理など暗黙のうちに私たちを規定している行動規範や価値観のようなものも含まれます。それらルールの束がうまく合わされれば市場の機能も高まりますが、組み方が悪いと機能が低下してしまうのです。

皆さんは、経済学者と言うと「競争させよ！」「自由に競争させれば経済は伸びる！」と競争原理を振り回す連中だと思っているかもしれませんし、そうした点を強調しすぎる人たちがいるのも事実です。もちろん、競争は大事ですが、しかし競争の背後には必ずルールがあり、そのルールが適切に設定されて初めて競争が成長や豊かさにつながると、私は考えています。

考えてみれば、当たり前のことです。ボクシングでも、ルールがあるから試合ができるわけで、ルールがなければ単なるケンカになってしまいます。どんな社会でも、人が集まって競争する際には、競争を律する、つまりやって良いことと悪いことを定めるルールが存在します。よい競争をするには、お互いがズルをしないような、また各自の能力を十分に発揮できるようなルールづくりが必要です。

◆市場取引には「健全さ」が必要である

このように考えていくと、市場の質がどのように決まるかがわかってきます。

伝統的な経済学で「良い市場」という場合、基準になるのは「効率性」です。消費者が求めるものを、より少ない資源でより多く供給できる生産者がより多くの利益を得ます。その需要と供給が一致する点を、「価格」をシグナルとして見つけ出すのが市場のメカニズムであり、その一点において最適な資源配分が達成されると考えます。

しかし、多くの人が見落としがちですが、その取引の過程が「健全」でなければ、市場の「価格」は誤ったシグナルを発してしまい、資源の配分が歪んでしまいます。かつての大恐慌でも、市場の不正な情報操作が一因であったということが明らかになっています。市場に適切な情報が流れる仕組み（ルール）を整えなければ、不健全な取引を監視・抑制することもできず、一部の人たちだけがボロ儲けするような歪んだ市場になってしまいます。すなわち、市場の質を評価するには、もう一つ「健全さ」という基準が必要なのです。

2　日本経済の長期停滞と市場の質

◆バブル崩壊は起点であっても原因ではない

次に、この市場の質の観点から、今日の日本経済を考えてみましょう。

図表12－3はアメリカの1人当たりGDPを1として、それに対する日本とシンガポールの1人当たりGDPの比率を1960年代から見たものです。

これを見ると、日本は第二次大戦後の経済成長で徐々にアメリカの水準に近づいて、いわゆる「土地バブル」が起こった1989～90年頃に最接近（アメリカの約9割）し、バブル崩壊の後に急落して2000年頃からアメリカの7割程度の水準に留まっていることがわかります。

一方、シンガポールは1998年頃にアメリカとほぼ同水準となり、アジア金融危機によって一度は急落しますが、5～6年をかけて復興し、現在はアメリカの約1・3倍、日本の2倍強にまでなっています。戦後、同じような曲線を描いて成長し、よく似た試練に晒された日本とシンガポールで、いったい何がこれだけの差をもたらしたのでしょうか？

ここで注意しなければならないのは、私たちが「バブル崩壊後の……」などと言うとき、無意識のうちに土地バブルがその後の経済停滞をもたらした原因だと思い込んでしまうことです。もちろん、不動産価格の高騰と急落、それに伴う株式市場の膨張と縮小は日本経済に大きなショックを与えました。しかし、長期的に見ると、バブルと言われた時期でさえ長期トレンドから大きく逸脱しているわ

図表12－3　1人あたりのGDBの3カ国比較（PPPベース）

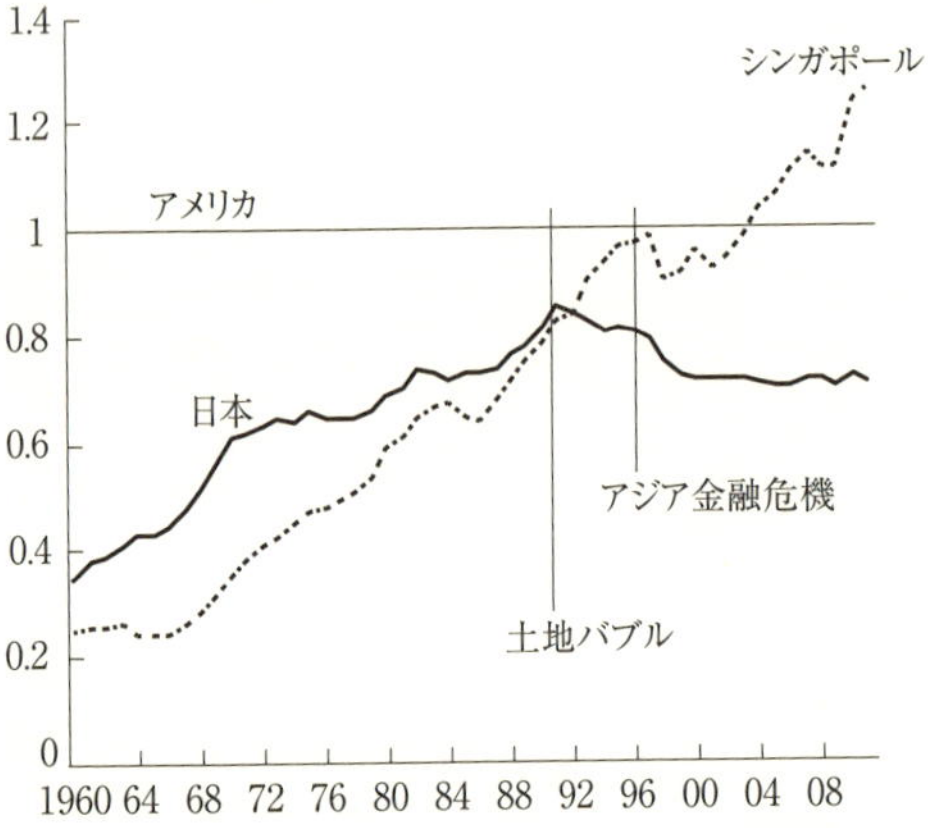

けではないことがわかります。つまり、いわゆるバブル現象は、短期的にはインパクトを与えるとしても、長期的な趨勢を崩してはいないのです。

◆日本は市場の使い方を間違えた

そもそもバブル現象とは、経済のファンダメンタルズ（基礎的条件）から価格が乖離した現象のことです。そのため、バブルが壊れると、一定の調整期間を経て元の経路に戻ります。ところが、日本経済は通常のバブル発生・崩壊の過程とは異なる軌跡を辿っているのです。私は、これをバブルと呼んでよかったのかという疑問さえ持っていますが、少なくとも、1980年代後半から生じた土地価格の高騰と下落、およびそれに伴う株式市場の急落は、日本経済の長期低迷の出発点ではあっても、原因はほかに求めなければならないことは明らかです。

そして私は、その理由を日本が市場の使い方を間違えたために、市場の質が低下したからだと考えています。

図表12－4　市場の質と科学技術の関係

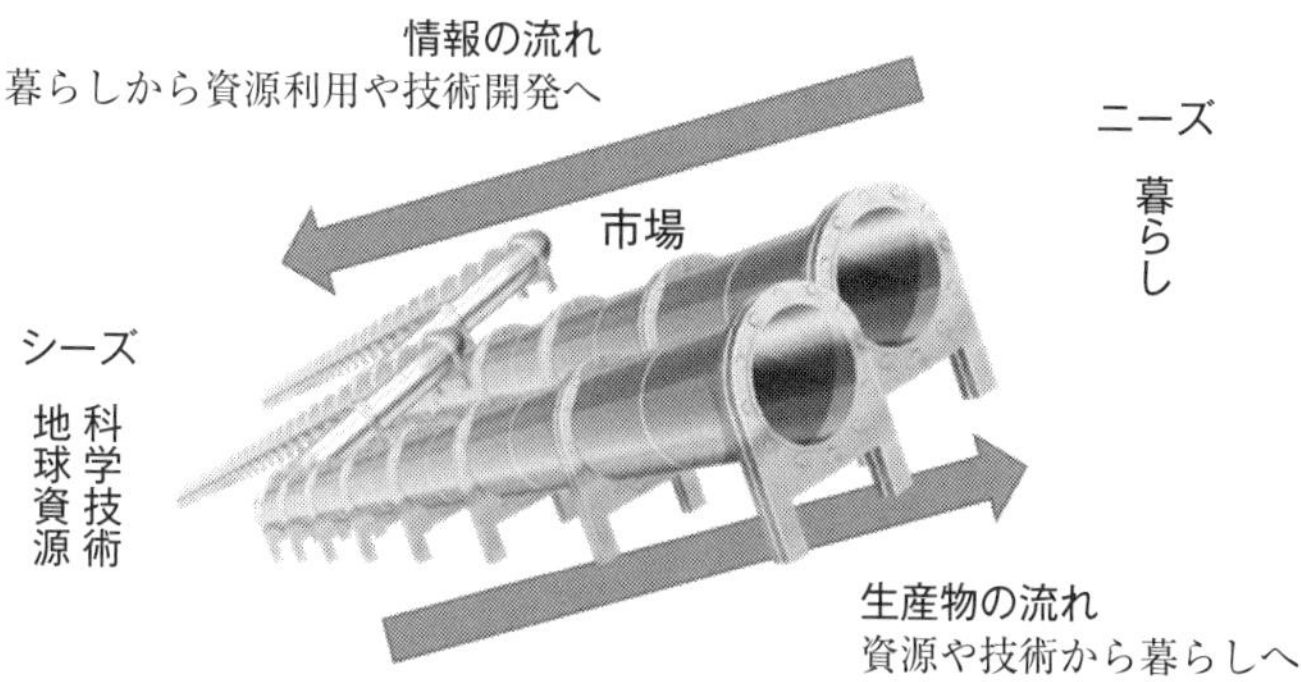
市場は双方向型のパイプ

3　市場の質と科学技術開発

そこで次に、その市場の質と科学技術がどう関係しているのか、とくに科学技術振興政策が経済成長に対してどのような役割を持つかという点を検討していきたいと思います。

先述のとおり、科学技術は市場を通って暮らしの豊かさへとつながります。ある科学技術が生み出されると、人々の投資によって科学技術が実用化されて機械・設備となり、労働者の力と結びついて生産物がつくられ、それが利潤を生んで、また資本が投下され……というプロセスを通じて、国の豊かさは形成されていきます（図表12－4）。新たな科学技術の開発も、豊かさがあればこそ可能になりますし、市場が健全に機能していればこそ資金を調達することもできます。

◆ソ連の罠

では、健全な市場がないとどんなことが起こるのか？　私は旧ソ連経済の崩壊プロセスが大きなヒントを与えてくれる

図表12－5　ソ連経済の崩壊プロセス

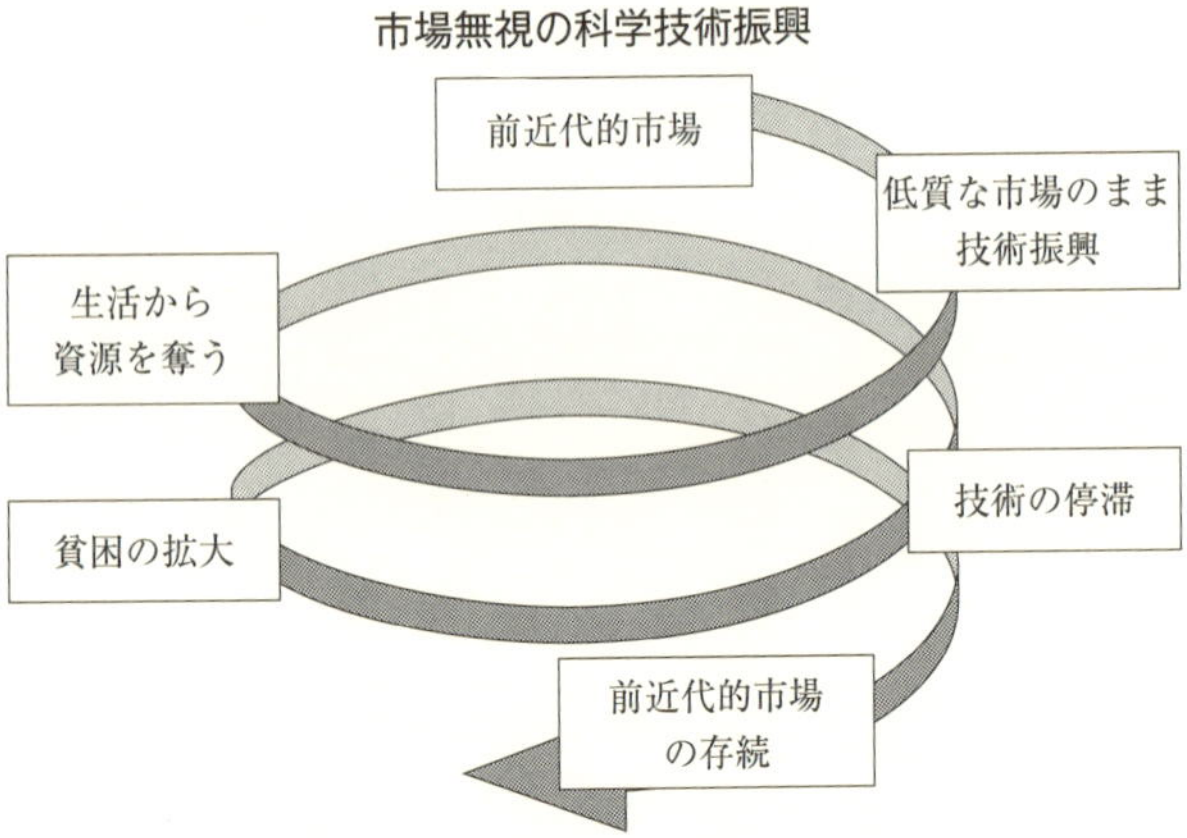

と思います（図表12－5）。

ソ連は1917年のロシア革命の時点では、ごく前近代的な市場を持っていました。そして、ソ連成立後は計画経済体制をとりましたので、市場が発達しませんでした。一方、ご存知のとおり、科学技術開発に対しては巨額の資金を投入しました。20世紀の科学を牽引したのはアメリカとソ連でしたし、現在の宇宙ステーションもアメリカとソ連の功績がきわめて大きいと言えます。

しかし、市場を育てることなく科学技術振興に投資を続けるということは、基本的に人々の生活から資源を奪うことにならざるをえません。そして、国民の生活が逼迫すれば一国の生産力も低下しますので、やがて科学技術に投資する資金も枯渇します。ソ連は巨額の科学技術投資を続けましたが、ゴルバチョフ氏が大統領になる1980年代には、すでに行き詰まっていたとも言われています。あるいは、行き詰ったからこそゴルバチョフ氏が選ばれたと言うべきでしょうか。とはいえ、ゴルバチョフ大統領の経済改革もソ連の解体を食い止めることは

図表12－6　中国経済の発展プロセス
市場構築と科学技術振興の同時進行

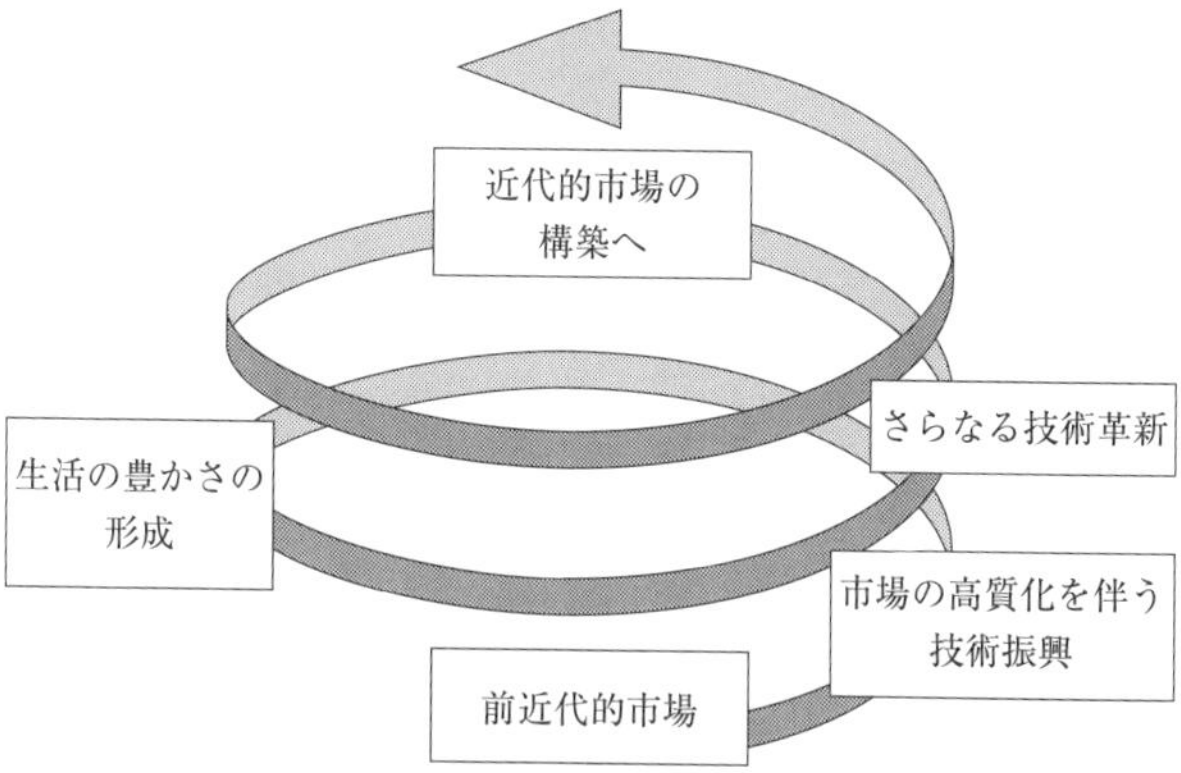

できませんでした。

これと対照的なのが中国です。中国は、やはり前近代的な市場から計画経済へと移行しましたが、文化大革命の後、鄧小平氏の登場により「改革開放」政策が打ち出され、市場経済化の道を進んでいます（図表12－6）。

実は、この中国の改革開放プロセスと日本の高度成長プロセスはよく似ています。日本も前近代的な市場から1970年代にかけて近代的な市場を形成し、科学技術に投資し、豊かさが形成されました。その結果、生み出した富を次の科学技術開発に投資することもできました。現在の中国は、ちょうど日本が1945年から70年代にかけて辿ってきた道を歩いていると言えるのです。

ところが、現在の日本は、難しい岐路に立っていると思います。市場がうまく機能していないからです。本来なら市場が社会のニーズを汲み上げ、そのニーズを実現するための優れた技術を見つけて投資すべきところ、市場の機能が低下している中で政府が一方的に科学技術投資を行うと、「ソ連の罠」に陥ってしまうのです。これ

図表12－7　高質な市場の形成

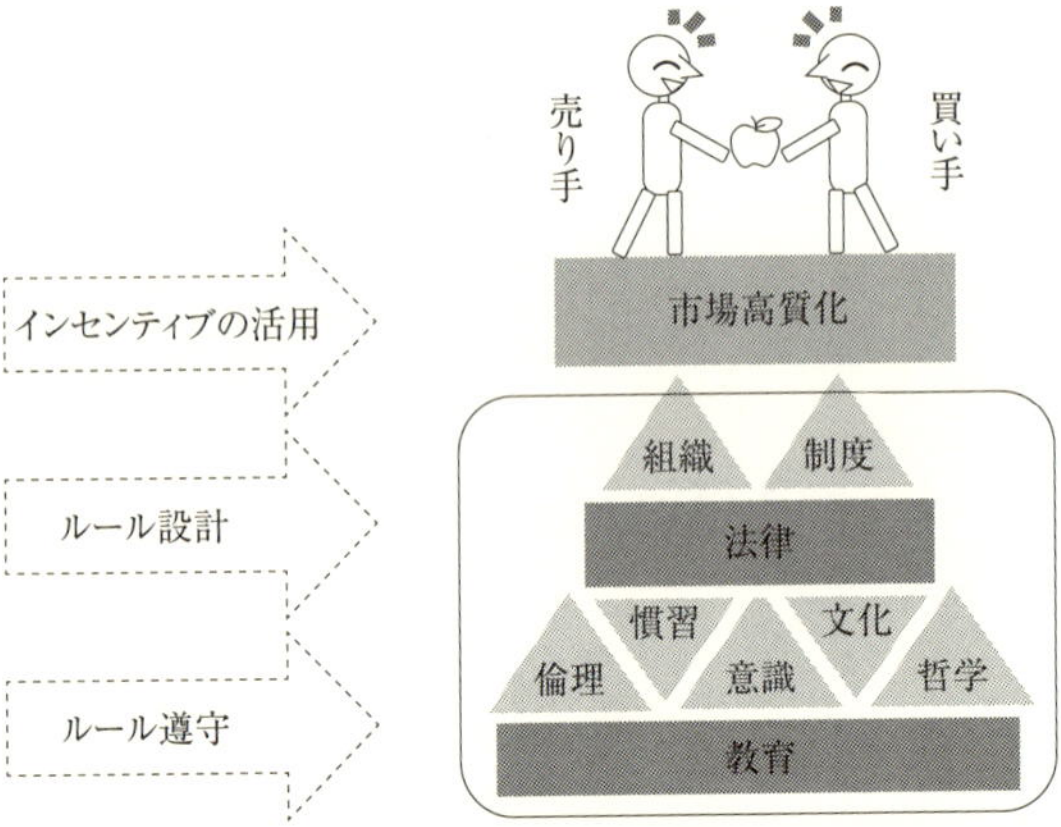

では、生活から資源が奪われ、発明・発見は次々に生まれても、人々の暮らしは逼迫するばかり、という状況になりかねません。

◆人々のインセンティブを活用する

では、何をすれば市場を改善できるのか？　その第一の答えがパイプを太くすることで、持っている科学技術を生活の中でより的確に使えるようにするということです。優れた技術を宝の持ち腐れにしないためには、市場の使い方を変えなければいけません。科学技術の振興も重要ですが、同時に市場を高質化しなければ、せっかくの科学技術もうまく活用できないのです。

そして、ここで必要になるのが、「制度の設計」という発想です（図表12－7）。市場は、個人の自発的な活動をコーディネートする場所です。それに直接的に規制をかけては、なかなか高質な市場はできません。間接的に、人々のインセンティブを活用できるような市場制度を設計していく必要があるのです。

もともと市場は競争の場であり、競争にはルールが必要です。そこで重要なのは、人々が自らの判断でルールを守り、それに従って行動することで自然と目的が達成されていくようなルールを作るということです。これを誘因両立性（incentive compatibility）と言いますが、今日の欧米における社会科学の基本的な考え方は、この方向に向かっています。

◆急がば回れの迂回原理

実は、この話は古くから古典派経済学で言われる「迂回原理」に通じています。目的に対して直接働きかけるのではなく、適切な迂回経路を利用するという考え方です。

よく使われる例を一つ挙げましょう。今、あなたは魚を獲りたいとします。最も直接的な方法は海に飛び込んで魚を追いかけることですが、そう簡単には獲れないでしょう。では、どうすればよいか？　たとえば釣竿を使い、魚をエサでおびき寄せて釣り上げることができます。もっとたくさん獲りたければ、網を編んで一網打尽にすることもできるでしょう。さらに沖合の魚を獲りたければ、船に乗って漁に出ることも考えられます。そうなると、海の魚を獲るために山へ入って木を切るわけですから、実に遠回りな方法に思えますが、効果は抜群です（図表12‐8）。

直接的な方法はわかりやすいので、まずは誰でもそれをやりたくなります。しかし社会が洗練され、ものの考え方が高度になるほど、よりよい経路を探そうとします。単に迂回すればよいというわけではなく、どの魚を獲るためにはどんな網をどこで打てばよいのか、ということを考えたうえで網や船を用意するのです。

図表12－8　迂回原理——社会科学の教えの中核

◆メカニズム・デザインという発想

これを現在の市場に当てはめたのが、メカニズム・デザインという理論です。これは１９５０年代にハーヴィッツ（Leonid Hurwicz 1917–2008）という経済学者が提唱した考え方です。私は、これを20世紀最大の知見の一つだと思っています。要は、人々が何をやりたいかを考えて、それをうまく実現していくようなルールをつくらなければ、よい制度はできないということです。

たとえば、コーポレート・ガバナンスを考えてみましょう。日本では企業統治と訳されていますが、これでは「ガバナンス」の意味合いがうまく伝わらないように思います。日本の企業統治では、ややもすると監視係を増やして経営者が悪さをしないように厳しく見張ろうという方向に向かいがちです。これでは「海に飛び込む」方式と大差ありません。

「ガバナンス」とは、会社をうまく使うためのルールをつくるということです。社長、重役、労働者、株主といったステークホルダー（利害関係者）がそれぞれのインセンティブに従って行動すると、全体として望ましい方向に向かうようなルールを設計するのが、本来の「ガバナンス」なのです。

これと同じことが市場にも言えます。企業や個人、政府など経済主体のインセンティブと整合的な市場インフラをつくらなければ、市場の機能は向上しません。市場を高質化するには、こうしたルールの束を適切に設計し、丁寧に組み合わせなければならないのです。

4　エビデンス・ベース・ポリシーの時代へ

◆「勘と経験」からの脱却

しかし、「各経済主体のインセンティブと整合的な制度を設計する」などと言っても、やはり具体的にどうすればよいのかは、はっきりしません。経済政策を打ち出すにも、結局のところは「勘と経験」に頼らざるをえない面も実際にあります。

なぜこうなってしまうかと言えば、判断の根拠となるデータがないからです。これまで、現実社会を対象とする社会科学分野では情報の収集が難しく、多くの場合は政府統計など限られたデータを加工して分析するしかありませんでした。

しかし今日では、情報通信技術の発達によってデータの集積・整備・分析が容易になり、高質なデータベースがつくられつつあります。その結果、徐々にですが目的に合う統計データを構築することもできるようになり、データに基づく実証分析を踏まえた制度・政策設計への取り組みも始まっています。

こうした技術進歩を背景として、今日では経済政策においてもエビデンス・ベース・ポリシー（evidence based policy）、すなわち科学的に集められた定量データに基づく政策形成に関心が高まっています。政府も平成21（2009）年3月に「公的統計の整備に関する基本的な計画」（総務省）を閣議決定し、国民の合理的な意思決定を支える重要な情報基盤として公的統計を整備し、これを広く社会で有効活用しうる形で提供することとしています（現在では、この第Ⅱ期基本計画がスタートしています）。

◆大規模パネルデータの必要性

しかし、この統計整備について私たちが痛感しているのは、欧米に比べて日本のデータ規模が小さいということです。

私たちは京都大学と慶應義塾大学とで連携し、家計のパネルデータを構築してきました。パネルデータとは、同じ人に対して1年目、2年目、3年目……とアンケート調査を続けていくものです。すると、ある時点での社会的な出来事（法改正、経済危機、自然災害など）が生じたとき、その前後でどのような属性を持った人がどのように行動を変化させたかを知ることができますので、政策効果を測ることも可能になります。

一方、調査の度に対象者が異なるデータを経年で比較する場合、各年次で集計された全体の傾向はわかりますが、それが個々人のどのような変化の結果なのかを読み取ることはできません。そのため、政策効果の測定が曖昧になってしまうという欠点があります。

したがって、エビデンス・ベース・ポリシーを実現していくためには、パネルデータのように同一人物・家計の行動を時系列で追いかけられるデータを整備しなければならないのです。ただし、パネルデータの構築には多大な資金が必要です。ある試算では、1人のごくシンプルなデータサンプルを1回つくるのに1万円かかるそうです。1万サンプルをつくるためには最低1億円がかかる計算になります。

では、日本全国で何らかの政策効果を測るために、どれだけのサンプルが必要かというと、およそ数万サンプルと言われています。つまり、全国から数万人の対象者をランダムに選び出し、調査を行うわけです。そうすれば、人口の少ない道県でも500程度のサンプルが集められ、どうにかその地域の変化を捉えることができます。

ちなみに、ミシガン大学では慶應義塾大学と同様のパネルデータを1968年から構築し始めており、現在2万6000件のサンプルがあります。年間十数億円の予算を投入しているそうですが、これだけあれば州単位での地域別分析にも耐えられるでしょう。またEUでは、14カ国・6万5000サンプルからなるパネルデータを構築しています。こうしたデータベースが、各国での「科学的根拠に基づく合理的な政策形成」を支えているのです。

◆地域特性をいかに捉えるか?

一方、日本の現状を見ると、先ほどの慶應義塾大学のパネルデータで1万件程度のサンプル、大阪大学と京都大学で行っている暮らしと好みの満足度に関するデータも約5000件です。

この規模では、分析の際に深刻な問題が生じてしまいます。たとえば、私は慶應義塾大学のパネルデータ構築に協力してきており、東日本大震災が起きた際に、このデータを利用して家計行動に与えた影響を分析しようと考えました。しかし、三陸海岸近辺は人口が少なく、調査対象者のサンプルが少なすぎ、断念せざるを得ませんでした。

そうなると、ある特定の人々のケーススタディはできても、多くの人々に共通する傾向を見つけ出すには限界があります。つまり、数千件程度のサンプル数では、地域特性を踏まえた政策示唆を得るのが難しいということです。私が考えた研究のためには、データ数を少なくとも十倍に増やす必要があるでしょう。

これからの日本の経済政策でとくに重要なのは、過疎や老老介護、経済停滞などに悩む地域社会のケアと活性化です。その肝心の地域社会でエビデンス・ベース・ポリシーを実行していくには、まだ政策効果を測れるだけの情報基盤が整備できていないのです。本書でも医療・介護分野での科学技術知識の発展が紹介されていますが、それらをどのように投入すれば、どれだけの社会的効果が得られるのか、それを測定・分析する体制はまだできていないと言わざるをえません。

ここで強くアピールしたいのですが、高齢社会を迎え、たとえば新たな技術が医療現場に導入されたとき、治療行為そのものが患者個人に与えた効果については、細かく記録され、データベース化される体制が整っています。しかし、それが個人とその家族の暮らしをどう変えるのか、さらに地域社会をどう変えるのかについて、私たちはまだ科学的に分析する手段を十分に持っていません。科学技術は社会的な制度・政策によって適切にサポートされなければ、人々の暮らしの豊かさにはつながらないのです。社会的な情報基盤整備に、より多くの予算が投入されることを願ってやみません。

◆制度・政策のマッチングを探る

情報基盤の整備が制度・政策決定に強みを発揮する例を一つご紹介しましょう。

慶應義塾大学の樋口美雄教授らは、家計経済研究所のパネルデータを使用して、育児・介護休業法（育児休業、介護休業等育児又は家族介護を行う労働者の福祉に関する法律）の改正が子どもを持つ女性の働き方にどのような影響を与えたかを分析しました。つまり、女性の社会参加を促すために行われた法改正の効果を調べようというものです。

樋口先生によれば、法改正の前後で女性全体の労働参加率を調べてみると、ほとんど変化がなかったそうです。しかし、調査対象者の属性ごとに詳しく調べてみると、その対象者の居住地域に子育て支援などのサポートシステムが整備されている場合には、労働参加率が上昇し、賃金も増加していることがわかりました。

つまり、国家レベルの法制度と基礎自治体レベルの施策がうまく組み合わされた地域では政策効果をあげられたということです。こうした人々の行動に関するデータがより多く蓄積されれば、制度・政策をより効果的に組み合わせる方法――いわば政策技術も磨かれることでしょう。また、それらがモデル化・理論化されるにつれて、より広い範囲に応用できるようになり、そこで生まれた要請から新たな科学技術の研究へとつながるかもしれません。

おわりに——技術の「使い手の責任」を考える

◆「想定外」はない

ここまで、「科学技術を生かすには、社会科学が必要ですよ」という話をしてきましたが、最後に「社会科学の責任」についてお話ししたいと思います。

東日本大震災が起こったとき、私は、「地震は天災であっても、原発事故は人災である」と思いました。そして、「人災と言っても、科学者（クリエーター）の責任というより、むしろ社会（ユーザー）に多くの責任がある。その意味で、私たち社会科学者はより多くの責めを負わなければならない」と感じました。本書の冒頭でお話ししたとおり、どのような技術をいかに使うかというユーザー側の問題を考えなければ、どれだけ優れた技術を生み出しても役に立ちません。そして、ユーザー側の問題を考え、対応策を提示していくのが社会科学の仕事だと思うからです。

端的な例を挙げましょう。震災後、「想定外」という言葉が政府関係者から出ました。私は、これが工学者の言葉ならば、もっともだと思います。というのも、工学者が機械や設備を設計する際には、ありとあらゆる可能性の中から対応する限界を定め、どのような状態までは対応するが、それ以上は対応しないという前提を立てる必要があるからです。さもなければ、無限に頑健な建物や、何があろうと安全な装置を追求しなければならなくなるでしょう。したがって、工学者にとって「想定外」とは「夢にも思わなかった」のではなく、現実的に対応すべく「想定から外した」という意味であるはずなのです。

そうである以上、その技術を使う社会の側は、その想定の内外で生じうるリスクを評価して、どのように使うべきか、リスクが顕在化したときにどのような対応をすべきかを考えなければなりません。もしも対応できないと考えるなら、工学者の「想定」を変更してもらう必要もあるでしょう。そして、こうしたことを考えるのが社会科学者の仕事ですから、社会科学を学んでいる者は、決して「想定外」という言葉を使ってはいけないのです。

そう考えると、原発事故の直後に政府もメディアも想定外だ想定内だと騒いでしまったのは、日本社会にそれだけ技術ユーザーとしての社会科学的な素養が欠けていることを示していますし、少なくともクリエーターとユーザーとの対話が不足していたと思うのです。

◆クリエーターとユーザーは市場を通して対話する

身近な例として、包丁を考えてみてください。理想の包丁とは、食材を鮮やかに切り刻みつつ、人間をまったく傷つけない包丁です。もちろん、そんな包丁は実在しません。包丁のクリエーターは、たとえば「包丁は大人が使うものである」「包丁は子ども部屋に放置されたりしない」といった想定のもとで、大人が注意して使えば怪我をしない程度の安全性を確保しつつ、切れ味鋭い包丁を追求するわけです。

また、最近の自動車には、ドライバーが居眠りをして蛇行運転になるとブザーが鳴る装置がついているそうです。かつては「ドライバーは居眠りしない」という想定でつくられていたのに、「ドライバーは居眠りすることもある」という想定に変わったということです。そして、これが実用化されたのは、「居眠り運転による事故をなくしたい」というユーザーのニーズがあり、それに応える技術開発があり、その費用対効果を踏まえて実現可能になったからです。これは、クリエーターとユーザーが市場で対話する中で改善されてきたものと言えるでしょう。

◆仕組みをつくれば市場が技術を発見する

しかし、「対話」と言っても、科学技術の歩みは日進月歩です。皆さんの中には、「制度改革や政策決定は時間がかかる。科学の進歩について来られるのか？」と疑問に思う方もいるでしょう。たしかに後れをとっている面はありますが、私はそれこそ市場をうまく使えていないからだと考えています。

市場には、新たな技術の登場を血眼になって探している人たちがいます。彼らは技術に対する高い知識も持っています。大切なのは、技術を市場に乗せて彼らに見つけやすくしてあげること、彼らが技術を使いやすくしてあげること、そして彼らの声が科学者に届きやすくしてあげることです。

もう一つだけ、例を挙げさせてください。皆さんは希少疾病用医薬品（オーファン・ドラッグ）というものをご存知でしょうか？　患者数の少ない特殊な病気に対する薬で、製造費も高いためにコストの回収に長い年月がかかります。したがって、特許期間が短いと採算がとれないため、製薬会社は手を出せません。アメリカでは、そうした医薬品を望む市場からの声を反映して特許期間が延長され、ビジネスチャンスを見出した投資家によって薬品の利用が可能になりました。その結果、臨床現場での施術にも工夫が加わり、ついに商品として活用されるようになってきました。現在では、非常に有望なビジネスになっています。

これが市場の力だと思います。市場の最先端にいる人たちのインセンティブをうまく活用したルールを整備していけば、彼らはシグナルを見つけ、新たな技術をイノベーションへとつなげてくれます。ときには間違いも起こします。科学の進歩に後れることもあるでしょう。しかし、だからこそ市場を上手に使う工夫をするべきでしょう。そしてもちろん、私たち社会科学者や政策担当者は、彼ら市場のプレイヤーが意思決定を間違えないための原理原則を定め、ルールの細部を調整し続けなければいけないと考えています。

第13章 人口減少を乗り越える社会づくり
――成長理論から考えるイノベーションと人材活用

青木 昌彦

スタンフォード大学名誉教授
1962年東京大学経済学部卒業。1964年東京大学経済学修士。1967年ミネソタ大学にて経済学博士号（Ph.D.）を取得。スタンフォード大学とハーバード大学で助教授を務めた後、京都大学において助教授、教授を経て、1984～2004年スタンフォード大学教授、現在は同大学名誉教授。2008～11年国際経済学連合（International Economic Association）会長。1990年日本学士院賞受賞、1998年第6回国際シュムペーター学会シュムペーター賞受賞。主な著書に『比較制度分析に向けて』（NTT出版、2001年）、『私の履歴書　人生越境ゲーム』（日本経済新聞出版社、2008年）、『コーポレーションの進化多様性――集団認知・ガバナンス・制度』（NTT出版、2011年）。専門は理論経済学（比較制度分析）。

黒田　前の2章では、科学技術をいかにして社会の豊かさにつなげるか、そのためにはどのような制度・仕組みが必要かということを考えてきました。本章では、同じ問題を反対側から見ていきます。つまり、どうすれば日本経済を立て直せるのかという視点から、より広く日本社会の課題を捉え、その中に科学技術の役割を位置づけていきます。

とくに本章では、人口減少と生産（供給）力の問題に着目します（これは、第7章で経済成長を需要面から捉えたことと対になっています）。人口減少時代を迎え、もし人々が同じ働き方を続けていたら、労働者の数が減った分だけ生産力は落ちてしまうでしょう。その解決策として、青木先生は、誰もが能力を高められる教育制度、働きやすい労働市場、そして科学技術開発の重要さを強調されています。

なお、本章では「成長会計」という経済理論を詳しく紹介していますが、ここで使われている数学的表現やその背景にある思考法は、自然科学が培ってきた手法を経済学が吸収し、経済社会の分析に適応させてきたものです。理系の皆さんが、「文系でも、こんな研究をするのか」と、経済学ひいては社会科学を身近に感じていただければ幸いです。

はじめに

皆さんもご承知のとおり、現在、日本をはじめとする多くのＯＥＣＤ諸国が人口減少に直面しています。また、途上国でも高齢化が急速に進み、人口構造が変化しつつあります。これを受けて、経済学でもこの「人口」という変数が経済社会にどのような影響を与えるのか、それをどのように把握・測定すればよいのかという研究が進んできました。人口の影響を詳しく分析し、それを乗り越える方途を編み出すためです。

そこで本章では、まず「成長会計」という理論を紹介し、経済が成長する仕組みを詳しく見ていきます。これは、成長要因を一国の生産（供給）力の面から捉えたものです。そして、日本経済の課題を中国・韓国とも比較しながら確認し、最後に日本経済の成長に向けた改革のカギをいくつか指摘したいと思います。

1　経済成長をどのように測るか？

◆成長会計の仕組み

実は、経済学者の間でも、経済の成長をどのように計測するかについては多くの議論があります。ここでは、先述のように「人口の変化」が経済成長に及ぼす影響を明示的に組み込んだモデルを紹介します。

図表13－1はＧＤＰの成長を要因別に把握するためのもので、「成長会計（growth accounting）」と呼ばれます。ここで、生産年齢人口（Ｌ）とは、実際に働いているかどうかにかかわらず、働くことができるとみなされている年齢の人々の合計を表し、その年齢は国際的な定義によって15歳から64歳と決められています。これには違和感を覚えるかもしれませんが、そこが実は大切な点ですので、後ほどお話しします。

次に、ｉは特定の産業を表します。ここでは、全産業を簡単に2部門に分け、農業部門（Ａ）と第二次・第三次産業を一つにした都市産業部門（Ｕ）とを考えます。現在の日本では農業部門の生産割

図表13－1　人口変数を統合した成長会計

Y ＝国内総生産（GDP）
N ＝総人口（population size）
L ＝生産年齢人口（the size of working age cohort）（15-64歳）
E ＝総雇用者数（total employment）
Yi ＝産業i部門の生産（output in the i-sector）
Ei ＝産業i部門の雇用者数（employment in the i-sector）
ここで、iはA(＝農業部門 Agriculture）とU(＝都市産業部門 Urban sector)
y ＝ 1人あたりGDP（GDP per capita）

$$y = Y/N = (L/N)(E/L)[(E_A/E) \times (Y_A/E_A) + (E_U/E) \times (Y_U/E_U)]$$
$$= (L/N) \times (E/L) \times K \times (Y_U/E_U) \quad \cdots ①$$

ここで、$K = 1 - (E_A/E)[(Y_U/E_U) - (Y_A/E_A)]/(Y_U/E_U)$ …②
＝「クズネッツ・ファクター(Kuznets factor)」.

$g(y)$ ＝ 1人当たりGDP成長率 ＝ $g(Y) - g(N) = g(L/N) + g(E/L) + g(K) + g(Y_U/E_U)$ …③

合が小さいので、「どうして、こんな分け方を？」と思われるでしょうが、戦後日本の経済成長を振り返ったり、諸外国と比較したりするときには、この分け方がとても役に立ちます。

そして、yは「1人当たりGDP」です。つまり、GDPを総人口で割った値（Y/N）がyとなります。国力を測るうえではGDPが重要ですが、その国の豊かさを比較する場合には国民1人当たりGDPを見るのが一般的です。これを各要素に分解したのが①式の右辺であり、それを整理すると2行目のようになります。各項を確認していきましょう。

最初のL／Nは、働ける年齢層の人々が総人口の何割を占めるかを表しています。いわゆる少子化・老齢化が進むとL／Nの値が小さくなり、yを押し下げる方向に働くことが読み取れます。

次のE／Lは、働ける年齢層のうち、実際に就業している人の割合を示します。当然、失業率が高まるとＥ／Ｌは小さくなりますが、Ｌは15歳以上ですから実は就学も重要になります。つまり、高校・大学・大学院への進学者が増えればＥは小さくなります。一方で重要なのが、女性の就業行動です。より多くの女性が社会に出て働くようになれば、Ｅが大きくなり、ｙを押し上げることができるのです。

◆クズネッツ・ファクターとは？

第３項には少し説明が必要です。このＫはサイモン・クズネッツ（Simon Kuznets 1901–1985）にちなんだ「クズネッツ・ファクター」のＫです。クズネッツはロシアに生まれアメリカに移住した経済学者で、１９７１年にノーベル経済学賞を受賞しています。彼は、19世紀中頃から20世紀末にわたる膨大な経済統計を整備・分析し、経済発展の過程では経済全体に占める第一次産業（農業）の雇用や生産の割合が徐々に低下していくことに気づきました。

クズネッツ・ファクターは②式のように表されます。都市産業部門の１人当たりの労働生産性（１人の労働者がどれだけの財・サービスを生産したか）と農業部門の労働生産性の差をとって（$[(Y_U/E_U)-(Y_A/E_A)]/(Y_U/E_U)$）、それに全雇用者に占める農業部門の雇用者の比率（E_A/E）を掛け合わせた値を１から引いています。それは、都市産業部門と農業部門の労働生産性の格差を、都市産業部門の労働生産性を１として、格差率で表したものです。すると、都市産業部門と農業部門の労働生産性の格差（$[(Y_U/E_U)-(Y_A/E_A)]/(Y_U/E_U)$）が小さくなるほど、また農業部門の雇用者比率（$E_A/E$）が小さくなるほど、Ｋの値が大きくなり、ｙを押し上げることになります。

ただ、現実には日本でも中国でも韓国でも、都市産業部門と農業部門の労働生産性の格差は5倍ほどですので、実質的には農業部門の雇用者比率の低下によってKの値が増加することになります。つまり、一種の発展度合いを示す係数としての意味を持つことになります。

そして①式の第4項で、都市産業部門の1人当たり労働生産性（Y_U/E_U）を掛けています。

2 経済成長率の日中韓比較

◆人口ボーナスと老齢化

続いて、成長率の話に移りましょう。③式は、①式の各項の変化率（成長率）を見ています。単純化して言うと、成長率は各要素の成長率の和として表されるということです。まずg(L/N)を見ましょう。Lは生産年齢人口、Nは総人口でした。もしも生産年齢人口の増加率が総人口の増加率を上回れば、g(L/N)はプラスになり、g(y)を押し上げることになります。この現象を「人口ボーナス(demographic bonus)」もしくは「人口配当(demographic dividend)」と呼んでいます。後で述べるように、戦後日本の高度成長は、この人口ボーナスの恩恵を受けたのですが、その後1990年にはg(L/N)の値がマイナスに転じ、2000年から12年の間はマイナス0・66％となっています。つまり、人口構造の変化が成長の大きな負荷になっていることが見てとれます。

なお、こうした傾向は日本だけではありません。図表13－2は、総人口に占める生産年齢人口の推

図表13－2　総人口に占める生産年齢人口（15～64歳）比率の日中韓比較

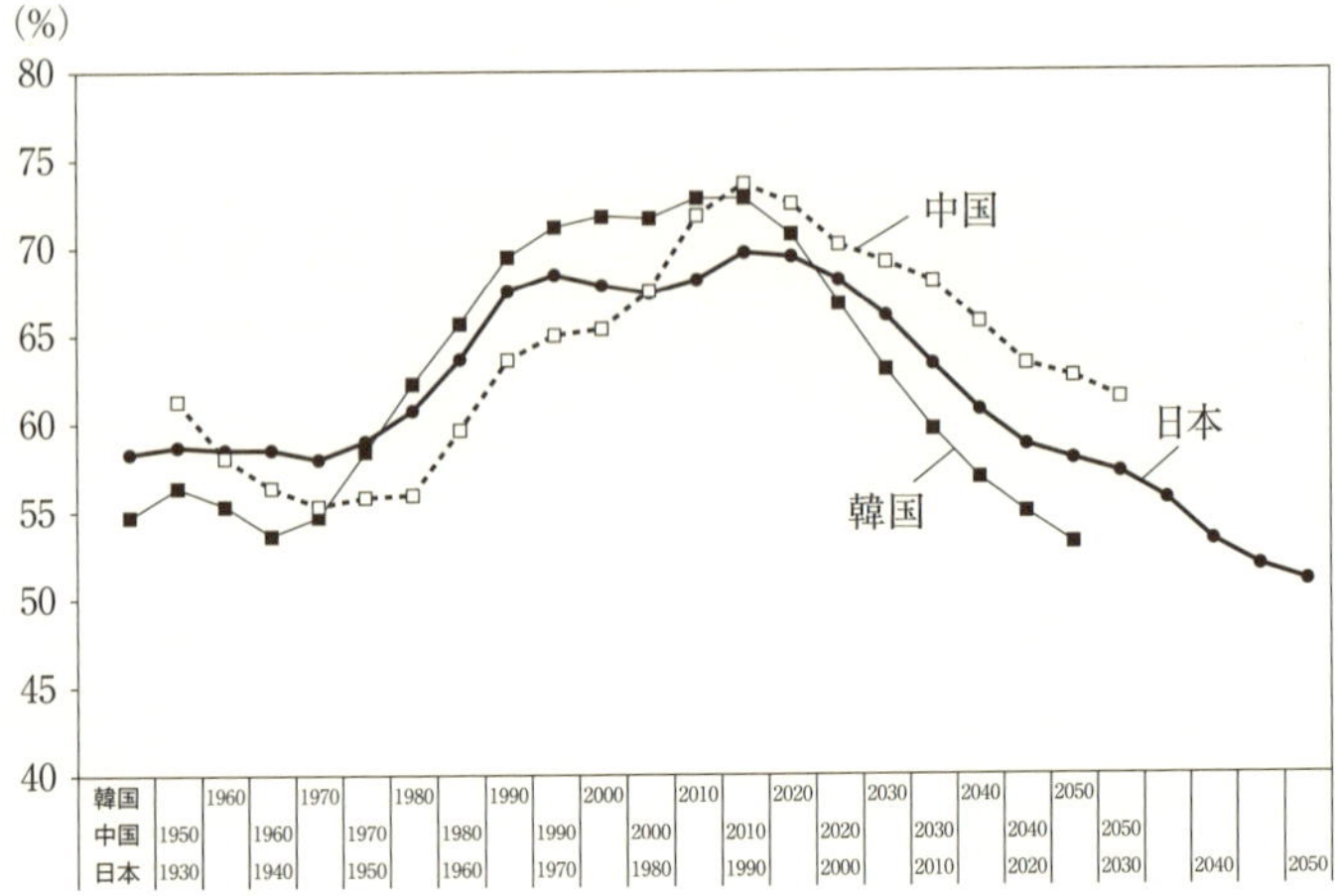

移を日中韓で比較したものです。曲線の変化を比較するために、ピークを中央に揃えています。太線が日本、細線が韓国、点線が中国ですが、横軸にとった年代がそれぞれ違っているので、注意してください。

ご覧のとおり、日本は１９９０年、中国は２０１２年にピークを迎え、韓国は２０１７年頃に頂点に達すると予想されます。いずれも人口動態の変化が経済成長の重荷になると予想されているのですが、その中でも韓国は日本より速いスピードで老齢化を経験するでしょう。中国の場合は日韓よりも緩やかですが、統計上の問題もあって予測が楽観的すぎるという指摘もあります。そして日本ですが、今後の制度改革などにより少子化・老齢化の速度を緩められる可能性もあるということを覚えておいてください。

◆女性の労働参加

この期間における日本の労働参加率の変化（g(E/L)）を見ると、実は0・46％でプラスになっています。これは、女性の労働参加が増えているためです。とくに注目されるのは、25～30歳の女性の労働参加率の変化が7・65％なのに対し、30～35歳が11％、35～40歳でも6・26％と高い伸びを示していることです。かつての日本では、大学を卒業して就職しても、結婚・出産を機に会社を辞めて専業主婦になるケースが多かったのですが、近年では出産後も継続して働く、あるいはいったん退職しても再び就業するケースが増えています。これは非常に重要な要因ですので、後でまた議論したいと思います。

◆クズネッツ効果の国際比較

第3項のクズネッツ・ファクターの変化率（g(K)）ですが、日本の場合には0・07％しかありません。つまり、農業部門の生産性向上や、農業から他産業への労働移動が1人当たりGDPの成長に寄与することは、あまり期待できないということです。では、都市産業部門の1人当たり労働生産性（$g(Y_U/E_U)$）はどれだけ上がったかというと、こちらも0・92％と、1％にも届かない状態でした。産業間の労働移動と1人当たりGDPの関係について、現在の日本を歴史的かつ国際比較の視点から位置づけると、図表13－3のようになります。

図表13－3は、縦軸に農業部門の雇用者（E_A）を、横軸に1人当たりGDP（y）をとっています（2010年USドル換算）。日本の場合、1950年にはまだ45％の労働者が農業部門で働いていま

図表13－3　クズネッツ過程の日中韓比較

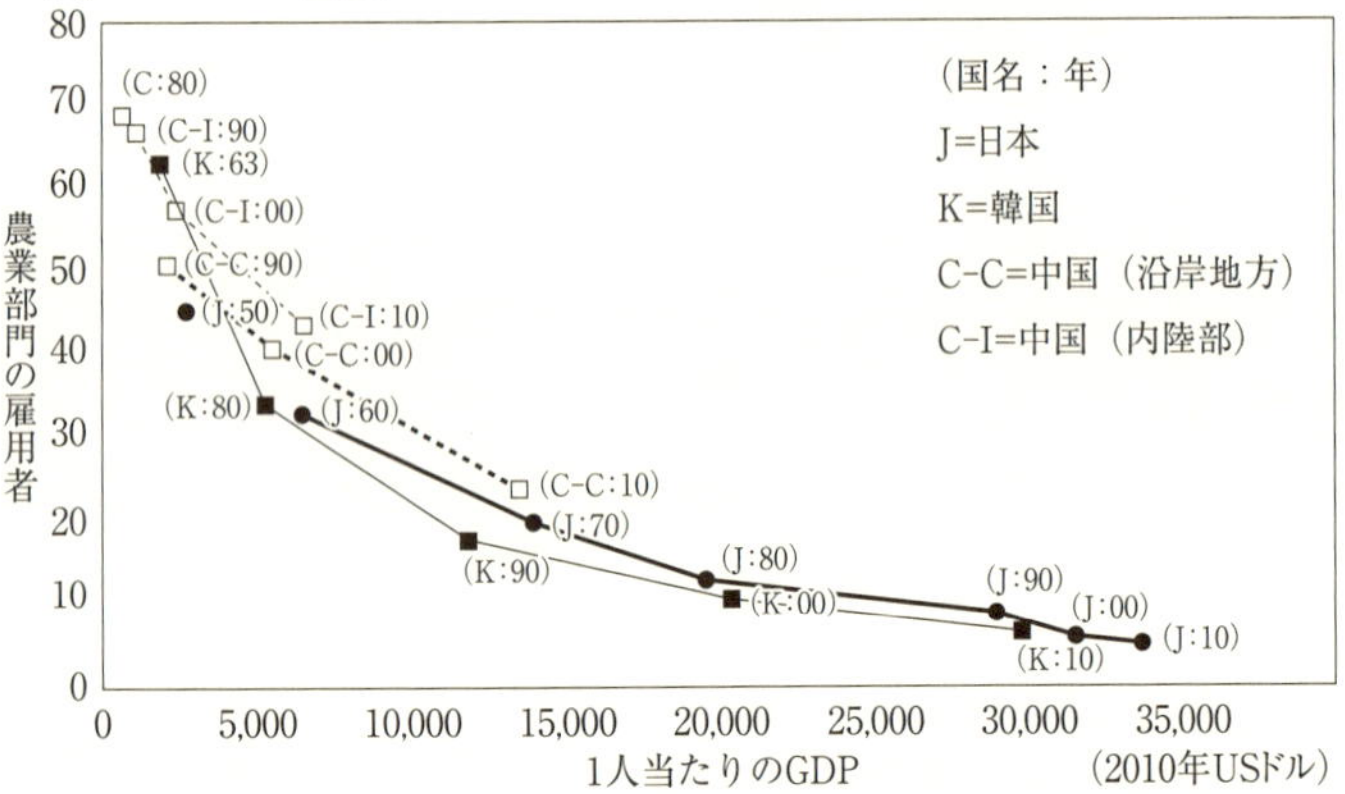

したが、90年には10%を割っています。そして、横軸を見てわかるとおり、90年以降は1人当たりのGDPの伸びも鈍くなっています。韓国もまた、1963年時点では農業部門の雇用者が60%を超えていましたが、2010年に10%を割っています。両国とも、農業部門から他産業への労働移動によるGDPの伸びは、もう期待できません。一方、中国は2010年でも、沿岸地方（C－C:10）で24%、内陸部（C－I:10）では40%が農業に従事しています。つまり、中国は農業部門からの産業間労働移動による経済成長の余地が、まだ残されているということです。

◆日中韓の類似点

日中韓比較の最後に、1人当たりGDPの成長要因の内訳を見ておきましょう（図表13－4）。時代と国が違っても、経済成長にはよく似たパターンがあることに気づきます。まずクズネッツ効果を見ると、日本と韓国では20世紀後半で、また中国では現在も大きな成長要因となっています。

次に、人口ボーナスは、たとえばベビーブームがあると、

図表13－4　1人当たりGDPの日中韓要因比較

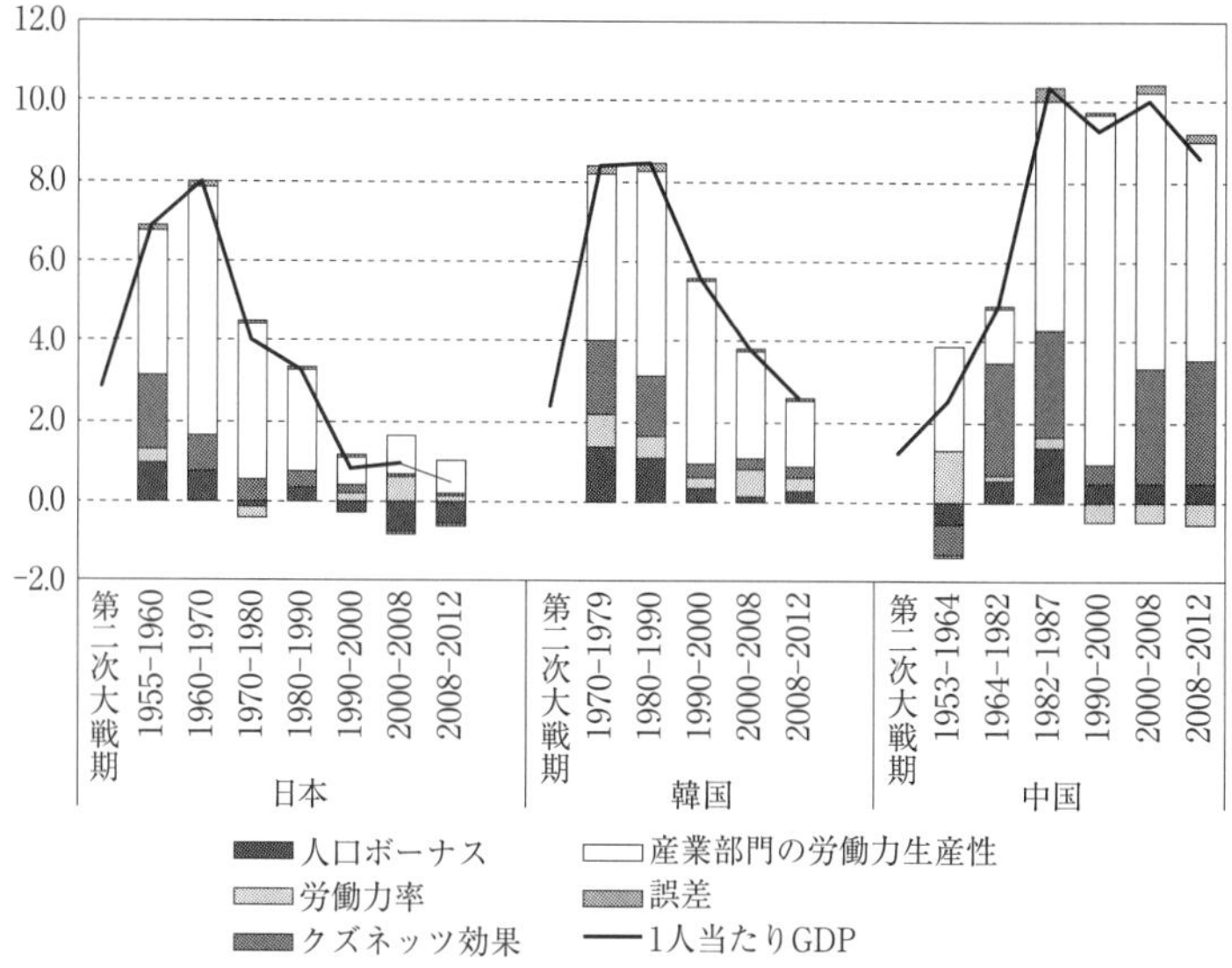

その後15～20年ほどして大きくなります。日本の場合には終戦直後、韓国の場合には朝鮮戦争の直後、中国の場合は大飢饉で3000万人が死んだとも言われる大躍進の時代（1960年代後半）の直後にベビーブームが生じています。

日本の場合、1955年から60年にかけての高度成長のほぼ半分が、人口ボーナスとクズネッツ効果で説明できることがわかります。また今日の中国でも人口ボーナスとクズネッツ効果で4割弱が説明されます。なお、中国で一番大きな割合を占める都市産業部門の労働生産性ですが、ここでも統計上の問題があり、過大評価されている可能性も指摘されています。

◆中国の今後

近年、中国の習近平主席は「新常態（new

normal)」という言葉を使っていますが、これは結局、成長率が落ちるということと、成長を量から質に変えなければいけないということです。私が中国政府から委託されて行った調査によれば、今後、クズネッツ効果は縮小し、人口ボーナスも日本と同様に負の値になっていくと予想されます。

なお、中国では、1990年代以降に労働参加率が減少していますが、これは高校や大学への進学率が高まったためです。したがって、現在はGDPを押し下げる方向に働いていますが、将来に向けた人的資本投資ですので、やがて労働生産性を高める要因になるでしょう。

3 人口要因の中期的なインパクト

さて、話を日本に戻して、人口変動が経済に与える影響を中期的な視点から展望してみましょう。具体的には、2015年から30年までの15年間を見ます。

◆全要素生産性とは何か?

まずクズネッツ・ファクターはほぼゼロになると考えられます。つまり、農業部門から製造業・サービス産業への労働移動によって経済を成長させることは、もはや期待できないということです。

また、女性の労働参加は、すでにずいぶん上がってきましたので、まだ伸びる余地はあるものの大きなインパクトにはならないでしょう。むしろ、出産・育児と社会参加のトレードオフ関係を改善し、

図表13－5　全要素生産性

$g(L/N)$ ＝負の人口ボーナス＝－0.73%
$g(Y_U/E_U) = g(TFP_U) + \theta_U g(K_U/E_U) + (1-\theta_U) g(h_U)$
TFP ＝全要素生産性（total factor productivity; innovation）
θ_U ＝資本所得分配率（capital income share）
K_U/E_U ＝資本労働比率（capital labor ratio）
h_U ＝雇用者1人当たり人的資本（average human capital）

「産みやすく働きやすい」社会環境をつくることが重要になります。

そして人口構造ですが、15年先のことはほぼわかっていて、15歳から64歳の割合がさらに下がり、人口ボーナスはマイナス0・73%と推計されています。0・73%の比率でこの15年間に労働世代の貢献度が落ちていくわけです。では、都市産業部門の1人当たり労働生産性はどうなるでしょうか。ここで、もう1つだけモデル式を登場させます（図表13－5）。

左辺の $g(Y_U/E_U)$ は、都市産業部門の1人当たり労働生産性の成長率でした。右辺は、それを各要素に分解したものです。ここから、1人当たり労働生産性を高めるには何をすればよいかが読み取れます。

では、右辺を見ていきましょう。第1項を後に回し、第2項から説明します。まずK／Eはある産業が利用する生産技術の特徴を、資本と労働の組み合わせという観点から捉えたもので、労働量（E）に対する資本量（K）として表され、資本労働比率もしくは資本集中度、労働の資本装備率とも呼ばれます。これにθという資本所得分配率で都市産業部門のウエイトづけをしています。なお、ここでのKはクズネッツ・ファクターではなく資本を表しますので、ご注意ください。

次の第3項（hu）は都市産業部門に帰属する雇用者一人当たりの人的資本量です。

そして、第1項のTFPは全要素生産性と訳されますが、これは一種の残余概念です。つまり、労働や資本などの特定の要素に帰属できない剰余の部分であり、科学技術の発展や、労働と資本の組み合わせを変えることによって起こる変化です。まさに第7章で登場した、シュンペーターの「イノベーション（新結合）」に当たる部分です。

これら三つの要素のうち、これからはTFPと人的資本が非常に重要になります。言い換えれば、科学技術政策や教育政策が決定的な重要性を持つということです。

先ほど述べましたように、1人当たりの労働生産性（Y／E）は、2000年から12年の間に1％もなかったのです。これからの15年で仮に1・5％だったとしても、人口ボーナスによるマイナス0・73％という負荷がかかるために、1人当たりの成長率に対する貢献は0・77％にしかなりません。すると、15年かけても1人当たりの所得は13％しか増えないのです。

ちなみに、アメリカの成長会計研究の権威であるハーバード大学のマーティン・フェルドシュタイン教授によれば、今後10年間のアメリカの1人当たりGDP成長率は1・6％と見込まれています。その意味では、1・5％という仮定すら、現在の日本では楽観的と言われるかもしれません。

◆経済的豊かさと生活の質

ただし、これはあくまでGDPの話です。以前、スタンフォード大学で『ウォール・ストリート・ジャーナル』編集長のジェイコブ・スレシンジャー氏を招いて講演してもらったことがあります。彼は、バブル時代に特派員として日本に滞在し、2008年の金融危機の後に再来日されたそうです。

彼も1990年後半から2000年代の「失われた20年」の話を聞いていたので、「日本は、さぞ悲惨な状態にあるだろう」と予想していたのですが、来てみると日本社会はけっこううまく動いているではないかと。数字を見れば、建設産業やサービス産業でも1人当たり労働生産性はアメリカの3分の1程度ですが、そうした数字では表されない「生活の質」のようなものがあると指摘していました。

前出のフェルドシュタイン教授もアメリカについて同様の発言をしています。アメリカは1人当たりGDPの成長率が1・6%になると言うけれども、実際にはいろいろな新製品・新技術が生まれており、ただ古いGDPの測定方法ではそれらをうまく捕捉できていないのではないかと。

ですから、この数字だけを見ると悲観的になるかもしれませんが、私たち研究者のほうも、そうした科学技術の発展、環境問題、女性の社会参加など新たな課題や現象を加味した指標をつくっていくことが重要ではないかと思います。

4 21世紀日本の課題

では、新しい課題とは何か? 最後に、これからの日本が取り組むべき課題を挙げていきましょう。

◆人口は減少するしかないのか

これまで単に「人口」と呼んできましたが、人口の増減を議論するときに使われているのは合計特殊出生率（TFR: Total Fertility Rate）と呼ばれる指標です。これは毎年、人口に比べて子どもがどれだけ生まれているかという出生率ではなく、一人ひとりの女性が生涯でどれだけの子どもを産むかという数です。そして、人口一定（「定常状態」と言います）となるにはＴＦＲ２・１が必要です。このＴＦＲが、ヨーロッパ各国でもアジアでも低下傾向にあります。とくにアジアでは、日本、韓国、シンガポール、台湾などで過去10〜20年間に急激に低下したわけです。

もっとも、日本は２００５年にＴＦＲ１・26で底を打ち、その後は緩やかに上昇し、２０１５年に１・46まで上がりました。近年、スカンジナビア諸国、アメリカ、フランスなど先進国のいくつかで同様の反転現象が起こっており、「出生率反転（fertility reversal）」と呼ばれて注目されています。

ここで、興味深い研究をご紹介しましょう。ドイツのマックス・プランク研究所のミッコ・ミルスキラ氏らは、国連で整備している就学率の指標、長寿化の指標、そして１人当たりＧＤＰなどの指標を組み合わせて、「人間開発指数（Human Development Index: HDI）という指標を開発しました。そのＨＤＩと先に示したＴＦＲの相関関係を調べると、ＨＤＩが０・85を超えるとＴＦＲが反転して大きくなるという研究があります（図表13－6）。

これは30歳から49歳の数字ですが、20歳から30歳までの女性に関しても、やや緩やかながら同様の傾向が見られます。さらに、１９８５年時と２００５年時とでこの傾向を比べると、２００５年のほうがより顕著になっています。日本でも、今後の取り組み次第でさらに回復する可能性があるということです。

このＴＦＲが１・75になると、私の単純な計算では、理論的には先ほどの人口ボーナスがゼロになります。ただし、人口の定常状態は2・1ですから、1・75ではGDPの減少は免れないと思います。

図表13－6　人間開発指数（HDI）と合計特殊出生率（TFR）

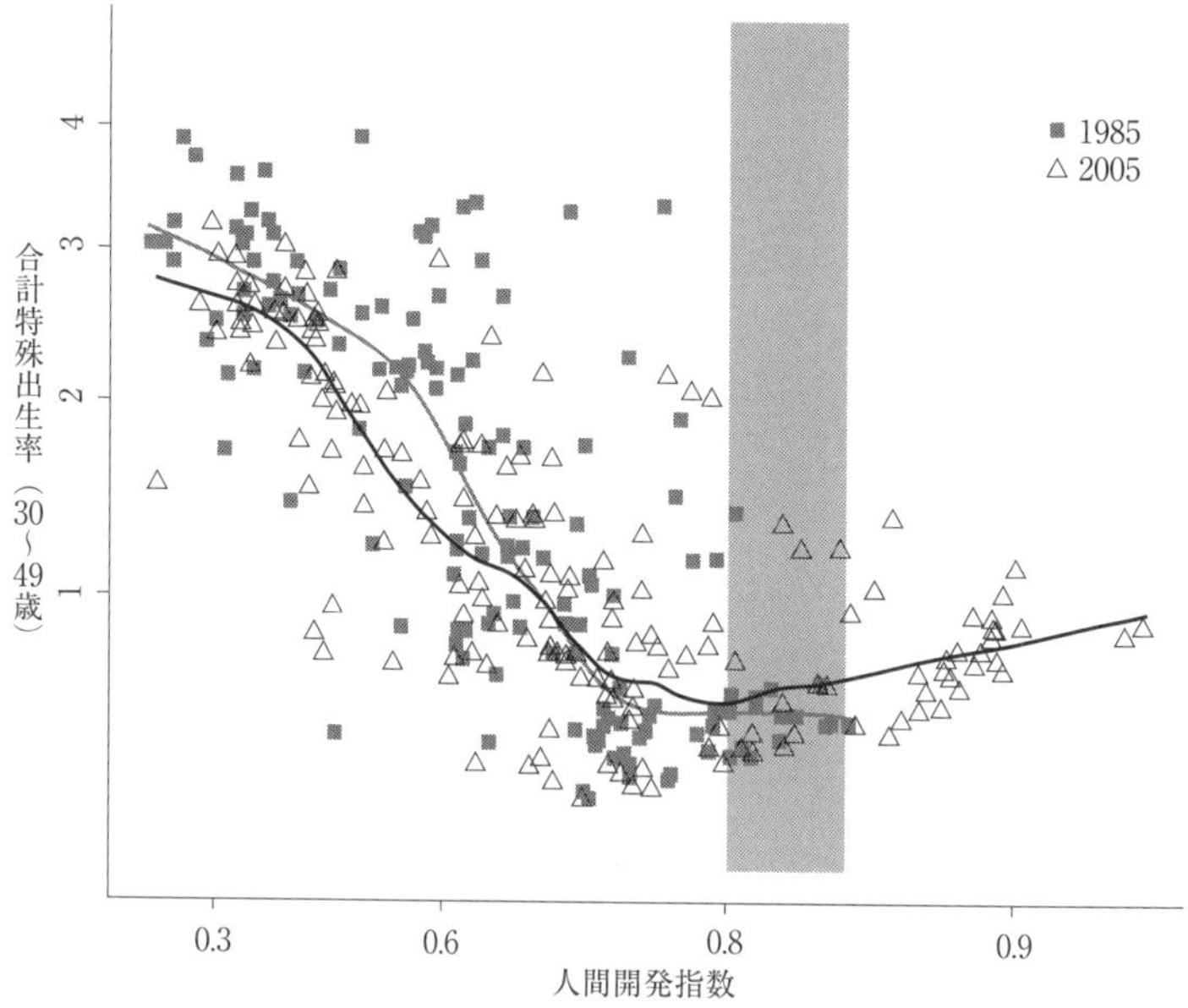

◆「日本型移民」の可能性

もう一つ、人口を増やす方法として外部からの人口流入を受け入れるという選択肢もあります。ご承知のとおり、アメリカが人口ボーナスを増やしてきたのは、移民によります。もちろん、日本での移民受け入れをめぐっては賛否両論の激しい議論があることは承知しています。たとえば、「海外の安価な労働力を導入することにより、日本人の雇用が失われる」といった主張です。そこで私は、一つの可能性として「日本型移民」という選択肢もありうるのではないかと考えています。

これは、一言で言えば、外国人留学生の受け入れ奨励策です。少子化に伴う大学進学者の減少は大学の経営問題にもなっていますが、私は外国人留学生、とくにアジアからの留学生を受け入れるべきだと思うのです。そして、英語教育とともに日本語教育もする。日本のビザ制度では、大学を出ればアメリカよりも就職しやすいので、ぜひ日本で高度人材として働いてもらい、やがて家族ができたら永住権なり国籍なりを取得してもらうのです。つまり、日本の人的資本蓄積を進めながら人口問題にも貢献するという方法です。

もっとも、このような案でも反対意見は出ることでしょう。しかし、皆さんもよくご存知の吉田松陰は大変な国際派で、獄中で書いた『幽囚録』の中でも、やはり国を開いてこの世の中を見なければいけないと言っています。とくに外国人を日本に取り込むことで、知の獲得と人口の増大という一挙両得があるということを言っていますので、ぜひ読んでみてください。

おわりに——科学技術と女性、若者、外国人との新結合

現在の日本は金融問題や財政問題など課題が山積していますが、それらの根本にあるのは人口動態の変化です。この問題にきちんと対処していくことが日本の将来にとって重要でしょう。そして、この国の出生率の改善と人的資本投資の促進に向けて、人文・社会・自然科学を役立ててほしいと思います。

たとえば出生率ですが、女性に「ぜひ働いてほしい、でも子どもも産んでほしい」というのは、実に複雑な要請をしているわけです。それは単に個々の女性にインセンティブを与えればよいという話ではありません。家族で、企業で、あるいは地方共同体さらに国全体で女性の労働参加を増やすと同時に、子どもを産んでも働きやすいような社会を設計していくことが大事です。

また人的資本形成では、外国人を受け入れ、日本人になってもらうことも検討する時代だと思います。彼ら／彼女らに日本文化を知ってもらい、さらにその子どもたちも日本で育ってもらう。それは、日本人の子どもたちを多文化な環境で育てることにもなります。グローバル化が進む今日、若いときから多様性に触れさせることは非常に重要な教育です。

最後に、「新結合」についても一言。結合とは、AとBを組み合わせるというだけでなく、「ネットワーク」を組み立てることも含まれます。とくにこれからは、若い人たちがさまざまな境界を越えてどんどんネットワークあるいはチームを構築できるような、新しい社会・制度が必ず重要になります。

そして、そうしたチームでの取り組みが高い競争力を生み出し、人口減少のような根本問題を乗り越える力になって日本を成長させると考えています。

第14章 定常型社会を迎え、日本は何をめざすのか？——成熟と幸福のための科学技術考

広井　良典

千葉大学法政経学部教授（現・京都大学こころの未来研究センター教授）
1961年生まれ。1984年東京大学教養学部卒業（科学史・科学哲学専攻）。1986年同大学院総合文化研究科修士課程修了。1986～96年厚生省勤務。1996年千葉大学法経学部（現・法政経学部）助教授、2003年同教授、2016年より京都大学こころの未来研究センター教授。2001～02年マサチューセッツ工科大学（MIT）客員研究員（Visiting Scholar, Department of Political Science）。2004～09年21世紀COE「持続可能な福祉社会に向けての公共研究」拠点リーダー。専門は公共政策、科学哲学。主な著作に、『アメリカの医療政策と日本——科学・文化・経済のインターフェイス』（勁草書房、1992年、吉村賞受賞）、『日本の社会保障』（岩波新書、1999年、第40回エコノミスト賞受賞）、『定常型社会——新しい「豊かさ」の構想』（岩波新書、2001年）、『コミュニティを問いなおす——つながり・都市・日本社会の未来』（ちくま新書、2009年、第9回大佛次郎論壇賞受賞）、『人口減少社会という希望——コミュニティ経済の生成と地球倫理』（朝日選書、2013年）、『ポスト資本主義——科学・人間・社会の未来』（岩波新書、2015年）。

黒田　いよいよ最後の章となりました。ここで、これまでの議論を締め括り……というのが普通でしょうが、本書はむしろひっくり返して、皆さんの思考に揺さぶりをかけたいと思います。

本章の後半では、主に科学技術イノベーションと社会との関係に焦点を当て、「豊かな社会を築くために、科学技術はどのように貢献すべきか」という問題を考えてきました。そして、そこでの「豊かさ」とは、明示的にせよ暗示的にせよ、経済の「成長」が意味されていなかったでしょうか?

しかし、広井先生は、もはや私たちが追求すべき価値は「成長・拡大」ではなく、「成熟」であると主張します。しかもそれは、文明史の中で繰り返されてきたサイクルの一局面だと言うのです。

広井先生は、科学史・科学哲学を専門とする立場から、これまでも数多くの野心的・刺激的な著作を発表し、私たちの常識や暗黙の前提に鋭い疑問を投げかけてきました。ここでも、先生は問いかけます。今という時代をどう捉えるか、私たちは何をめざすべきか、そして科学技術は何のためにあるべきかと。もっとも、問われているのは皆さんだけではありません。経済学者である私こそ、正面から論争を挑まれています。

さあ、議論は振り出しに戻りました。皆さんは、どのように答えますか?

はじめに

人は常に移り変わり、社会も常に変化していますので、いつの時代も人々は「今こそ時代の転換期だ」と考えるものです。かく言う私も、これから同じことを言おうとしているのですが、できれば歴史の評価に耐えうる主張をしたいと思っています。

私の主張は、長期あるいは超長期で眺めると、世界は「成長」の時代と「定常」の時代とを繰り返してきたのであり、現在はまさに「成長」から「定常」へと移り変わる大転換期である、というものです。そして、定常の時代は、皆さんが感じているような「停滞」の時代ではなく「成熟」そして「創造」の時代なのであって、私たちがめざすべき社会はいわば「豊かな定常型社会」あるいは「創造的定常経済」であるべきだと思うのです。

では、私たちが追求すべき価値は何か？　めざすべきはいかなる社会か？　皆さんと一緒に考えていきたいと思います。

1　現在という時代をどう捉えるか？

◆ジャパン・シンドロームという病？

図表14－1は、『エコノミスト（*The Economist*）』誌（2010年11月20日号）の表紙です。「Japan's burden」と書かれた下には、大きな日の丸を背負った子どもが押しつぶされそうになっています。この号のキーワードは「日本症候群（Japan Syndrome）」、そのテーマは日本が抱える高齢化と人口減少問題でした。ただし、それは日本だけの現象ではなく、やがて世界中が同じ課題に直面するので、日本がこの問題にどう対応するかは、世界にとっての試金石になるという趣旨でした。そして、その

前提にある基本的な問題意識は、社会にネガティブな影響を与える高齢化・人口減少を乗り越え、いかにして経済成長を図っていくかというものでした。

私も、高齢化や人口減少は大変な問題だと思います。社会に対するネガティブな影響も確かにあります。しかし、それだけでしょうか？　私はむしろ、ここに新たな、そしてより豊かな時代の幕開けを感じているのです。

◆日本の1500年を眺める

図表14－2は、平安時代から2100年代まで日本の人口の長期トレンド（一部予測）を示しています。興味深いのは、江戸時代の後半を見ると3000万人程度でほぼ安定しています。一種の定常状態だったのです。

図表14－1　*The Economist*（2010.11.20）表紙

それが明治以降、急速に増加して、第二次大戦直後で約7000万人、その後も勢いはほぼ変わらず、2004年にピークを迎えました。そして、2005年に初めて人口が減少し、その後の数年は上下しましたが、2011年以降は下降トレンドが定着しています。現在の出生率を前提とすると、2050年には1億人を切ることが見込まれています。

まるでジェットコースターのような図ですね。現在の

図表14－2　日本の総人口の長期的トレンド

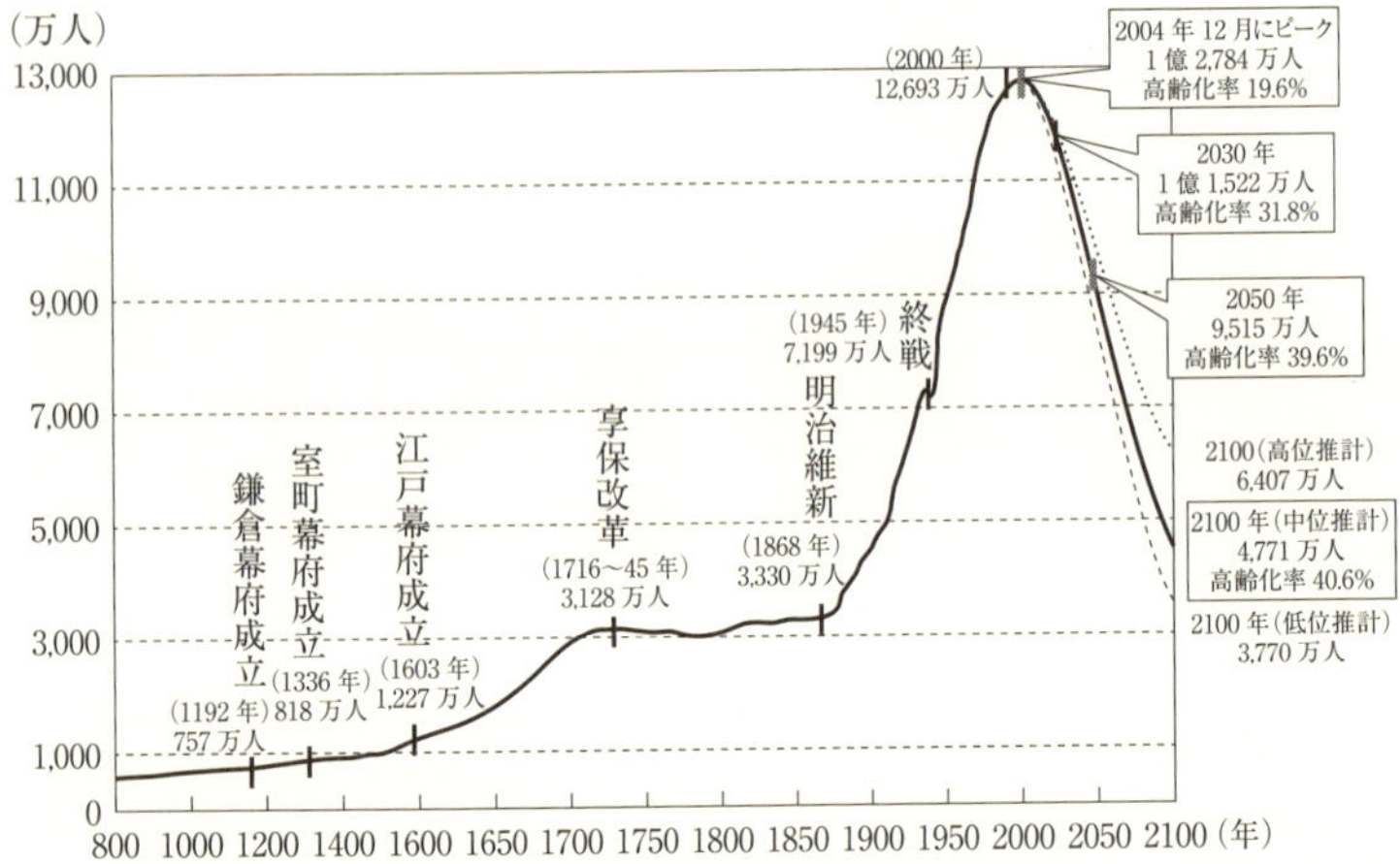

出所：総務省「国勢調査報告」、同「人口推計年報」、同「平成12年及び17年国勢調査結果による補間推計人口」、国立社会保障・人口問題研究所「日本の将来推計人口（平成18年12月推計）」、国土庁「日本列島における人口分布の長期時系列分析」（1974年）を基に、国土交通省国土計画局作成。

位置から眺めると、これから真っ逆さまに急降下する直前ですので、たしかに恐ろしくも感じます。しかし、大変な問題がたくさんあるのは確かですが、プラスの側面もあるのではないでしょうか。

あらためてグラフ全体を眺めてみると、明治維新から２００４年まで続いた急勾配の上り坂は、日本が物質的な豊かさを手に入れ、いわゆる経済成長を成し遂げた時代でした。日本にとってのかけがえのない財産であると同時に、相当に無理をしてきたことも否定できないでしょう。はたして、この上り坂の延長線上に未来を構想するのがよいことなのでしょうか？

◆GDPに代わる豊かさの指標

図表14－3は、横軸に1人当たりGDP、縦軸に生活満足度（幸福度）をとったグラ

図表14－3　経済成長と「well-being（幸福、福祉）」（仮説的なパターン）

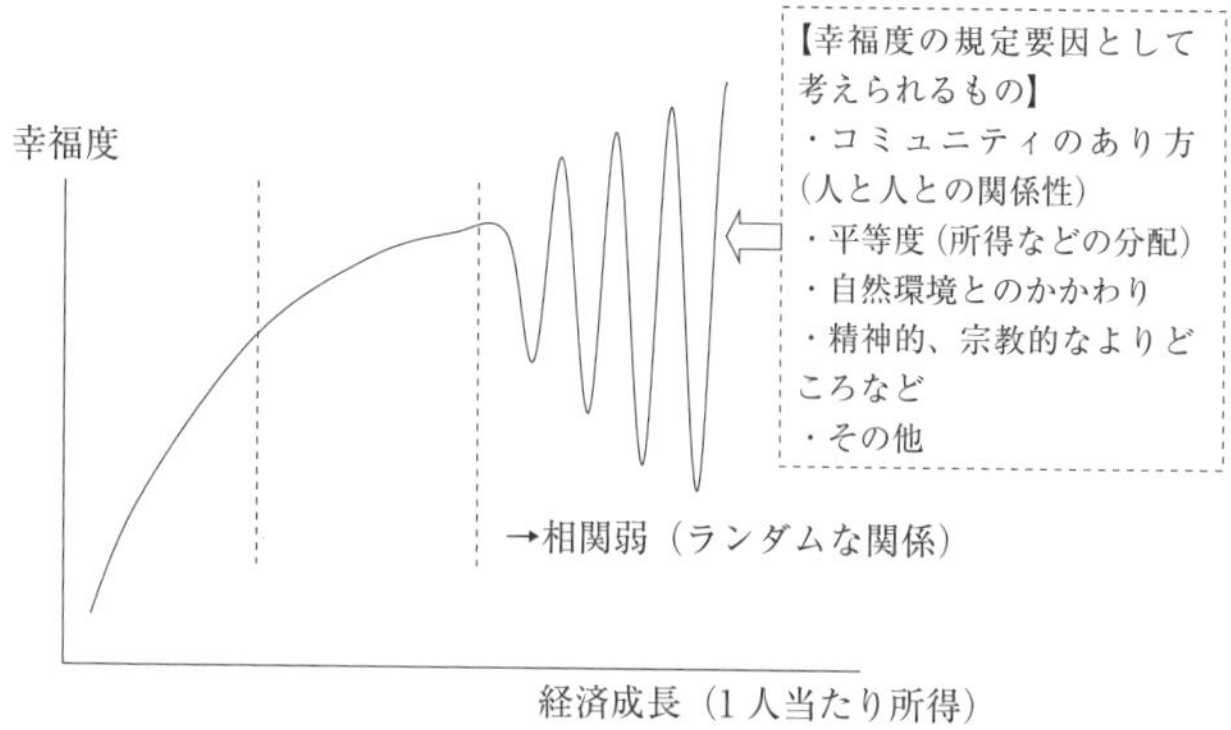

フの仮説的なイメージ図です。この図では、経済成長のある段階までは、GDPの増加と比例して幸福度が増加していきます。つまり、物質的な豊かさが満足感や幸福感を与えてくれるということです。しかし、ある段階を過ぎるとランダムな動きをするようになり、GDPとの相関関係が崩れてきます。すなわち、経済的な豊かさ以外の要因が満足感・幸福感に大きく影響していることを意味しています。

代わって重要になるものとして、たとえばコミュニティのあり方、人との関係性、格差の問題、自然環境とのつながりや精神的・宗教的なよりどころなどが考えられています。「科学技術によって豊かな社会を実現する」というときの「豊か」さは、こうした方向へと変化する可能性もあるでしょう。

GDPに代わる豊かさの指標としては、一時期、ブータンのGNH（Gross National Happiness: 国民総幸福量）が日本でも話題になりました。また、フランスのサルコジ前大統領の委託を受けて、J．E．スティグリッツ、J．フィトゥシ、A．センらがGDPに代わる暮らしの幸福度指標を提言する

図表14－4　世界人口の超長期推移（ディーヴェイの仮説的図式）

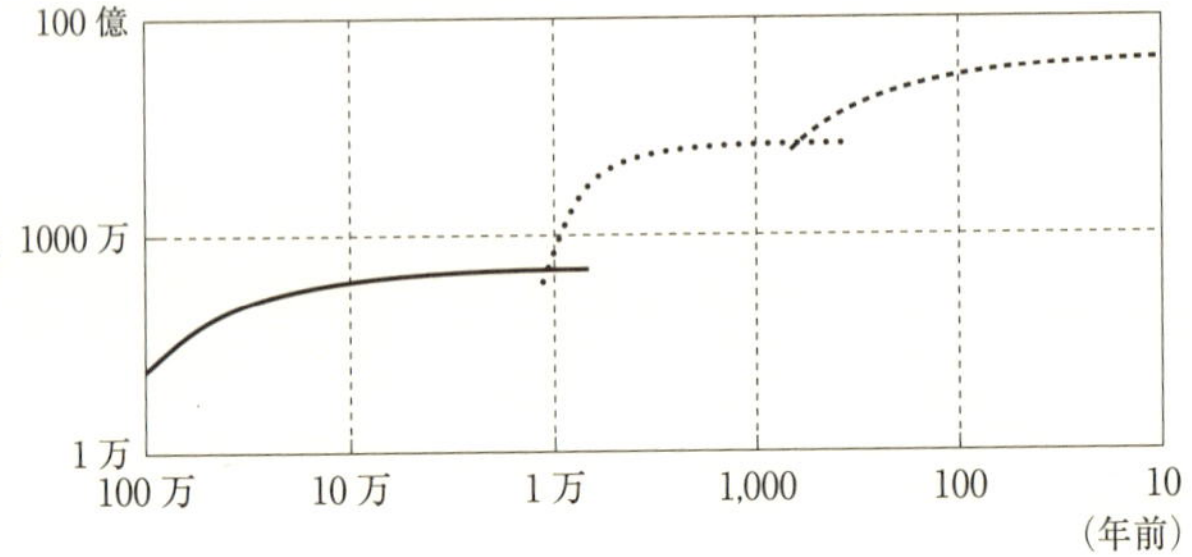

出所：Deevey, E. S. Jr, The human population, *Scientific American*, Sept. 1960.

という動きもありました。

実は、私自身がかかわっているものでGAHという指標があります。何だと思いますか？　答えは「荒川区民総幸福量（グロス・アラカワ・ハピネス）」です。荒川区は、区政の目標として区民の幸福度を高めることを掲げ、さらに具体的には子どもの貧困問題などに取り組んでいます。同じく自治体の取り組みとしては、熊本県によるAKH（Aggregate Kumamoto Happiness: 熊本県民総幸福量）という指標もあります。今、各地でこうした「豊かさ」や「幸福」の指標をめぐる新たな取り組みが生まれつつあるのです。

◆100万年の人類史を眺める

続いて、100万年に及ぶ人類史を俯瞰してみましょう。図表14－4は、アメリカの生態学者ディーヴェイ（Edward S. Deevey, Jr.）が1960年に発表したもので、世界人口の超長期推移を示しています。100万年前というと原人（ホモ・エレクトゥス）の時代ですね。旧人類の登場がおよそ20万年、そして私たち新人類の登場が1万年前頃と言われています。

ディーヴェイによれば、人類史には「拡大・成長」と「定常化」のサイクルが3回ありました。左側の曲線は狩猟・採集時代、真ん中が農耕時代、そして右側が工業化・産業化の時代です。それぞれ初期の段階で大きく拡大・成長し、その後に定常状態になることが見て取れます。

では、こうしたサイクルはなぜ生じたのでしょうか？　何が「拡大・成長」をもたらしてきたのでしょうか？　これに一言で答えるならば、「エネルギーの利用形態が変わった」ということになります。狩猟・採集時代とは、光合成をつくって栄養を作り出す植物とそれを食べた動物を自然から獲得して食べる段階です。続いて、その植物を管理して食物を得る農耕時代に入ります。そして、化石燃料を燃やしてエネルギーを得るという今日の工業化・産業化時代に至ったのです。このように、エネルギーの利用形態の変化が「拡大・成長」の背景にあったのだと思います。

◆定常期とは何か？

ならば、その後の定常期とは何を意味するのでしょうか？　新たなエネルギー獲得手段を手にした人類は、人口を急速に増やし、経済活動を活発化させますが、何らかの制約にぶつかり、人口も経済活動も頭打ちになります。発展性のない、変化のない退屈な時代という意味では、まさに「停滞期」です。

しかし、違った側面に目を向けると、また新たな姿が見えてきます。実は「定常期」とは、文化的にとてもクリエイティブな時代なのです。もう一度、図表14－4の真ん中の曲線を見てください。カーブが緩やかになってほぼ水平になったあたり、今から2500年ほど前の紀元前5世紀頃を指して、ドイツの哲学者ヤスパースは「枢軸時代」と呼びました。また科学史家の伊東俊太郎氏は、その時代を「精神革命」と表現しています。それと言うのも、この時代にはインドの仏教、中国の儒教や老荘思想、地中海ではギリシャ哲学、中東ではキリスト教やイスラム教の原型となった旧約思想など、現代に続く普遍的な思想が同時多発的に生まれているのです。これらの思想を生み出した主要人物が、ほぼ同時代を生きていたことになります。

その理由について、まだ定まった見解はありませんが、環境史という新たな研究分野からは、いくつかの重要な示唆が得られています。私の仮説的な見方を含みますが、この時代、農耕の拡大によって森林が次々と伐採されたため、環境破壊が進みます。その結果、当時の技術水準の下ではありますが、農耕文明が資源面での限界に達しつつあり、生産の拡大と富の享受をひたすら追求する社会に対して、疑問が生じたのではないでしょうか？　そして人々の関心は、物質的生産の量的拡大から、いかに生きるかといった思想・哲学へと広がり、さらに美術や建築など精神的・文化的な豊かさの追求へと発展していったのではないかと思うのです。

◆心のビッグバン時代

また、狩猟・採取時代でも興味深い事実が見つかります。近年の人類学や考古学の成果によれば、今からおよそ5万年前に「心のビッグバン」、「精神のビッグバン」あるいは「文化のビッグバン」と呼ばれる現象が起こっています。図表14－4の左側の曲線で5万年前というと、緩やかに上ってきたカーブが10万年前を過ぎてほぼ水平になったあたりです。この時代に、ラスコーの洞窟壁画や装飾的な生活道具・埋葬品などが一気に現れたというのです。これも私の仮説的解釈ですが、もしかすると、これも狩猟・採集段階での物質的ないし量的拡大から、文化的あるいは内面的な問題へと関心が広がっていったためではないでしょうか。

そう考えると、日本の縄文時代は狩猟・採取時代の後半期にあたり、いわば精神的・文化的な爛熟期だったのかもしれません。皆さんも教科書などでよくご存知の縄文土器を思い出してください。実用品としてはどうかと思うほどの華美な装飾の甕や壺もありますし、現代アートと比べても遜色ないような形状・文様も見られます。

狩猟・採取時代にせよ、農耕時代にせよ、同じく成熟期ないし定常期にこそ、こうした創造的活動が生まれたのです。

◆3度目の定常期を迎えて

以上の話をまとめたのが図表14－5になります。3度のサイクルがあり、それぞれの「定常期」に「心のビッグバン」「精神革命」が起こりました。そして現在、私たちは3度目の定常期を迎えているのです。図の下側には、各時期の時代精神として、「自然信仰」の興隆、「普遍宗教」の誕生、そして「地球倫理?」と書きました。この具体的内容については、あらためてお話ししたいと思います。

◆資本主義時代への突入

それでは、現代はいかなる時代なのか? いよいよ3番目の曲線に当たる、ここ300〜400年

図表14－5　人類史における 拡大・成長と定常化のサイクル

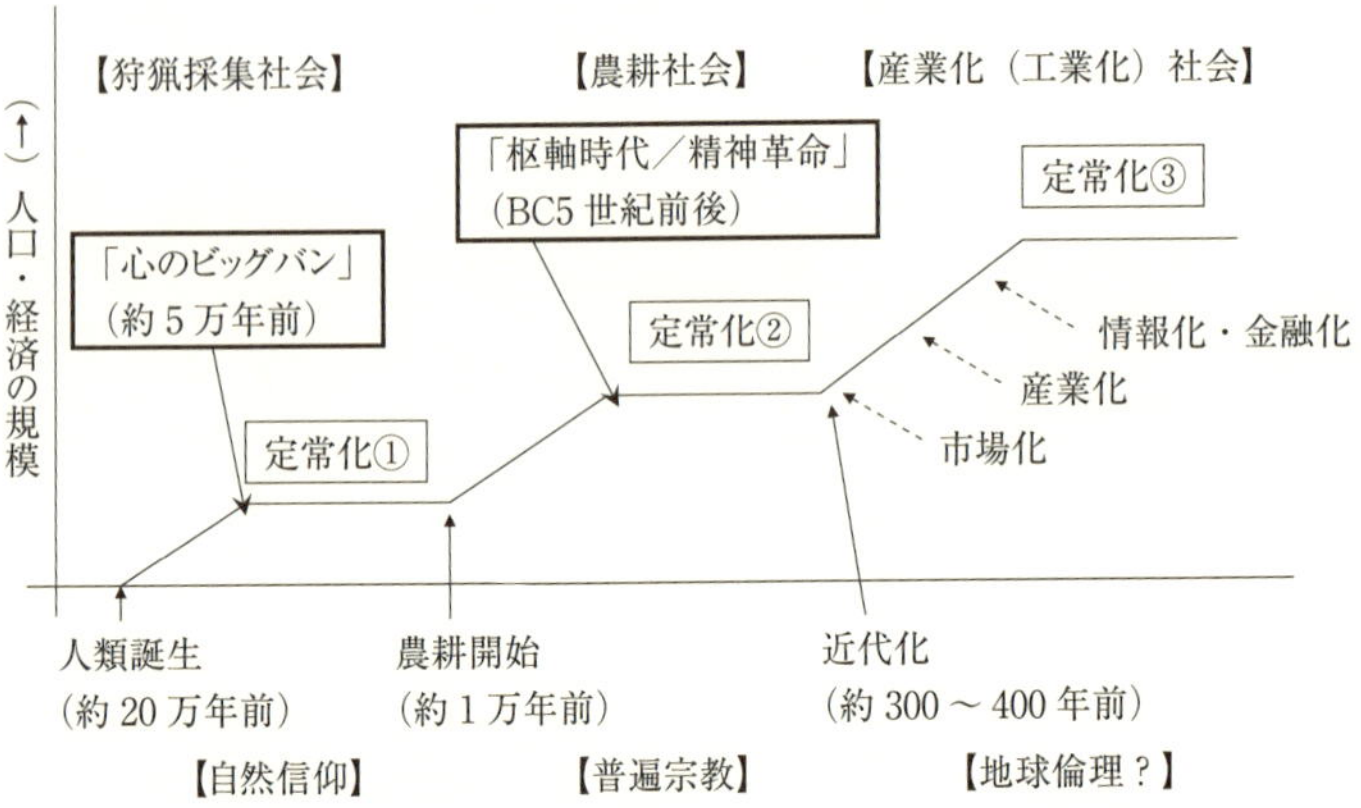

について、「資本主義／ポスト資本主義」という文脈で考えたいと思います。

図表14－6は、西ヨーロッパ諸国のGDPの推移です。この2世紀ほどで、GDPが急激に増えたことがわかります。

ここで「資本主義」とは、単に「市場経済」ということではありません。歴史家のブローデルが言ったように、市場経済は古代からあったもので、むしろ「市場経済」に限りない「拡大・成長」志向が加わったこと、これが資本主義の重要な本質だと考えています。そして、その限りない「拡大・成長」が可能になったのは、第一に植民地での大規模なエネルギー利用と、第二に思想面での私利の追求の肯定とがありました。

◆利己的欲求の肯定

その時代精神を端的に表している文章が、マンデヴィル(Bernard de Mandeville: 1670–1733) の『蜂の寓話』に見られます。発表されたのは1723年、まさにイギリス産業

図表 14－6　西ヨーロッパ諸国の GDP の推移（1500～2000 年）

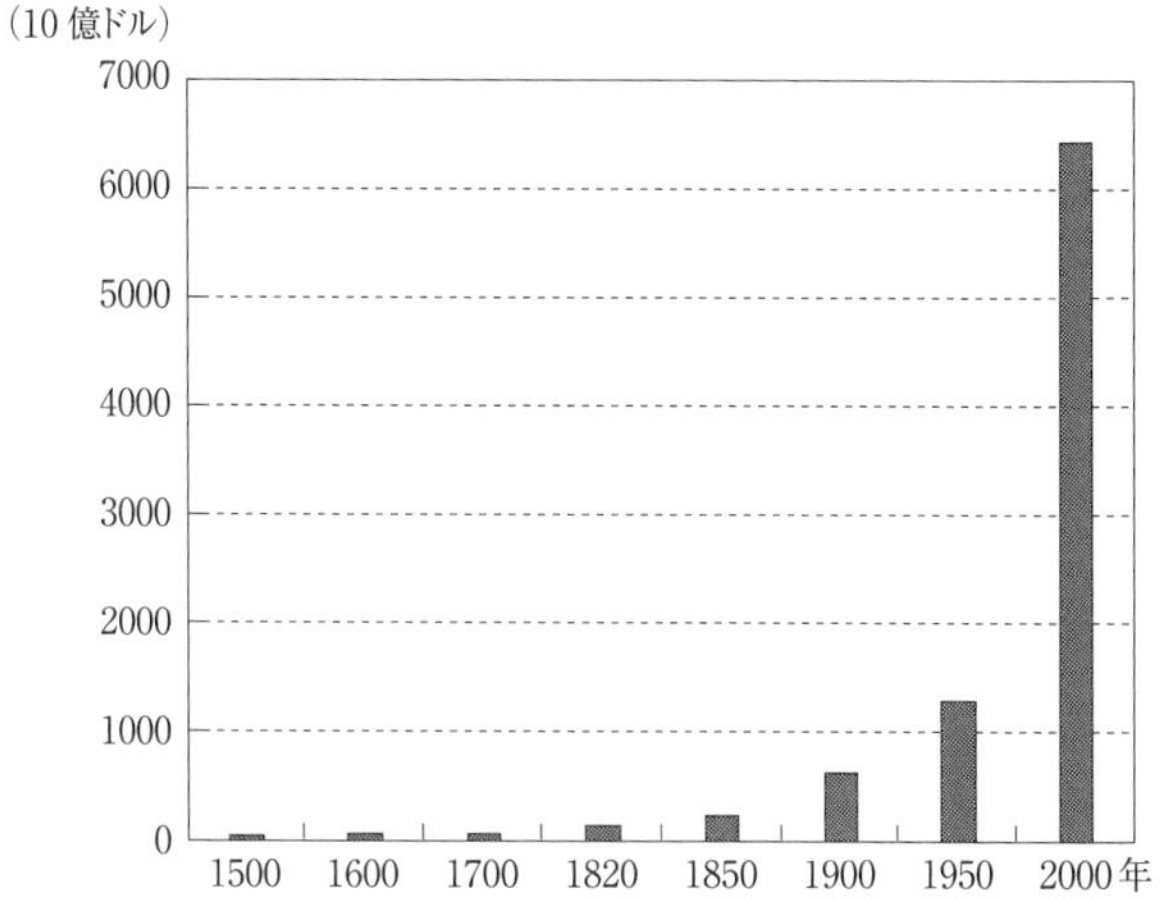

注 1：対象国はオーストリア、ベルギー、デンマーク、フィンランド、フランス、ドイツ、イタリア、オランダ、ノルウェー、スウェーデン、スイス、イギリス。

注 2：ドルは 1990 年換算。

出所：Angus Maddison, *The World Economy: Historical Statistics*, OECD, 2003 より作成。

革命前夜であり、時代の空気を先取りした内容と言えます。

確かに、欲望が少なく、求めることが少なければ少ないだけ、人は自分自身にとってそれだけ気楽である。家庭にあってはますます敬愛されるであろうし、それだけ厄介者ではなくなる。平和と調和を愛し、隣人にたいして慈悲心をもち、真の美徳に輝いていればいるだけ、神と世間にうけいれられることは疑いない。だが、正しくいうことにしよう。国民の富や栄誉や世俗的な偉大さを高めるのに、以上のことはいかなる利益でありえ、あるいはいかなるこの世の善をなしうるだろうか。

ここでマンデヴィルは、人々が強欲であることが全体のパイの拡大につながり、社会全体を豊かにして、それが他人にも自分にもプラスに返ってくるという思想を展開し、後のアダム・スミスら大勢の人々に影響を与えました。これは、当時としては常識破壊的な見解で、厳しい批判にも晒されましたが、良くも悪くも資本主義の精神を表現しています。

◆ポスト資本主義の時代精神とは？

こうして西欧社会は急速に経済活動を拡大し、それは全世界へと広がりました。しかし、今や私たちは定常状態に入りつつあり、このマンデヴィルとは逆の時代に立とうとしているのではないでしょうか。

そうした新たな時代精神は、たとえばソーシャル・ブレイン論やソーシャル・キャピタル論、幸福研究などの近年の新たな科学の展開に表れていると言えます。今日、人間相互の関係性、利他性、協調行動などに注目するような議論が、文系・理系を超えたさまざまな分野で興隆しているように見えます。

では、なぜこうしたことが起こるのでしょうか？　やや大仰な表現になりますが、私はそれぞれの時代における倫理や価値・観念は歴史的・経済的な状況とかかわっていると考えています。つまり、限りない「拡大・成長」や資源の無限性を前提とした行動、倫理では人間の生存が危ういという状況に至っており、そうだからこそ、こうした従来とは異なる人間理解や科学の方向が浮上しているのではないでしょうか。

今や、市場経済がそれを支えるコミュニティや自然環境から「離陸」していく、「超（スーパー）資本主義」と言うべき方向が一方で進みつつあるように思います。他方で、そうした方向とは逆に、むしろコミュニティや自然環境とのつながりを再構築していくような、「ポスト資本主義」と呼ぶべき方向が出てきています。

人間の幸福や社会の持続可能性ということを基準に考えるならば、経済のあり方も科学技術の目的も、「ポスト資本主義」に整合する方向へと転換されるべきではないかというのが、私の主張です。

ちなみに、以上述べてきたような考えに対しては次のような批判、反論がありえます。それは、「人間という存在は常に『拡大・成長』を求めるのであり、かりに現在が第三の定常期であるとしても、やがて人間は第四の『拡大・成長』へと突破していくだろう」という反論です。

私は仮にそうした次なる「拡大・成長」があるとすれば、本質的には次の三つだと思います。第一は、人工光合成に代表されるような究極のエネルギー革命。第二は、有限な地球からの脱出ないし宇宙進出。第三は、未来学者カーツワイルのシンギュラリティ（技術特異点）の議論などを含む「ポスト・ヒューマン」論、つまり人類の次なる段階への進化です。

私はこうした議論はそれぞれおもしろい内容を含んでいると思っていますが、しかしいずれも本質的な解決策ではなく、矛盾の先送りか悪化にしかならないと考えます。第一のものは一見、当面の解決策のように見えますが、そうしたエネルギー革命の結果さらに地球上に人があふれるようになることが現状より望ましい姿と言えるのでしょうか。第二のものは、一部の富裕層のみが地球外に出ていくストーリーはSF映画などでも描かれますが、70億を超える人々が出ていく余地はなく、またそこが地球よりも住みやすい場所である可能性は低いでしょう。第三のもの（ポスト・ヒューマン）は、そうした可能性は否定はできないものの、はたしてそれで人間は本当に幸福になるのかという究極的な疑問があります。

むしろ私たちは、私たちが生きるこの世界、つまり地球の「有限性」ということを正面から受け止めたうえで、物質的なレベルでの「拡大・成長」や「無限」を求めるのはなく、ここまで述べてきたような「心のビッグバン」や「枢軸時代／精神革命」がそうであるように、広い意味での精神や文化のレベルでの無限の可能性や創造性に目を向け、そうした中で地球における「持続可能な社会」を実現していくべきではないでしょうか。

2 「持続可能な福祉社会」をめざす

以上、紙幅をかけて私の時代認識・状況認識をお話ししてきました。すると次には、「では、どのような社会をめざせばよいのか」というテーマが自ずと浮かび上がってきます。

◆「持続可能な福祉社会」とは?

そこで、私が提唱するのが「持続可能な福祉社会（sustainable welfare society）」です。「持続可能」とは環境や資源の有限性に配慮するということであり、「福祉」は平等や公正といった価値観を重視

図表14－7 「持続可能な福祉社会（緑の福祉国家）」指標

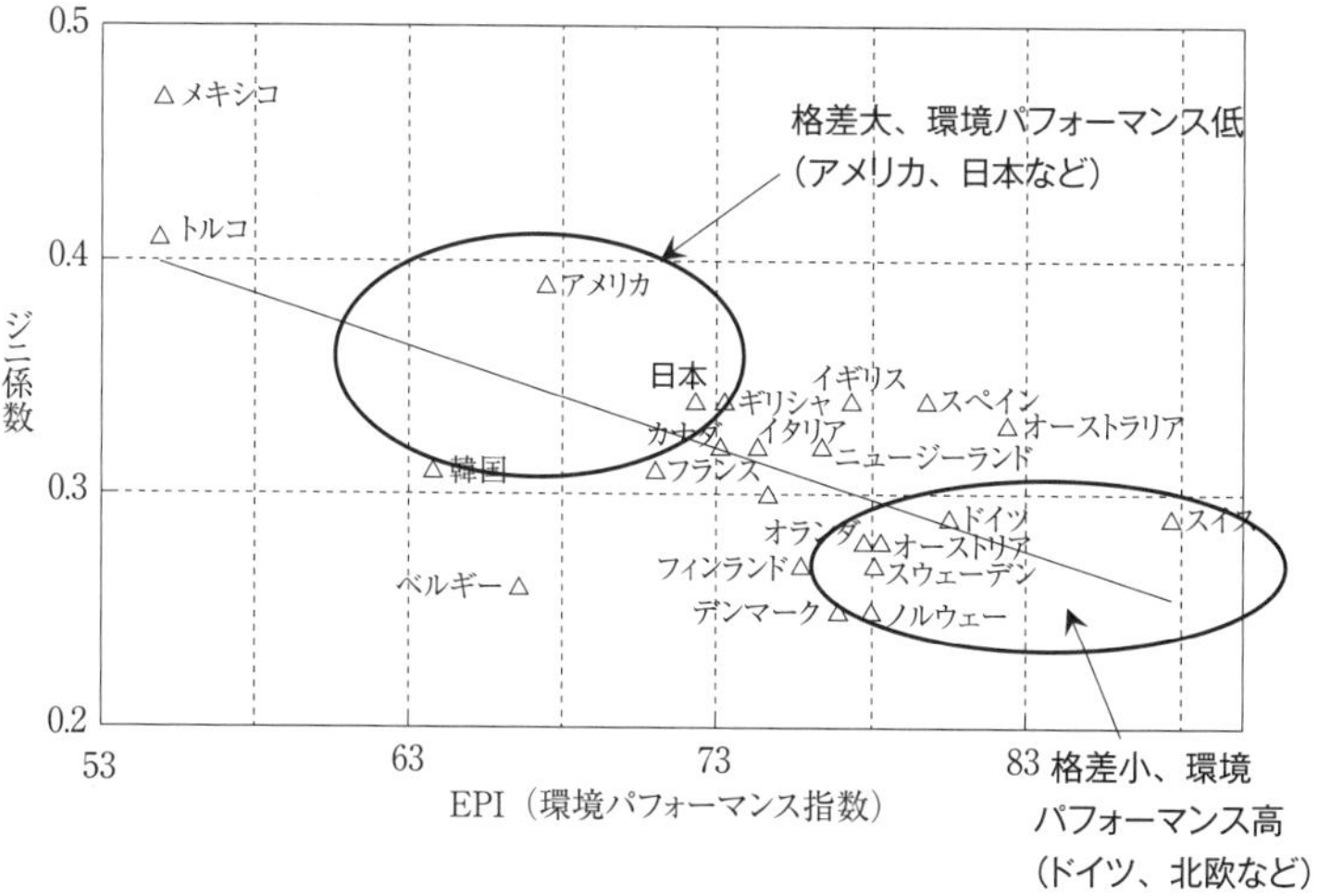

注：ジニ係数は主に2011年（OECDデータ）。EPIはイェール大学環境法・政策センター策定の環境総合指数。

出所：広井研究室作成。

する社会のあり方で、私はこれこそ定常型社会がめざすべきヴィジョンだと考えています。

図表14－7を見てください。縦軸はジニ係数という経済格差の度合いを示す指標をとってあり、上に行くほど格差が大きいことを意味します。横軸はEPIというイェール大学のグループが算出している環境パフォーマンス指数で、右へ行くほどCO_2排出抑制や自然保護への取り組みの成果が良好であることを示しています。

このグラフに各国をプロットすると、明らかに相関関係が見られます。右下のグループは経済格差が小さく、かつ環境問題に積極的に取り組んでいる国々です。一方、左上のグループは経済格差が大きく、環境保護への取り組みが弱い国々で、残念ながら日本はこちらに含まれます。このように、ドイツや北欧などヨーロッパの北部の国々が社会の価値観やシステムを定常型に転換しつつある一方、日本やアメリカは依然として拡大・成長路線を追求しているように見えます。

ちなみに、なぜ福祉パフォーマンスと環境パフォーマンスが相関するのかということも、興味深い問題です。一仮説として、格差の大きい国では、人々の間の分断が大きく、競争圧力が強い一方、社会保障など再分配政策によって格差を縮小する（つまり、強者から弱者へパイを分け与える）ことへの社会的合意が難しいことが考えられます。そうなると、パイを拡大して解決するしか方法がなく、その過程ではしばしば環境保全は後回しにされがちです。典型はアメリカですが、今日の日本も、そうした傾向があるのではないでしょうか。

これに反して右下のグループでは、人々の間に一定の支え合いの意識があり、競争圧力も弱く、再分配政策による格差縮小が可能であるため、環境や持続可能性に十分な配慮をしながら、ゆとりある生活を維持しつつ一定の経済パフォーマンスを実現できているのではないかと考えています。

◆環境・福祉・経済のトレードオフ?

その関係を整理したのが図表14－8です。環境、福祉、経済それぞれの機能と課題・目的を考えると、環境は富の総量の持続可能性、福祉は富の分配の公正・平等、そして経済は富の生産の効率性という価値を追求しています。これらはしばしばトレードオフの関係にありますが、私は短期的にはそうであっても、長期的には相乗的あるいは互いに鼎立できるのではないかと考えています。まだ理論的に整理できていませんが、今後、取り組んでいきたい研究テーマの一つです。

図表14－8　「環境－福祉－経済」の総合化──鍵概念としての「時間」

	機能	課題ないし目的
環境	「富の総量（規模）」にかかわる	持続可能性
福祉	「富の分配」にかかわる	公平性（ないし公正、平等）
経済	「富の生産」にかかわる	効率性

3　ポスト成長時代の世代間配分

先ほど、富裕層から貧困層への富の再分配に対し、社会的な合意ができているかどうかによって、その国の経済政策が拡大・成長一辺倒にならざるをえないか、あるいは環境に配慮する余裕が生まれるかどうかが決まると説明しました。この点について、日本の現状をより詳しく見てみましょう。

◆若年層の受難

図表14－9は1980年代以降における日本の失業率の推移です。近年は失業率が下がり、リーマン・ショック前の状態に戻ってきました。ただし、年齢別に見ると10代後半から30代前半の失業率が高い状況が続いています。

これは日本だけに限った現象ではなく、先進諸国において共通する構造的な特徴です。と言うのも、先進国では技術革新により生産性が高まる一方で需要が伸び悩み、慢性的に生産過剰となるためです。これは、かつて1972年に『成長の限界』を出したローマクラブが1990年代に出した別の報告書で「楽園のパラドックス」と呼んだ現象です。つまり、労働生産性が最高度に上がった社会では、少人数の労働で社会全体の需要を満たすことができるので、大多数が失業す

図表 14－9　年齢階級別失業率の年次推移

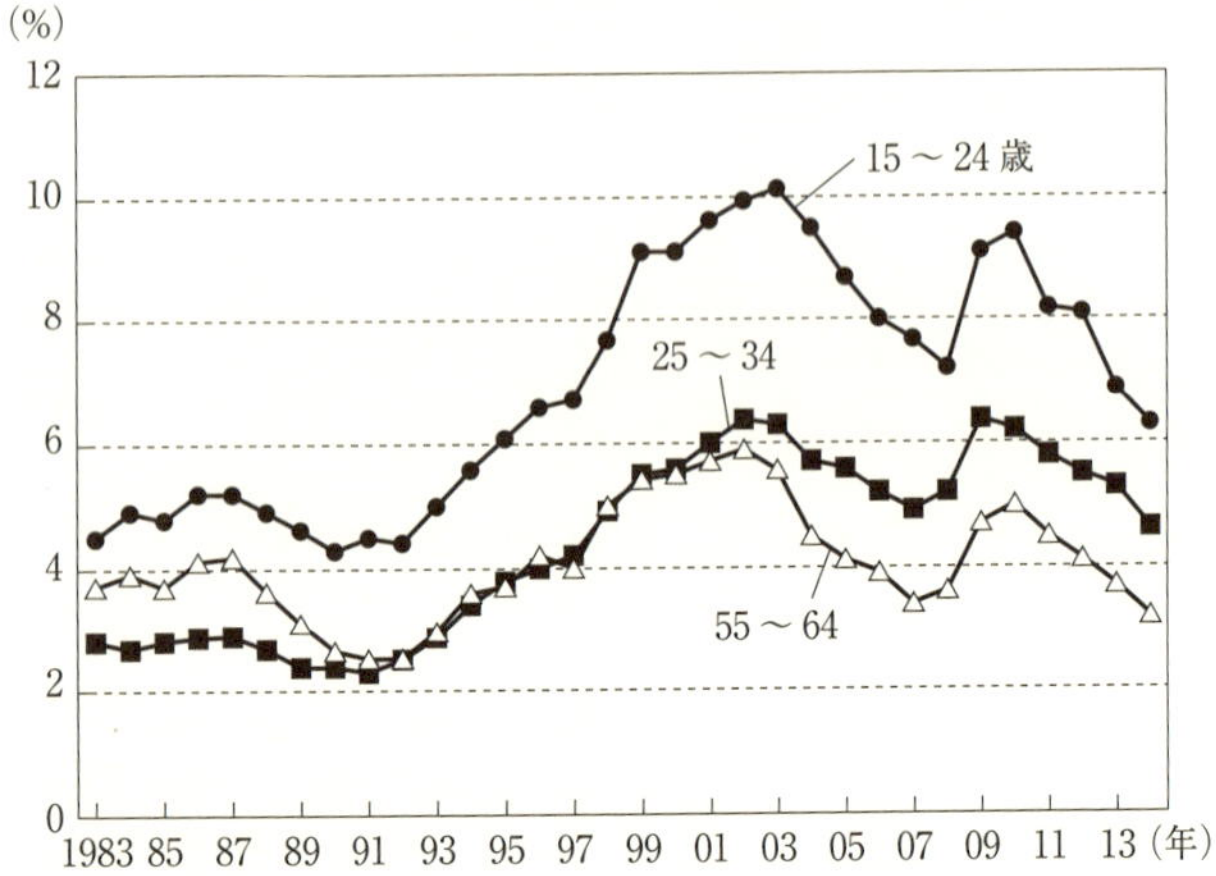

出所：労働力調査より作成。

るというものです。最近のＡＩをめぐる議論ともつながりますが、先進国経済の一面を的確に表していると思います。

そして日本は、かつて平等型社会と言われましたが、１９８０年代以降の政策転換の中で、現在では国際的に見ても格差の大きな社会のグループに入ってしまっているのです。

◆人生前半の社会保障

こうした状況の中で私が提唱しているのが、「人生前半の社会保障」です。図表14－10は各国の社会保障支出のうち、主に「人生前半」にかかわる費目を抽出して比較したものです。日本は年金など高齢層に多く給付される費目の割合が高いため、「人生前半」向けの支出がきわめて少ないことがよくわかります。実際、良くも悪くも、社会保障支出全体のうち、高齢者関係が約７割を占めているのです。

こうしたことが起こるのは、日本の社会保障制度

図表14－10 「人生前半の社会保障」の国際比較
（対GDP比%、2011年）

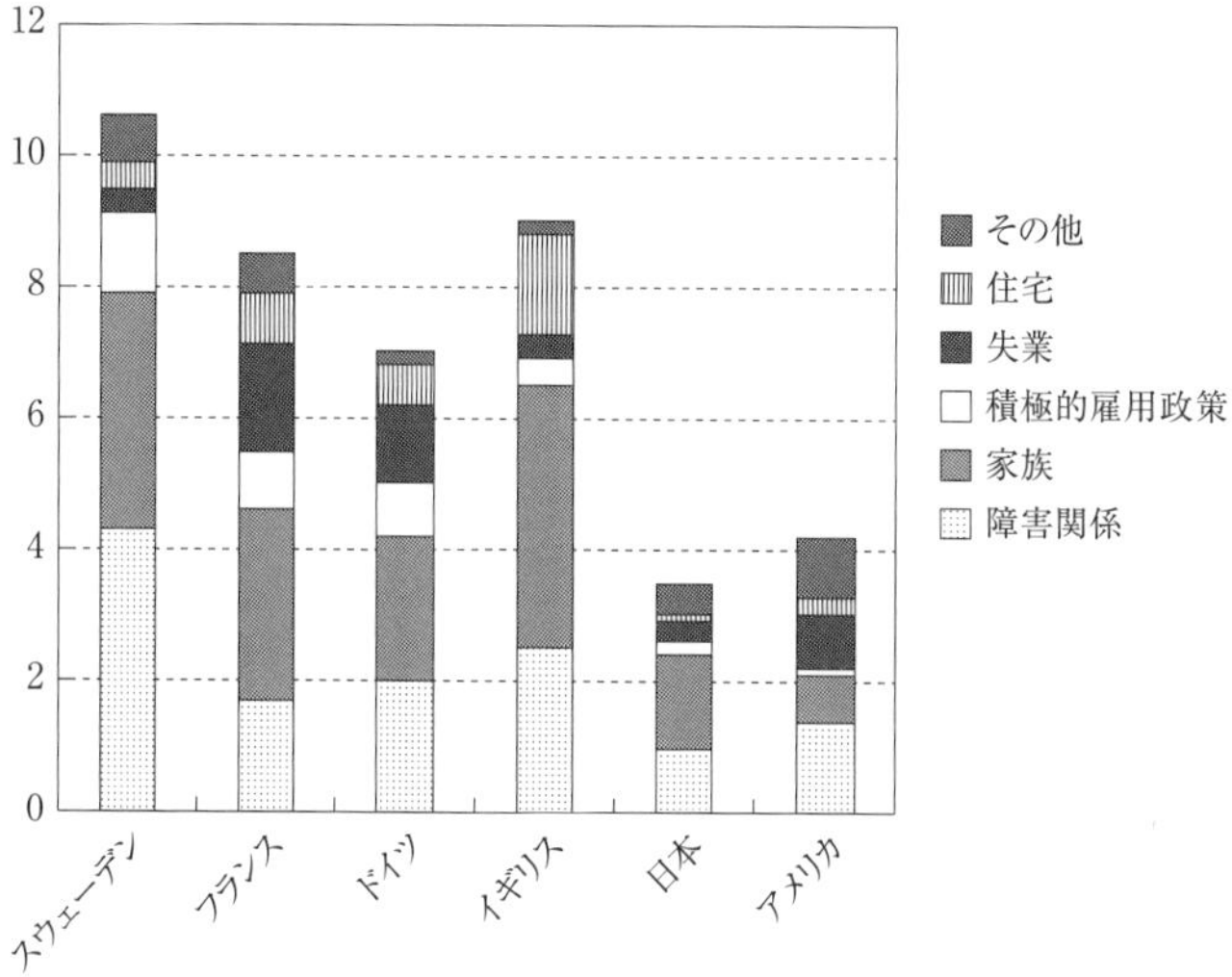

出所：OECD, Social Expenditure Databaseより作成。

が「成長・拡大型社会」向けから「定常型社会」向けに転換できていないからです。

一般に、高度成長期のような成長時代における現役世代は雇用も確保されているので、生活上のリスクは退職以降にほぼ集中しており、したがって社会保障はおおむね老齢期を対象にすれば事足りました。ところが、ポスト成長時代では、雇用が不安定になるなど生活リスクが人生前半まで及ぶようになるため、若年期にこそさまざまな保障が重要になるのです。それを怠ると、経済格差が親から子へと世代を超えて累積し、格差の拡大と固定化が進むことになります。若年層の収入と結婚率には明確な相関があり、したがってこれらは未婚化・晩婚化による少子化の進展そして人口減少にもつながる話です。

そして教育を含め、科学技術の振興やイ

ノベーションという点からも、こうした若い世代への資源配分は何より重要と思います。

4　ポスト成長時代の科学・技術像

それでは、こうした「ポスト成長時代」において科学・技術はいかにあるべきかを考えてみたいと思います。このテーマは私自身も模索中ですので、明確な答えを持っているわけではありませんが、これから考えていくうえでの視角を提供したいと思います。

◆歴史の中の近代科学

科学史については、すでに本書で説明されていますので、ここでは歴史の中での近代科学の特徴と位置づけを確認するところから始めます。

図表14－11は、科学史を個人観と自然観の関係にかかわる二つの軸から整理したもので、縦軸は個人と社会との関係、横軸は人間と自然環境との関係にかかわる捉え方を示しています。ここから、近代科学が二つの特徴を持っていることがわかります。一つは普遍的な法則の追求であり、この背景には人間と自然の間にはっきりと線を引いて、自然をコントロールするという思考があります。もう一つは、帰納的・経験的な合理性、要素還元主義と言われる思考で、この背景には個人が独立したものとして社会と関係を持つという思想があります。

図表 14－11 歴史の中の近代科学

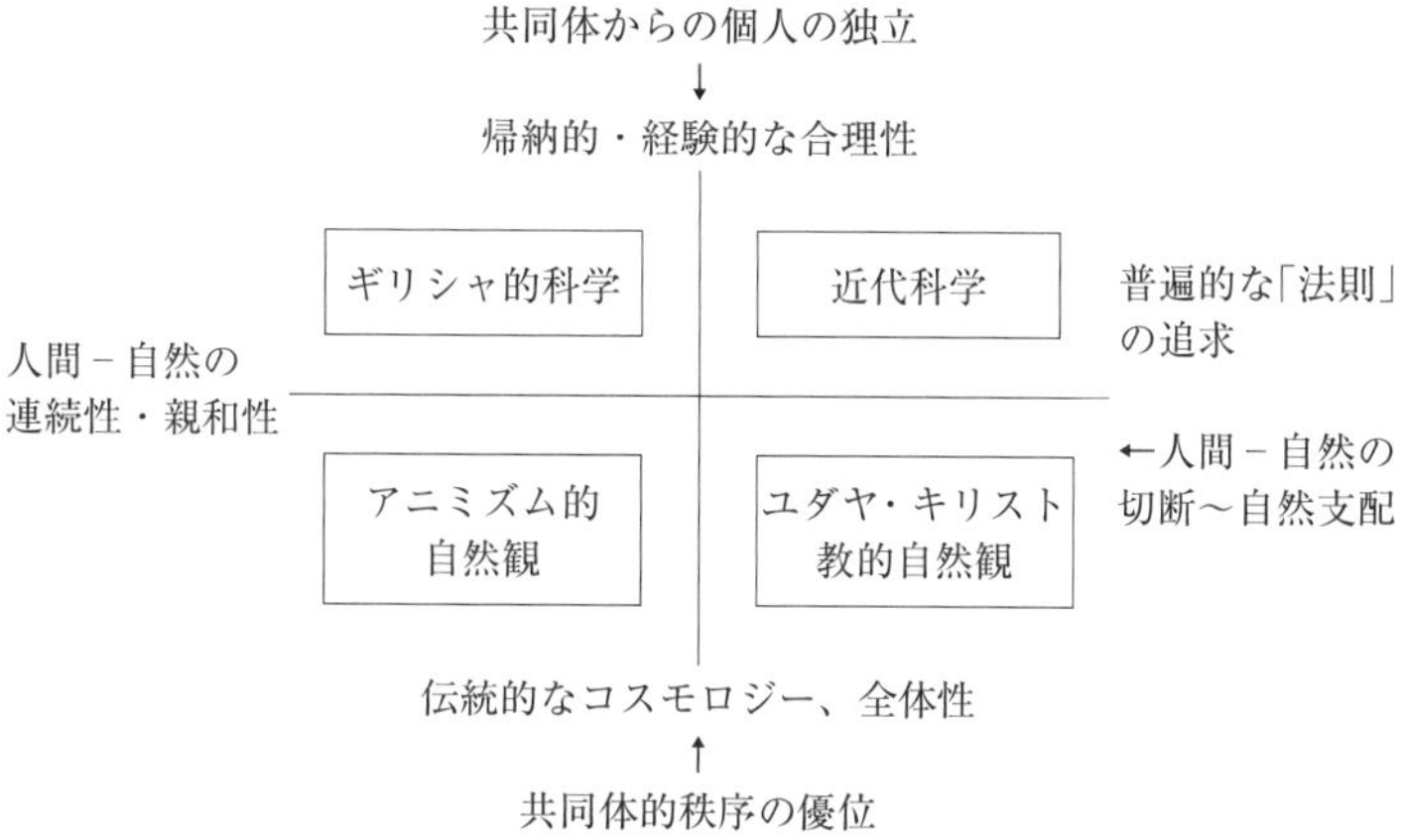

そして重要なことは、この近代科学の思想的特徴は資本主義経済ともよく整合するものだということです。経済成長とは、個人が自由に行動し、かつ自然をコントロールするということを強く肯定する価値観が推進力になっています。まさに近代科学も資本主義経済も時代の価値観・世界観を共有しながら展開してきたのです。

◆サイエンスとケアの再統合

ならば、資本主義経済が成熟段階に達し、定常型社会への転換が迫られるとき、科学や技術はどのような特徴を備えるべきでしょうか？

図表14－12は、私の問題意識から科学（サイエンス）とケアの特徴を整理したものです。このように見ると、科学とケアは対照的な関係にあります。科学が対象との切断や自然支配・制御を志向するのに対し、ケアは対象との共感・相互作用や自然の内発性を重視します。また、科学が帰納的・経験的な合理性、要素への還元を志向するのに対し、ケアはむしろ対象の個別性や一回性、全体

図表 14－12　近代における「サイエンス」と「ケア」の分裂→再統合と「ケアとしての科学」の可能性

	科学（サイエンス）	ケア
対象ないし自然とのかかわり	対象との切断や自然支配・制御	対象との共感・相互作用や自然の内発性
個と全体のかかわり	帰納的・経験的な合理性、要素への還元	対象の個別性・一回性や全体性の重視

性を重視すると言えるでしょう。

私は、定常型社会における科学技術がめざすべき基本姿勢として、ケアの持つ特性がヒントになるのではないかと考えています。つまり、「ケアとしての科学（science as care）」を志向するということです。

ケアの特性になぞらえて言えば、第一には「関係性の科学」を追求することが挙げられます。これは、個人と他者、コミュニティや人間と自然の相互作用、世代間の継承性といった関心・問題意識を科学や技術の中に取り入れようとする考え方です。そして第二は「個別性・多様性の科学」です。科学の探究が人間など複雑な対象や現象に向かっていくと、単純な一般法則や再現性に還元できない、個別的、一回的な現象に注目せざるをえなくなります。地震などもそうですし、生命現象の一部、あるいは人間の心理的変化などが含まれます。そうした個別性や、種・生命、自然現象、文化など地球上の多様性にかかわる領域にいかに科学を展開していくかが課題になるだろうと考えています。

おわりに

最後に、関係性と多様性・個別性の交点を模索する「ケアとしての科学」のささやかな例として、私がかかわっている取り組みを紹介させてください。

◆鎮守の森・自然エネルギーコミュニティ構想

かつて、地域コミュニティの中心には鎮守の森（神社）がありました。明治初期、神社は20万ほどあったそうですので、当時の日本には20万の地域コミュニティがあったことを意味しています。戦後、それらは人口大移動の中で忘れられていき、現在は8万数千まで減少しています。しかし5万数千と言われるコンビニの数よりも実は多いのです。

私たちの「鎮守の森・自然エネルギーコミュニティ構想」は、この鎮守の森（神社）と自然エネルギーを結びつけて、地域社会の再生を図ろうというプロジェクトです。これは、一方で自然環境・地域コミュニティ・エネルギー（経済活動）の一体化と調和をめざすものであり、他方で各地域のローカルな特色を生かすことで多様性・個別性を追求していると言えます。そうした社会のあり方に、科学技術は大きく貢献できると思うのです。

図表14－13　岐阜県石徹白地区の遠景と小水力発電

写真：著者撮影。

◆石徹白の小水力発電プロジェクト

一例だけ紹介しましょう。石徹白《いとしろ》地区は岐阜県郡上市白鳥町の一集落で、白山国立公園の南山麓、福井県との県境に位置します。過疎が進み、限界集落に近づいています。ここで、ある若者らのグループが中心となって地域再生機構というＮＰＯを立ち上げ、小水力発電をベースにして地域再生を図ろうとしています（図表14－13）。

その一人が平野彰秀さんで、彼は東京で外資系のコンサルティング会社で働いた後、Ｕターンしてきました。２０１２年に彼から聞いた話が、今でも非常に印象に残っています。これからの時代の方向性を体現した、一つの姿ではないかと思っています。

石徹白地区は、白山信仰の拠点となる集落であり、小水力発電を見に来ていただく方には、必ず神社にお参りをいただいています。自然エネルギーは、自然の力をお借りしてエネルギーをつくり出すという考え方であり、地域で自然エネルギーに取り組むということは、地域の自治やコミュニティの力を取り戻すことであるというふうに考えています。

◆グローバル定常型社会の到来

こうした例は、本当に小さな地域社会の取り組みです。しかし、私は21世紀の後半にかけて、同様の構造が世界規模で顕在化してくると考えています。先ほど、日本の高齢化・人口減少について話しましたが、高齢化はこれから中国や途上国で急激に進行します。２０３０年までに増える世界全体の高齢者のうち、その約3割が中国、それ以外の3割がその他のアジア地域の高齢者であると予想されています。

まさにグローバル・エイジング時代の幕開けであり、人口学者のルッツ（W. Lutz）は次のように言っています。「20世紀が人口増加の世紀――世界人口は16億から61億にまで増加した――だったとすれば、21世紀は世界人口の増加の終焉と人口高齢化の世紀となるだろう」と。

もはや「拡大・成長」型社会を追求することは世界的にも不可能です。21世紀後半に向けて、「グローバル定常型社会」を考えていくことが必要ではないでしょうか。そして、そのフロントランナーの位置に日本がいます。高齢化・人口減少の先頭を行く日本であるからこそ、一刻も早く時代認識を転換して「豊かで創造的な定常型社会」あるいは「持続可能な福祉社会」の実現をめざし、また新たな科学や技術のあり方を先導し、世界に発信していくべきではないでしょうか。

座談会

転換期の社会と科学のゆくえ

黒田　昌裕
吉川　弘之
有本　建男
岩野　和生
藤山　知彦

はじめに

黒田　私たち科学技術振興機構（ＪＳＴ）研究開発戦略センター（ＣＲＤＳ）では、科学技術イノベーション政策の関係者を対象として、科学技術と社会に対する深い歴史観・世界観の醸成を目的とした政策セミナーシリーズを開催してきました（巻末セミナー一覧）。本書はそのセミナーの内容を広く学生や若手研究者の方々に読んでいただけるよう加筆修正・再構成したものです。

講師の皆さんは多様な分野の第一線でそれぞれ活躍されてきた方々ですが、そのお話から共通して伝わってくるのは、目の前の現象を理解するにも歴史的な背景を知る必要があること、現在の自分自身を理解するにも社会との相対的関係の中で自分を位置づけなければならないこと、そして科学技術と社会とが互いにどのような影響を与え合っているのかを注意深く考察すべきであることです。

そこでこの座談会では、そうした洞察に必要な視座や問題意識、思考力を広義の「教養」と捉え、「21世紀の科学・社会を支える新たな教養のあり方」について、時代、科学、政策、社会、教養という五つのテーマを通じて考えたいと思います。お集りいただいた皆さんは、いずれも科学技術研究および振興政策に深くかかわってきた方々です。やや難しい言葉も出てきますが、読者の皆さんには、次代の国際社会を担う変革者として、未来を見通すためのキーワードをすくいとっていただきたいと思います。

1　時代──「グローバル時代」の揺らぎ

黒田　最初のテーマは、「時代認識」です。グローバル時代と呼ばれて久しいわけですが、この21世紀という時代をどう捉えるべきか、またいかなる意味において転換期なのか。まず、藤山さんから問題提起をお願いします。

◆グローバリズムの三つの規範——民主主義、市場原理、科学技術

藤山　私はグローバリズムを支える「規範」の揺らぎに注目しています。「近代」という時代は、長く捉えて500年前の大航海時代から、短く考えても300年以上経っていますが、この「近代」が20世紀末から21世紀の初めにかけて大きな曲がり角に来ていると認識しています。

現代のグローバリズムは、ヨーロッパで生まれ、主として欧米の文化的背景を基盤としています。現代世界では、一方で「文化の多様性」が標榜されながら、他方でそのエッセンスである規範については「標準化」「ルール化」が進みました。それが「民主主義」「市場原理」「科学技術」の三つです。つまり、政治面においては王権・貴族支配に代わって民主主義が普及し、経済面では権力による統制から自由で競争的な利潤追求活動の肯定へ、そして社会面では宗教の優位から理性と合理的思考を基礎とする科学技術への信頼へと交代が起こり、新たな規範が形成されていったわけです。

20世紀後半は、これらの規範が世界規模へ拡大した歴史だと言えますが、その過程は必ずしも議論による合意や長年の慣習による場合だけでなく、しばしば軍事力や経済力などによる強要が伴いました。そして、21世紀に入り、これらを規範として認める力が弱まりつつあるように見えるのです。

◆新たな挑戦を受けるグローバリズム

藤山　たとえば、20世紀後半の世界でグローバリズムの三つの規範を強く支持してきたメンバーとし

て、アメリカ、日本、EU、カナダ、オーストラリアなどが挙げられます。これらの国・地域のGDPが世界のGDPに占める割合は、2000年までは7割を超えていましたが、2016年現在は5割前後まで低下しています。つまり、この規範を支える経済力は相対的に低下しているのです。また人口を見ると、これらの国・地域の対世界人口比は15%程度にすぎません。

加えて、先進国間でも規範の揺らぎが見られます。たとえば政治面では、至るところでポピュリズムの影が伸びています。ギリシャやイギリスでは議会制民主主義下での安易な国民投票が行われるなど、合理的な政策形成が難しくなっています。またヨーロッパでもアメリカでも、人々の怒りや不満を煽り、分断・排外意識を掻き立てるような選挙候補者が大衆の支持を得ました。まさに、プラトンやトクヴィル、オルテガが懸念した民主主義の弱点が眼前に晒されている思いがします。

次に経済面では、バブルの生成と崩壊の繰り返しによって、市場システムへの信頼が低下しています。とくにリーマン・ショック以降の金融市場改革が不徹底だったために、金融市場の健全性、政府と市場の関係、格付機関の役割など、さまざまな議論が置き去りになっています。

そして科学技術に関しては、とくに生命科学や人工知能の分野で倫理的・社会的に重大な懸念が生じています。また、科学技術研究が巨大プロジェクトの形で政府や大企業に実質的に支配されていることも、大きな問題になっています。社会的な合意がないまま科学技術のみが進歩していくことに対して、疑問を持つ人たちも増えています。

つまり、現在は近代の国際社会を支えてきた民主主義、市場原理、科学技術という三つの規範が挑戦を受けており、変容を迫られているという意味で、時代の転換期にあると思えるのです。

では、どうすればよいのか。ここで注意すべきなのは、これらは西欧の文化的基盤を背景として互いに補完・補強し合ってきたものですので、この3要素をセットで考えて対応する必要があるということです。民主主義の行き詰まりは政治面だけでなく、経済・社会面も考えなければなりません。市場原理の行き詰まりも市場の改革だけでは打破できず、科学技術の行き詰まりは科学技術だけでなくて、このシステム全体を考える必要があります。グローバリズムの3規範は人類の遺産として継承されるべきですが、修正を施さないと、このままでは持ち堪えられないと思います。

◆指針喪失の時代

黒田　ありがとうございました。近代を支えてきた規範が揺らぎ、変容を迫られているというご指摘でしたが、岩野さんは、どう受け止められましたか。

岩野　同感ですね。もっと言えば、現代は「時代の指針」を見失っていると思います。西洋文明由来の原理の力が弱まっているという以上に、新たな思想・哲学的な規範が求められているということではないでしょうか。

有本　藤山さんのおっしゃるグローバリズムの三つの規範は（暗黙に）国民国家を前提としているわけですが、この規範が揺らいでいることで、国民国家システムの中での公共政策の制度も、これをどのように変容させるのかが問われる時期に来ていると思います。

黒田　私は、この揺らぎの背景にはＩＴ（情報技術）の急速な進歩と普及もあると思うのですが、国際社会の規範とＩＴとの関係については、いかがですか。

岩野　ITが民主主義や市場主義を支える情報インフラを大きく変化させているのは事実です。ただ、私はITをはじめ科学技術こそが思想・倫理的な指針を希求していると感じています。というのも、ITは科学技術の先端ではありますが、これまで「ビジネスに役に立ってなんぼ」という感じで、経済的利益に強く牽引されて進歩してきました。

しかし、近年では「ITが社会に対してどのような価値を実現するのか」ということが問われるようになっています。精神性や社会倫理など、人間自身のあるべき姿に立ち戻ろうという時代の雰囲気が生まれていると、私は感じます。

吉川　ただし、揺らいだとはいえ、これらの規範が否定してきた独裁、統制、非科学的思考は現在もまだ残っていて、三つの規範はこれらに対抗する役割を担っています。民主主義や市場原理、科学技術が揺らいだからといって、再び独裁や宗教権力に戻るのでは困るわけです。

精神性への回帰が求められる現在、過去に後戻りしないためには、新しい思想的アイデアを発見しなければなりません。

藤山　おっしゃるとおりで、これらの規範が揺らいでいるということと、揺らいでよいのかという話はまったく別です。こうした規範をどのように立て直すかという問題の立て方もあると思います。

ただし、そのときには、中国やインド、ロシア、イスラム諸国など異なる文化的基盤を持った国々が国際ルール・規範に納得して積極的に参加できるような新たな提案をしていくことが重要でしょう。

◆経済成長という価値の再考

岩野　その提案の中には、追求すべき価値の見直しも含まれると思います。民主主義、市場原理、科学技術と言ったとき、その根底には経済力の増加をよしとするような価値観があると思います。先ほど精神性と言ったのは、それとは違った価値観が生まれているということです。いわば、「経済的に富んでいれば、よい社会なのか」という問いかけです。

黒田　アダム・スミスが『道徳感情論』と『国富論』を書いた背景には、当時の産業革命の進行によって地域の伝統的なコミュニティが崩壊し、都市部で所得格差が拡大するという状況がありました。それを見たアダム・スミスは、人間の本性——利己的な側面と利他的な側面——について考察をめぐらせます。そして、利己的本性を暴走させると経済格差が拡大し、社会が不安定化するので、むしろその利己的な欲求を上手に使いこなすことで富の最適配分を生み出そうと考えます。これが、市場メカニズムの発見です。

ただし、これまでのところ、人類はまだ利己的欲求を適切に利用する市場を設計できていないように思います。

藤山　アダム・スミスの描いた市場は、他者への「共感（sympathy）」という道徳感情によって支えられていました。しかし、以降の経済学史は、ほぼ経済学から道徳を排除していく歴史ですよね。市場原理の見直しには、こうした視点からのアプローチも必要だと思います。

2　科学──「分析」から「設計」へ

黒田　次に、先ほど岩野さんがおっしゃった科学技術そのものの変容と課題について、深く議論してみたいと思います。吉川先生は、科学技術の変化をどのように捉えていらっしゃいますか。

◆文系と理系はなぜ分かれてしまったのか？

吉川　まずは、科学を取り巻く状況の変化を、文系と理系が分化した歴史的流れを踏まえて考えてみたいと思います。現代科学の父はニュートンだと言われますが、彼の研究は自然哲学の中から生まれてきました。もともとは神学を支えるものとして、世界のルールを探すというような文理に分けることができない問題への関心から始まったわけです。ただし、ニュートンの合理的思考は、科学の発展に大きなインパクトを与えました。

続いて私が重視するのは、ディドロやダランベールらが編纂した『百科全書』です。やや乱暴かもしれませんが、私はこれが現代科学の出発点になったと考えています。この『百科全書』は、狭義の科学だけでなく、広く思想、学芸全般、さらに職人たちのガラスづくり、機械製造などまで、いわば人間の知的活動をすべて包含したような世界を現実のものとして記録しました。そこには文理を問わず現代科学の「素」が書かれていたと思うのです。

ところで、現代になると自然科学は宇宙の解明にまで取り組み、素粒子が話題となりますが、この考えは現代に特徴的なものではありません。すでにニュートンの時代から「宇宙は数学でできている」という考えがあり、したがって最後は数学的表現ですべての人が合意できるものに到達するという信念に近いものがありました。自然科学は、現代までその道を歩んできたように思います。

それに比べ、人間にかかわる問題はなかなか数学で説明できません。そこで自然を扱う学問と人間を扱う学問との間で、大きな方法上の分化が起きました。それ以来、理系と文系とはなかなか融合できないという状況が続いているように思えます。

一つの例として、心理学を取り上げてみましょう。心理学の概念はもともとアリストテレスに始まり、思弁的な文脈でうまく定義できていました。それを受けて、科学の方法論で理論をつくるのがジャン・ピアジェですが、彼は発達心理学という分野で幼児の心理実験を行い、それをもとに仮説を駆使しながら科学的方法に従って心理学の確立を試みます。しかし、その方法に対して伝統的な心理学者からは抵抗があって、アメリカのエンピリシズム（経験主義）の心理学者はピアジェの研究をほとんど引用しません。これは領域外にいる私の推測ですが、幼児の発達心理に関する実験研究に基づき大人を含む人間全体の概念論をつくるのは、実験すなわち経験に基づくことを必要条件とする科学だと考えるわけにはいかないということかと思います。しかし、人間に関する現象は自然物に関する実験のようにどこまでも精度を上げることはできません。その事実を前にしながら、人間の概念とは何かを考えていくと、最終的には思弁的なアプローチに似た形式の思考に従うことになります。

このようにして構成した理論は、結局、証明することができません。科学の整合性という意味では、自然に関する科学は実験による確認に助けられながら進歩してきましたが、人間に関する学問はまだニュートン力学以前と言わざるをえないように思えます。

理系の科学があまりに合理的であったために、それを文系に持ち込もうとした結果はよくなりませんでした。とくに人間中心主義（human centric）の立場では、宗教を導入しなければ、どうしても整理できないことがあったと思います。しかし今は、人間も科学の対象として、倫理的限界はあるものの実験の対象です。たとえば人類学で山極壽一先生は、ゴリラを見て人間について反省しようとしています。それはキリスト教信者から見ると受け入れがたい方法で、そのような研究は許されませんでした。少なくとも20～30年前までは許されなかったのです。人間という特別なものに関係する科学がうまく進まなかったのは、このようなことも含めさまざまな原因があります。

これらは一口に言えば、人間を観測することの困難性が原因と言えます。物理学は観測できますが、人間の現象は観測できません。心理学でも実験を行っていますが、自然科学から見ると幼稚で、しかも科学的な本当の意味のルールは見えないような実験しかできない。このことが原因となって、結局、昔のアリストテレスに戻っていきます。要するに一つの合理性を持ち、矛盾のない叙述的な説明を発明するしかないのです。

◆「社会のための科学」という発想

吉川　では、人間を扱う学問は、役に立たないのでしょうか。また、自然科学はこのまま突き進めばよいのでしょうか。ここで、「分析」の科学から「設計」の科学へ、というお話しに移りたいと思います。

「分析」とは、人間なり自然なりをそれぞれ分析し、そこで得られた知識をもって理解が進んだと考えます。一方「設計」とは、すでに得られた知識を利用して人工物をつくるという行為です。これは「分析(理解)」と「設計」という行きと帰りの関係にすぎないようにも見えますが、「理解」においては自然と人間を分離して考えても意味のある結果が得られたのに対し、「設計」では両者を結びつけなければ成り立ちません。「知識を得ること」と「それを使うこと」を、同じ科学の枠組みで扱おうとした結果、大きな矛盾が表面化してきたというのが現代の状況です。

このことは1999年に世界科学会議で採択された「ブダペスト宣言(科学と科学的知識の利用に関する世界宣言)」の意味を読み取る際に重要な視点を提供してくれます。宣言には、「もはや科学は社会から独立しておらず、社会的目的が決まったときに科学の定義が定まる」という重い前提がありま す。「サイエンス・フォァ・ソサエティ(science for society)」、つまり「社会のための」という制限をつけなければ、科学という概念は定まらないのです。目的が開発であれ平和であれ、それを設計することも科学の責任です。そして設計を科学に含めるとすれば、そこには人間が登場しますので、伝統的な科学的実験による検証だけでは真偽が定まらず、代わって社会の選択が検証の役割を持ちます。「設計」を科学に取り込もうとした途端、科学にとって社会の存在が本質的な意味を持ち始めるのです。

現代では、科学の応用が結果として快適さと環境破壊、豊かさと格差、国際経済と紛争、不確実な生命科学技術など深刻な矛盾を生み出していますが、これらに対応する科学的知識はまったく貧弱です。こうした諸問題を解決するには、利己主義を排し、社会全体の利益を追求しなければなりません。

それは局所的最適性を求める視点から科学を解放し、人間を環境の一部と捉える思考につながるでしょう。科学技術が、藤山さんのおっしゃる「規範」として生き延びるには、こうした議論が必要だろうと思います。

◆科学と社会の共進化プロセスを構築せよ

黒田 ありがとうございました。有本さんが携わってこられた科学技術政策は、まさに吉川先生がおっしゃった「設計」、つまり「社会のために科学をいかに活用するか」という問題そのものですね。

有本 そのとおりです。吉川先生のお話を伺ってとくに感じたのは、課題発見のための政策的枠組みが必要だということです。社会の課題は、当然ですが社会の側から提起されますので、科学コミュニティからのボトムアップだけではうまく処理できません。これからの公共政策には、多様な社会的要請を受け止め、協働して合意を形成し、社会と科学の間の共鳴を促す仕組みが必要です。政府としては、研究開発支援と並行して、何が取り組むべき課題なのかを議論するプロセスを支援する仕組みや資金を、制度・政策的に整えるべきだと思います。とくに、大きな転換期で先行きの不確実な時代には、このプロセスが重要となります。

黒田 私は、そうした政策を支えるのが設計学としての社会科学であり、経済学も社会の問題を解決するための学問でなければいけないと考えています。吉川先生のお話では、設計の科学においては、研究室での実験に代わって社会の選択が検証の役割を果たすということでした。経済学で「社会の選択」とは「市場の選択」に該当しますので、市場の規範や価値判断が問題解決方法の適否を判断することになります。ところが現在は、その市場が規範を見失い、うまく作動していないように思えます。

吉川　市場の規範についてですが、直観的には誰しも「利他的なものが必要だ」と言います。人間に欲があるのは当たり前としても、利己的な欲求だけを追い求めれば、社会秩序が崩壊して自分に跳ね返ってくるからです。

しかし、この利他的な行動に価値を与える基準は何でしょうか。私たちは、それを示してくれる経済学にまだ出会っていないのではないでしょうか。少なくとも、それが個人の行動へと伝わるパイプが存在しないように見えます。

黒田　経済学がそうした「設計」の学問となるために、私は常々、まず経済現象や経済構造を解明する必要があると考えてきました。天から降ってきたような規範を前提に命題をつくることばかりをやっていても、社会の問題解決に役立つような市場を設計することはできないと感じています。

吉川　だからこそ、経済学がダイナミックな進化的プロセスを備えるべきではないでしょうか。閉じた世界の中で設計することは決してできません。政府が政策を実行すれば、人々がどのように行動するか、そうした変数の測定・分析を踏まえて新たな理論構築と制度設計につなげるという、進化的構造を学問自身が備えるべきだと思います。

これは、学問と学問のユーザーたる社会が相互関係の中で進化するということです。実は、これまでの自然科学では、こうしたプロセスを意識的に避けてきたと言えます。ある科学者は「社会は科学の対象にならない。それはまるで不確定性原理のように、何かを観察したり、政策を実施したりすると、ただちに観察対象自身が変化してしまう」と言っています。しかし、これからの科学はこうした問題と向き合わねばなりません。観察対象は、観察者自身を含めて変化していきます。したがって、そこにある進化の構造を可視化するのが科学の仕事なのですが、科学者がそのことにまだ気づいていないのです。

◆科学は東洋思想を受容できるか？

藤山　科学の拡張という点について、別の角度からお伺いします。西洋においては、科学は分割して定義するところから始まります。一方、東洋的な思考法は、全体を俯瞰して直観的に把握することだと思います。こうした思考法は、これまで科学とはみなされてこなかったのですが、私は、こうした力も借りないと現状を突破できないと感じています。従来の科学と、禅などの東洋的な考え方をどこかで交わらせる必要があると思っているのですが。

吉川　西欧の哲学者は、自分の考えている範囲で矛盾のない世界をつくろうとします。それは合理性、つまり経験しないことでも思弁的に矛盾のないようにつくり上げることです。一方、東洋では初めから「矛盾」があるはずだと考えます。これは、人間の自然理解が決して完全なものではないからです。

　東洋的な思想が復活してきているのは、人間の理解の限界に対する洞察があるからではないでしょうか。問題を分解して切り出し、各々に適用できる法則をつくって積み重ねれば、全体を矛盾なく説明できるというのは、西欧型科学の壮大な物語です。しかし、完全に矛盾のない世界記述は永久にできないでしょう。そして、当面は考えないものを捨てて、その中で矛盾のない世界を構築するというアプローチが、環境破壊や格差を生み出したわけです。

有本　吉川先生のおっしゃるように、環境破壊や格差といった問題は、西欧型科学や西欧近代の理性主義が限界に来ていることを示していると思います。しかし、その反動から神秘主義的なものに一気に揺れ戻ってしまうのも危ういと思います。理性主義と経験主義的な積み上げのバランスが、社会の課題解決に結びつけるためには必要ではないでしょうか。

◆「人間性」の再定義

藤山　その「人間の理解の限界」というお話ですが、かつて、ゲーテがまだ発明されたばかりの顕微鏡を覗いたとき、知人から「これが世界だ」と言われて「なるほど、これが世界の真理か。しかし、人間の真理ではない」と答えたという有名な話があります。五感に制約された人間にとっての幸せや真実をヒューマニティ（人間性）だとすれば、21世紀におけるヒューマニティをどう定義し直すかという課題が出てくると思います。

岩野　私が携わっている「知のコンピューティング」に関する議論も、そのお話に関連してきます。イギリスのマンチェスターで開催されたＥＳＯＦ２０１６（欧州サイエンスフォーラム）でのＪＳＴ主催セッションでは、「智慧（wisdom）とは何か」という議論をしました。

智慧は、西洋の定義では科学技術や客観的事実の積み重ねなど、知識の延長として捉えられます。一方、仏教における智慧とは、藤山さんが言われたように、対象そのものを捉える力であり、それが全体として一つの智慧であると考えます。

すると、知のコンピューティングでは、対象を全体として捉え、その本質をつかむために何が必要かという方向に問題意識が向かいます。議論の中で、それは従来の延長線上にビッグデータやＡＩの知識を積み重ねたのでは辿り着かないだろう、という意見が出ました。その意味で、やはり科学技術は全体として対象の本質を捉えるというアプローチを持っていないのです。

有本　私もそのセッションに参加したのですが、印象に残っているのは、数学者・哲学者で欧州ＩＴ局長のアドバイザーを務めていたドワンドル氏（Nicole Dewandre）が「関係性（relationality）」や「近代性の見直し」といったキーワードを使って、情報社会を考えようとしていたことです。彼女のようなアプローチなら、科学と人間性、地球と人類の生存といったテーマで対話できるのではないかと思いました。

藤山　海外の方々と話していると、ヨーロッパの多くの科学者、哲学者、行政者が西欧文明の行き詰まりを強く感じているように見えます。彼らがしばしば東洋思想や文化にヒントを求めてくるので、非常に興味深く感じました。

3　政策――科学と社会の対話を促す

黒田　それでは次に、科学技術政策へとフェーズを移したいと思います。まずは、有本さんから問題を提起していただきます。

◆科学技術政策の方向転換

有本　私は長く科学技術政策に携わってきた立場から、お話ししたいと思います。

科学技術研究は、この200年ほどの間に制度化され、学会の創設、学会誌の発行、大学教育や研究体制などが整備され、並行して公共投資・公共政策が展開されてきました。さらに先進国では、戦後の50～60年ほどで、各国の事情に応じて変化してきています。

今日、この体制と方法が再び大きな曲がり角に来ています。たとえばヨーロッパでは、EUの科学技術政策であるHorizon 2020で三つの柱が示されました。第一にサイエンティフィック・エクセレンス（scientific excellence）、第二にインダストリアル・リーダーシップ（industrial leadership）、そして第三にソーシャル・チャレンジ（social challenge）が明記されています。これは、公益を達成する目標とそのための方法を謳っています。

日本の場合、Society 5.0という概念は出されていますが、その具体化のための方法は、まだはっきりしていません。歴史的な転換期であるという認識が共有されておらず、個別の予算ブンドリ合戦が行われているように見えます。相互の対話によって、新しい価値の創造と資源の配分を考える必要があります。

では、どのように科学技術研究を振興していくか。まずは、いくら公益だと言っても、科学者の知的好奇心に導かれた（curiosity-driven）研究でなければ、モチベーションを高め維持することはできないでしょう。公益や戦略を考えたトップダウンの誘導と、科学者個々人の動機によるボトムアップの欲求とを、どのように共鳴させるかが重要です。そのためには、既存のビッグサイエンス向けの大規模資金の1％でもよいから予算を割いて、分野や組織、国を越えた多様な交流と討論の場を拡大するような公共政策を総合的に設計し、実践していくことが大切です。国民国家としての公共政策とグローバルな視点から必要な公共政策のバランスも重要になってくると思います。

◆業績評価システムの再構築

有本　関連して、私はとくに若い人たちに希望を与える環境づくりが重要だと思います。誤解を恐れずに言えば、現在の日本の若い研究者を見ていると、自分の研究に対するニヒリズムがあるように感じます。研究の意義を信じられず、自身の位置を確認できないでいるのではないでしょうか。これではよい成果もあがりません。

吉川　若い研究者がニヒリスティックになるのは、適切な評価システムが欠けているからではないですか。

ご承知のとおり、現在の日本の制度下で科学者が生きていくためには、論文を数多く書くことが絶対条件になっています。たとえ人類の共通利益に資するような研究に身を投じたいと思っても、国際的に権威のある雑誌に論文を載せる、大きな学術賞を受賞する、といった伝統的な基準で評価を得なければ、科学者として認められません。若者は、これを実感しているのでしょうね。このような制度の呪縛から解き放たれたいと思って外に出ると、そこにはお金がつかない。政府も、投入するのが税金である以上、国民の期待という条件下では自由に振る舞えない。資金提供側も呪縛の中にいるのです。そのため、新しい科学をつくることへの感受性が、社会的に劣化していると思います。

有本　現在は、経済的貢献という尺度があまりに大きな価値基準になっています。これを「あなたの研究は、新しい学問を切り拓き、新しい社会を築くために、どれだけの価値がありますか」という評価に、政策の精神も制度も切り替えることが求められています。

◆社会的インパクトモデルの形成

岩野　重要なご指摘だと思います。今日の科学技術政策は、科学技術が人類や社会・経済にもたらすインパクトや含意、可能性を深く考え、社会に伝える機能が欠けていると思います。

ＩＴを見ても、これまではビジネス界のもの、会計処理のためのものと思われていたわけですよね。ところが、今や社会の仕組みや物事の考え方、ビジネスにおける関係性などを根本的に変えるだけのインパクトをＩＴやＡＩが持つようになりました。そのことが人々に伝わっていないし、考えている人もあまりいない。ほかにもビッグデータ、ＩoＴ、クラウド・コンピューティング、ＣＰＳ(Cyber-Physical Systems)、フィンテック（Fintech）などなど流行語は次々に生まれますが、テクノロジーが何に応用できるのかという視点だけで捉える傾向が強い。

ＡＩのコミュニティでは、興味だけで研究している者もいます。それはニヒリズムの裏返しであって、私は非常に危険だと思うのです。科学技術があまりに進みすぎて、社会がそのインパクト、含意、可能性を咀嚼できないのだと思います。

一つの仕組みとして、社会に対する説明責任を果たすための、社会的・経済的インパクトモデルをつくる必要があると思います。これは、経済学者やコンピューター・サイエンスの人たちがお互いの領域を超えて議論しなければなりません。たとえば、サービス・プラットフォームにおけるエコシステムの形成とその社会・経済的インパクト、社会的機能のサービス化にまつわるコンポーネント化、価値の再配分などです。難しいテーマばかりですが、これを推進させる政策が必要です。

◆政策のための科学

黒田　科学が社会・市場と対話するには、根拠として示せる理論やデータが必要ですね。

有本　はい。それが「政策のための科学（science for policy）」の取り組みです。これは、根拠に基づいて（evidence based）科学的に政策を立案・決定し、遂行しようというもので、国際的な潮流になっています。価値観も行動様式も大きく異なる科学コミュニティと政策側とが相互信頼のもとに互いの責任と役割を担い、共進化できるような環境基盤（エコシステム）の形成と双方を橋渡しできる専門人材の育成が目標です。

黒田　そのエコシステムを支えるのが、科学的に収集・分析された情報のインフラです。たとえば、科学技術の社会的インパクトを考え、社会・市場に向かって発信するにも、まずはそのインパクトを捉える方法を確立しなければなりません。思想・哲学的アプローチも不可欠ですが、一方ではやはり数量化・可視化する努力も必要です。その点で、経済学が重要な責務を担っていると思うのですが、残念ながら、まだ科学技術を経済学で捉える枠組みは模索途上と言わざるをえません。

◆社会・市場に顔を向けた科学技術政策を

藤山　皆さんのお話を伺って私が感じるのは、「科学技術政策」が科学技術シーズ・サイドのほうにだけ向いているということです。社会・市場と科学技術との関係を取り持つような政策が求められているのではないでしょうか。

私はとくに、市場の力が重要だと思います。それと言うのも、近年、先進国は財政が逼迫していますし、先進国が資金を拠出していた国際機関の財政も苦しく、いずれも国際社会の規範を維持する役割を果たせなくなっています。加えて、非民主主義国のほうが科学技術、とくに軍事技術開発に多くの予算を確保しやすいという状況が見られます。こうした状況のもとでは、科学技術政策も、その力を市場での価値の創造の力に結びつける方向に向かうべきでしょう。

たとえば、２０１５年の国連総会で決議された「持続可能な開発目標（SDGs: Sustainable Development Goals)」のような人類共通の価値に、市場原理と科学技術政策のセットで資金が流れていけば、規範の揺らぎもずいぶん弱まるはずです。科学技術政策は、シーズ・サイドばかりを見ないで、社会・市場の側に顔を向けるべきです。

有本　ご指摘のとおりです。戦後の科学技術政策は、まず研究開発ありきで、それをどう振興するかという一点に集中してきました。現在は、社会・市場との架橋にも資源を割くべきですし、そこで追求すべき価値は国内の社会イノベーションだけでなく、ＳＤＧｓのような国境を越えたものになっていくでしょう。

また、政策のパートナーとして企業の重要性も高まっています。多国籍企業には、社会的責任を果たすよう国際社会からの強い要求が向けられており、もはや利潤追求だけでは評価されなくなっています。政策担当者は、もっと大きな視野で考えるよう、価値観の転換が必要です。

◆科学的助言のためのプラットフォーム

有本　もう一つ、科学的助言についてもお話ししたいと思います。これは、実質的には昔からあったものですが、この数年でコンセプトが確立し、現実にも各国でプラットフォームが形成されつつあります。東日本大震災と原発事故、イタリアのラクイラ地震などでは、行政も科学者も混乱し、対応に苦しみました。科学的知見をどのように政策に活かし、社会に伝え、人々の暮らしを守っていくか。そうした試行錯誤の末に、各国はこのような方向を見出してきました。

では、科学的助言者とは誰か。科学者を類型化してみますと、まず、純粋な科学者がいます。次に、自分たちのプロジェクトに資金を得ようとする人。そしてもう一つが、オネスト・ブローカー（正直な仲介者）です。オネスト・ブローカーは科学知識を持ちつつ社会と対話し、自分の分野を超えて俯瞰的によりよい政策オプションを提示する人のことで、最近、国際的によく使われるようになりました。ドイツ科学アカデミーの行動規範では、科学的助言とは、学術的水準を保ちつつ、同時に社会と対話をして、社会に価値を生み出す効果のある提言であると定めています。

黒田　科学的助言は非常に重要なのですが、そのためには助言者が優れた科学者であると同時に、本来の意味で教養人でなくてはだめですよね。こうした制度が西欧で確立しつつある背景には、科学者が教養を備えるための文化的土壌や教育基盤があるからだと思うのですが、私たちも日本の土壌に根差したその基盤をつくらなければいけません。

4　社会――ＩＴが変える、ＩＴが変わる

黒田　科学と社会の関係について、もう一歩、踏み込んで議論したいと思います。近年の科学の構造や、それを受け取る社会へのインパクトに一番大きな影響を与えてきたのはＩＴだと思います。岩野さんは、「Reality 2.0」を提唱され、ＡＩを含めた情報技術の進化が社会に与える影響について研究されていますね。

岩野　はい、ＩＴの社会に対する影響はますます大きくなっていますが、その中でも、とくに注目すべき三つの事柄があります。

◆ＩＴの勝負は第三フェーズへ

岩野　第一に、１９９０年代までの情報科学技術は、ビジネスのクリティカル・インフラという位置づけでしたが、２０００年以降、社会のクリティカル・インフラとして期待されています。さまざまな社会インフラやサービスをＩＴの力で再構築しないと、国や社会の力につながらないのです。では、どのような社会をつくるのか。この議論に、ＩＴの技術者・研究者も参画しなければいけません。それが、専門家としての社会的責務になっていると思います。次の最前線では自然環境や人類へと焦点が移るでしょう。そこでは、人類が何を目的にするのかといった価値観や知恵の勝負になります。舞台は、第三フェーズに移りつつあるのです。

ビジネスの価値の源泉は、モノからサービスへと確実に移っています。モノ単独で生み出す経済価値は相対的に小さくなり、モノはサービスに組み込まれて経済的価値を生み出します。たとえば、クラウド・コンピューティングやインターネットを背景とするグローバルなサービス提供、またリアルタイムに近いサービス価値の更新などが典型です。

サービスは機能を提供するものですから、モノからサービスに価値が移るということは、その機能が何らかのモノとサービスの関係性を実現する環境基盤（エコシステム）の中に位置づけられていないと寄与できないということです。勝負のポイントは、社会のサービス・プラットフォームやそのエコシステムをどのようにつくるかという点になります。

◆現実世界とサイバー世界の一体化

岩野　第二は、さまざまな境界がぼやけてきているということです。最も顕著な例は、物理的な世界とサイバーとの境界です。私たちが提唱している Reality 2.0 の世界は、森羅万象が両義性を持ちます。すべてのモノは一面から見るとサイバーの実体を持ち、もう一面から見ると物理的実体を持っています。両方の実体を捉えないと、その本質を理解できないという意味で、物理的実体とサイバーの実体は切り離せないものになっています。

これはアイデンティティの変化を意味します。個人、集団、企業、社会、国家のアイデンティティが変化し、それらに対するサービスも変化します。そんな世界が登場しつつあるのです。

◆人体と機械の一体化

岩野 そして第三に、個人と集団の関係が揺らいでいます。組織のありようが揺らぎ、会社組織で契約行為として働くということの意味が変わりつつあるのです。

さらに大事なものとして、人間と機械の境界も揺らぎつつあります。今日の私たちは、コンタクトレンズから義手・義足、人工臓器まで、さまざまな機械を体内に組み込み、自分の一部として使っています。

最初はごく一部の人たちが使い始めるのですが、徐々に慣れていって現在のコンタクトレンズのように違和感がなくなります。このように、人間と機械の境界が急速になくなっていくかもしれません。これもアイデンティティの変化をもたらします。

吉川 一つ質問したいのですが、コンタクトレンズをつけない人々は抵抗しないでしょうか。たとえば、自動車が登場したときも乗らない人々が反対しました。自動車を持つ者が強者となり、持たない者は弱者となります。ＡＩも同様でしょう。ここに、社会的な分断が生じます。そのとき、持たざる人々の抵抗を、ただの反動だと片づけられるのか。専門家の設計と社会の選択というダイナミズムを考える必要があると思います。

岩野 おっしゃるとおりで、経済的強者だけの価値観では成り立たない世界になります。稼ぐことの意味も変わってくるので、社会が生み出した果実を再配分する仕組みもつくり直さなければなりません。具体的には、税制などの再設計も含まれます。逆に、そうした仕組みをつくらないと、ご指摘のように社会の分断を深めてしまうでしょう。

◆科学者に対する社会的預託

岩野　さて、こうした科学技術が進歩すればするほど、それによる変化の意味を理解し、社会に伝えられるのは、ごく一部の人・組織に限られてきます。すると、その人や組織は、社会から預託を受けることになります。脳腫瘍にかかると脳外科医に命を委ねるわけですが、それと同様に各分野の専門家たちは重要な社会的預託を受けていると言えます。彼らが答えなければいけないのは、単に経済的なインパクトだけではありません。「人間とは何か」「国家のアイデンティティとは?」といった根本問題にまで至るはずです。

藤山　それはつまり、科学者や技術者は否応なく高度な責務を負うことになるので、彼らに意思決定などを預託できるような社会システムをつくらなければいけないという意味ですね。

岩野　そうです。現在、社会も専門家も預託している／されているとは意識していないでしょう。しかし、現実にはそのような構造にならざるをえません。そこで、科学技術の社会的受容を円滑に進めるために、社会が専門家に預託し、専門家がその社会的責任を果たすという仕組みが必要になります。

◆科学と社会のコミュニケーション

吉川　お話を伺っていて痛感するのは、科学技術の進歩が社会・人類にどのような影響を与えるかを深く考察する学問や、それを社会に伝える機能が非常に弱いということです。新しい技術をつくる人は、それが社会に貢献すると信じてつくるわけでしょう。しかし、実際の技術はつくった当人たちの予想を超えて独り歩きしていきます。科学の社会的影響をより注意深く考察することが、学問の重要な使命だと思うのです。

藤山　新しい合意形成プロセスをつくるということでしょうか。

吉川　その前に、情報を交換する機能が弱いというのが心配な点です。現実世界とサイバー世界の境界がぼやけているというお話がありましたが、現在の市場メカニズムはそうした状況に対応できていないのではないでしょうか。市場は本来、価値を評価し、情報を生産して参加者に伝える機能を持っていますが、とくにサイバー空間に対しては、十分に機能していないように感じます。

藤山　さらに問題なのは、すでに一部の人々はこうした状況をはっきり認識しており、彼らと一般の人々との情報・認識の格差が拡大し、それが社会的な優劣を生み出していることです。ITは「フラット化社会」をもたらさなかったし、中国での政府とグーグルの対立は情報をめぐる国家権力の本質を思い出させました。こうした情報・富・権力の偏在を私たちは社会に向かって叫ぶべきなのでしょうが、社会構造の変化にいち早く気づいた人々は、叫ぶ前に自分で有利なポジションを確保し、利益を得るというのが歴史の示すところです。

ですから、合意形成と言っても、誰かと誰かが合意すればよいのではなく、社会全体が繰り込まれなければいけません。さもなければ、先ほどの「持てる者」と「持たざる者」との社会的亀裂を深めることになるでしょう。

岩野　すでにポジションをとった人・企業は出てきています。私たちは、グーグルやエアー・ビーアンドビー（Airbnb）、ウーバー（UBER）などの台頭から、そうした社会変化の兆しを読み取るべきなのでしょう。

黒田　ならば、なおのこと科学者の役割が重要です。そうした未来を見通し、社会に問題を提起できるのは、科学者しかいないからです。

藤山　エルシー（ELSI: Ethical, Legal and Social Issues）のことを手続き上の障害物のように思っている科学者がいますが、そうではなく、エルシーに対して答えを出すことが科学の発展なのだと、認識を転換しなければいけないわけです。

岩野　そのとおりです。ただし、科学者個人の認識や規範意識、使命感だけでなく、情報交流機能を社会的な仕組みで担保していくことが必要だと思います。これは政府と科学コミュニティとの協力が不可欠です。

◆政府の正当性

岩野　また、国家がグランド・デザインを描けるかどうかも重要です。先ほどの第二フェーズでは、社会のクリティカル・インフラとしてスマート・シティ、スマート・コミュニティ、あるいはスマート・グリッドなどの構想が立ち上げられました。しかし、企業や研究者が個別に動いているだけで、「ITが○○に役立ちますよ」というポイント・ソリューションの塊になってしまったのです。

それでは社会が変わらないと思います。NSF（アメリカ国立科学財団）は2016年から「Smart and Connected Communities」というプロジェクトを開始し、そこには「Social and Behavioral Economics」という論点も入れました。同時に、オバマ大統領が「Computer Science for All」というコンセプトのもと、コンピュータ・サイエンス教育をK to 12（幼稚園から高校までの教育課程）に導入しました。ITの成果を国民が享受し、国際競争の中でアメリカが優位に立てるように、基礎教育レベルから戦略的に社会システムをつくり上げているわけです。アメリカは、国として気づいているのです。

藤山　私はそこに国家の復権を感じます。ITは一方で国家主権の概念を曖昧なものにしたのですが、他方では新たに国家の必要性を生み出しているように見えます。ITがもたらす社会的な格差や対立を調停することが国家に求められており、そうした期待に応えることが政府の正当性（legitimacy）獲得につながるのだと思います。

5　教養——専門を超えて世界／社会を考えるために

黒田　さて、これまで時代、科学、政策、社会という視点から、この転換期を迎えた21世紀科学・社会の特徴と今後の課題を捉えてきました。それらを踏まえて最後に議論したいのは、「では、この転換期社会を支え、乗り越えていくために、私たち（とくに若い変革者たち）はどのような知的基礎を身につけるべきか」ということです。ここでは、その基礎力を「教養」と呼んで、「専門を超えて世界／社会を考えるための教養」とは何かを、皆さんに伺いたいと思います。

◆リベラルアーツの再構築

藤山　私は現在、日本産学フォーラムでリベラルアーツ研究会の座長を務めています。ご承知のとおり、リベラルアーツという言葉の意味はギリシャ時代から変遷していますが、私は自身の問題意識から「異なる専門分野を我が事として理解し、異分野を往来して問題解決に当たる能力」をリベラルアーツと捉えています。その出発点は、他者に対する共感能力や、相互理解に向けた姿勢を身につけることだと思いますが、私はその修得には次の三つが必要だと思っています。

一つ目は、吉川先生が最初におっしゃった自然科学と人文・社会科学の深い交流、すなわち文理融合です。

二つ目は産学連携で、これは理論と実践の融合であり、同時に科学技術と市場の関係の進化と言ってもよいと思います。

そして三つ目は、グローバリズムとローカリズムの調和とでも言うべきものです。冒頭で市場主義、民主主義、科学技術振興というグローバルな共通規範の揺らぎについてお話ししましたが、今後は東洋文化やイスラム文化など多様な地域文化を吸収して国際社会を支える共通規範を再構築する必要があります。つまり、グローバルな共通規範とローカルな多様性とをともに理解し、調和させる発想・能力を培うべきだと思うのです。

とくに日本は、明治維新以降に西欧型のグローバル規範を血肉化してきた特異な非欧米国ですので、グローバリズムに飛び込む痛みをすでに経験しています。したがって、今日の世界各地域で起こっている「なぜ、そんなルールに従わなければいけないのだ」という不満も理解できるし、半面でグローバリズムが蓄積してきた遺産の尊さも知っています。まさに両義性を備えた国として、日本には国際社会の中で果たせる役割があると思います。日本人が、この三つの教養を身につけることによって、グローバリズムを修正し、国際社会を安定させる先導役を務めうるのではないかと期待しています。

◆自分のポジションを見定め、未来を指向する

有本　私は、日頃から学生や若手の研究者・実務家と議論するように心がけているのですが、彼らに繰り返し言うのは、自分のテーマや仕事が大きな時代の流れの中でどの位置にあるのか、また世界の中で自分がどこにいるのかを知るための能力と基礎知識が大切だということです。

これは、教える側の責任が大きいと思います。自分を自分のサイロに閉じ込めて、研究室の中でテーマを与えれば、その領域内のことしか考えない若者が量産されるのは当たり前です。若い人は、きっかけさえ与えれば、素晴らしいことができる可能性を持っています。

自分のポジションを時間と空間の中で捉え、自分の価値を確認すること。これは歴史観や世界観を涵養し、そのうえで次代を見通すことでもあります。そうした知的作業――「自分は何者か」「自分はどこへ行くのか」を考え、アイデンティティを確立すること――こそが、国際社会で活躍できる人材になるために必要なことなのだと思います。

◆コンピュテーショナル・シンキング

岩野　カーネギーメロン大学からＮＳＦ、そしてマイクロソフトに移籍したジャネット・ウイング氏

が、次の時代の素養として「コンピュテーショナル・シンキング（computational thinking: 計算論的思考）」が必要だと言っています。今後、社会のさまざまな仕組みをつくるには、仮想化、アーキテクチャー、コンポーネント化と統合化などを組み合わせて総合的なシステムをつくらなければなりませんから、文系・理系にかかわりなく、こうした思考能力が求められると思います。

もう一つ大事なのは、やはり共感能力です。これは、科学技術が社会・人類にもたらす影響と、それを受け止めて人類の目的を考えるという、根本的な態度と言ってよいかもしれません。共感は、隣の人との間でもそうですが、国を越えての共感かもしれないし、地球に対してかもしれません。

有本 アダム・スミスも『道徳感情論』の中で、市場原理が働く基盤として社会に「共感のネットワーク」がある、と言っていますね。

岩野 そうした時間と空間を越えたつながりを意識できる能力がないと、先ほどの「社会からの預託に応えられる専門家」にはなれないだろうと考えています。

黒田 同時に、若者たちがそうした教養を身につけたいと思える環境、あるいは身につけることが評価されるような社会や教育体制をつくることも必要ですね。

◆教養教育の方法論

吉川 まさにその点ですが、教養を身につける動機をどのように与えればよいのかというところに問題があると思うのです。

たとえば、言語を考えてみると、子どもたちは周囲から何の動機づけをされることもなく、自ら言葉を覚えていきます。自らの欲求を満たすために、それが必要だからです。また、かつて高校を卒業してエンジニアになろうという人がたくさんいました。自分がよい発明をし、よい機械をつくれば、国も自分の生活も豊かになると思ったからです。エンジニアになるには、自分が勉強すればよい。目的と手段が一直線につながっていたわけです。

ところが、教養の動機は遠いところにあるような気がします。本来は、教養がないと生きられないのに、それに気づかないのです。そのことに気づかせるのが、教養教育の方法論だろうと思いますし、政策的な対応も必要かもしれません。

おわりに

黒田　ありがとうございました。私は経済学が専門ですが、アダム・スミスを読んで深く感心するのは、人間と社会に対する鋭い視線です。人間とはいかなるものか、人間社会はどう動くのかということを、自然哲学の流れを汲みながら解明しようというのが彼の『道徳感情論』です。読んでいて驚くくらい、人間の行動を注意深く観察しています。この分析力を支えているのも、彼の教養なのだと感心するわけです。スミスは、物理学や天文学も深く学んだのですが、彼はそれらの方法を援用して人間の本性を解明しようとしたのだと思います。

吉川　まさしく、そうしたアプローチをとるべき時期に来たのではないでしょうか。今や人間の置かれている状況を、もっと真剣に考えなければなりません。現実に人類が滅びる道が、数多く見えてきているのですから。

アダム・スミスは、この混乱した社会をどのように制御すればよいかという問いを立て、諸学問を総合し、人間行動と社会の仕組みを解明する新たな学問——すなわち、経済学——を拓いて、その問いを解こうとしたわけでしょう。私たちもまた、この社会をよく観察して本質を理解し、解くべき問いを見定めて、新たな学問を拓いて解を導かなければならないと思います。

有本　東日本大震災の半年後にヨーロッパへ行ったとき、いくつかの学会の幹部からこんな課題を投げかけられました。「ヨーロッパでは、1755年のリスボン大地震と大津波による大災害の後に、それまでの単線的な啓蒙主義思想が多様に分岐した。ボルテール、ルソー、カント、アダム・スミスらが、同時代人としてこの大災害に反応し、洞察を深めたからだ。日本のような経済大国があれほどの大災害に見舞われた例は世界史的にも珍しいのだから、日本から新しい哲学が生まれるのではないか」と。私たちは、その期待に応える必要があります。

黒田　明治維新という激動の時代を生きた福澤諭吉の著作を読んでいると、彼が現実的な問題に直面して実践的に行動しながら、その根底できわめて哲学的に考察していることに感銘を受けます。

岩野　情報科学技術は、その進歩の目覚ましさによって、技術だけの話ではなく、社会、人間のあり方、考え方まで深く影響を及ぼす可能性を担ってきました。今こそ、哲学的な思索を含めて考えていくことが大事だと思います。

藤山　私は哲学的な経済人が少なくなっていると感じています。前線の経済人こそ「決断する根拠」

としての思想を涵養してほしいですね。

吉川　今日の日本はそうした哲学的に考察する精神風土を失い、経済復興神話の残滓にしがみついているようなものです。崩れ去った神話から早く脱却し、新たな哲学的基礎を持って現実の課題に対処できる人材――21世紀のイノベーターたち――を育てていく必要があると思います。

黒田　長時間にわたり、貴重なお話をありがとうございました。

（了）

＊本稿は、２０１６年９月６日に行われた座談会の記録を抜粋・再構成したものです。

〈参加者略歴〉

黒田　昌裕

1941年生まれ。慶應義塾大学名誉教授。1964年慶應義塾大学経済学部卒業。1969年同大学大学院商学研究科博士課程修了、博士（商学）。1982年同大学商学部教授、1991年同大学産業研究所所長、2001年同大学常任理事。2005年内閣府経済社会研究所所長、2008〜12年東北公益文科大学学長。その間、国際産業連関学会会長、環太平洋産業連関学会会長。2008年より科学技術振興機構研究開発戦略センター上席フェロー、2014年より政策大学院大学客員教授。主な著書に『実証経済学入門』（日本評論社、1984年）、『一般均衡の数量分析』（岩波書店、1989年）、共著に『日本経済の一般均衡分析』（筑摩書房、1974年）、『テキストブック　入門経済学』（東洋経済新報社、2001年）など。1983年慶應義塾大学福澤賞、2002年日本統計学会賞、2016年瑞宝中綬章を綬章。

吉川　弘之

1933年生まれ。東京大学教授、同総長、放送大学学長、産業技術総合研究所理事長、科学技術振興機構研究開発戦略センター長を経て、現在、科学技術振興機構特別顧問。その間、日本学術会議会長、日本学術振興会会長、国際科学会議（ICSU）会長、国際生産加工アカデミー（CIRP）会長などを務める。工学博士。一般設計学、構成の一般理論を研究。主な著書に『本格研究』（東京大学出版会、2009年）、『科学者の新しい役割』（岩波書店、2002年）、『テクノグローブ――「技術化した地球」と「製造業の未来」』（工業調査会、1993年）、『テクノロジーと教育のゆくえ』（岩波書店、2001年）、『ロボットと人間』（日本放送出版協会、1985年）などがある。

有本　建男

1974年京都大学大学院理学研究科修士課程修了、科学技術庁入庁。内閣府大臣官房審議官（科学技術政策担当）、文部科学省科学技術・学術政策局長、内閣府経済社会総合研究所総括政策研究官、

科学技術振興機構社会技術研究開発センターセンター長、研究開発戦略センター副センター長などを経て、現在、政策研究大学院大学教授・科学技術イノベーション・プログラム・ディレクター、科学技術振興機構研究開発戦略センター上席フェロー。OECDの科学的助言に関する研究プロジェクトの共同議長。著書に『科学技術と知の精神文化V――社会と科学』(共著、社会技術研究開発センター編、丸善プラネット、2013年)、『科学的助言――21世紀の科学技術と政策形成』(共著、東京大学出版会、2016年) 専門分野は科学技術政策、研究開発ファンディング・システム。

岩野 和生

1952年生まれ。1975年東京大学理学部数学科卒業、同年日本アイ・ビー・エム入社、1987年アメリカ・プリンストン大学Computer Science学科よりPh.D.取得。東京基礎研究所所長、アメリカ・ワトソン研究所Autonomic Computing担当、大和ソフトウエア開発研究所所長、先進事業担当、未来価値創造事業担当などを歴任、2012年より三菱商事ビジネスサービス部門顧問、科学技術振興機構研究開発戦略センター上席フェロー。東京工業大学客員教授。

藤山 知彦

1953年生まれ。1975年東京大学経済学部経済学科卒業。同年三菱商事調査部入社、1989年企画調査部産業調査チームリーダー、1993年泰国三菱商事業務部長、2000年戦略研究所長、2002年中国副総代表、2005年国際戦略研究所長、2008年執行役員国際戦略研究所長、2010年執行役員コーポレート担当役員補佐、2013年常勤顧問。2016年4月より科学技術振興機構研究開発戦略センター上席フェロー。日本産学フォーラムリベラルアーツ研究会共同座長、三菱商事アートゲートプログラム選考委員、東京大学政策ビジョン客員研究員を兼務。過去の公務として、2011年国際金融情報センター(JCIF)理事、2014年経済財政諮問会議 成長・発展ワーキンググループ委員などがある。

政策セミナー「21世紀の科学的知識と科学技術イノベーション政策」開催一覧

	タイトル	講演者	開催日
1	イノベーションと経済成長	東京大学大学院経済学研究科 教授　吉川 洋 氏（マクロ経済学）	2013年12月9日 14：00～16：00
2	科学知識の変容とアカデミアの戦略	慶應義塾大学総合政策学部 教授　上山 隆大 氏 （科学技術イノベーション政策、経済学）	2014年1月10日 15：00～17：00
3	市場の質理論と科学技術	京都大学経済研究所 教授　矢野 誠 氏（ミクロ経済学）	2014年1月29日 10：00～12：00
4	アメリカ思想にみるアソシエーションとイノベーション	東京大学社会科学研究所 教授　宇野 重規 氏 （政治思想・政治哲学）	2014年3月24日 15：00～17：00
5	日本文化に内在する論理構造と日本型イノベーション・システム	国際交流基金パリ日本文化会館 館長　竹内 佐和子 氏 （国際文化政策）	2014年7月24日 15：30～17：30
6	現代社会の中の人文・社会科学	東北大学教養教育院 総長特命教授　野家 啓一 氏 （科学哲学・科学史）	2014年9月25日 15：00～17：00
7	科学技術と経済の関係を考える	青山学院大学特任教授・ 大阪大学名誉教授　猪木 武徳 氏 （労働経済学・経済史）	2014年11月4日 15：30～17：30
8	臨床医学の多文化性	自治医科大学学長・ 東京大学名誉教授　永井 良三 氏 （臨床医学）	2014年11月26日 15：00～17：00
9	文系理系を超える科学と技術はいかにして可能か？	日本学術振興会理事長 安西 祐一郎 氏 （情報科学・認知科学）	2015年2月19日 16：00～18：00
10	人文系諸学における存在意義の自己証明	人間文化研究機構 理事　小長谷 有紀 氏 （文化人類学）	2015年3月3日 16：00～18：00
11	歴史的な人口動態変化期における緩やかな経済成長と科学・技術・教育の役割	スタンフォード大学名誉教授・ 京都大学名誉教授　青木 昌彦 氏 （理論経済学）	2015年4月13日 15：00～17：00
12	情報学の基礎としての言語――divide & conquer のできない対象をどうするか	京都大学名誉教授元総長・ 前国立国会図書館長　長尾 真 氏 （自然言語処理）	2015年6月15日 15：00～17：00
13	ポスト成長／定常型社会における科学技術と人間・社会	千葉大学法政経学部総合政策学科 教授　広井 良典 氏 （公共政策、科学哲学）	2015年10月28日 13：30～15：30
14	知の統合学の方法と展望	星槎大学学部長・東京大学名誉教授・ 統合学術国際研究所長　山脇 直司 氏 （哲学、公共哲学、社会思想史）	2016年3月14日 13：00～15：00

科学をめざす君たちへ
——変革と越境のための新たな教養

2017年3月30日　発行

編　者————国立研究開発法人科学技術振興機構
研究開発戦略センター
発　行————国立研究開発法人科学技術振興機構
研究開発戦略センター
〒102-0076　東京都千代田区五番町7　K's五番町10F
TEL　03-5214-7481
制作・販売——慶應義塾大学出版会株式会社
〒108-8346　東京都港区三田2-19-30
TEL〔編集部〕03-3451-0931
〔営業部〕03-3451-3584〈ご注文〉
〔　〃　〕03-3451-6926
FAX〔営業部〕03-3451-3122
振替 00190-8-155497
装　丁————後藤トシノブ
印刷・製本——中央精版印刷株式会社
カバー印刷——株式会社太平印刷社

Printed in Japan ISBN978-4-7664-2403-4